Chronik der Luftfahrt

Jim Winchester

Chronik der Luftfahrt

HEEL

Impressum

HEEL Verlag GmbH
Gut Pottscheidt
53639 Königswinter
Telefon 0 22 23 / 92 30-0
Telefax 0 22 23 / 92 30 13
Mail: info@heel-verlag.de
Internet: www.heel-verlag.de

Der Originaltitel „A CHRONOLOGY OF AVIATION – The ultimate guide to more than a century of powered flight“
ist erschienen bei
Amber Books Ltd.
Bradley´s Close
74-77 White Lion Street
London, N1 9PF

Deutsche Übersetzung: Jörg Mückler
Lektorat: Rainer Traser
Satz und Gestaltung: Muser Medien GmbH, Königswinter

Bildnachweis
Titelfoto:
© Lufthansa
Bilder im Innenteil:
© Art-Tech/Aerospace, sämtliche Bilder mit Ausnahme von: Airbus: 203, 204 (links), 205, 206, 209 (beide), 211; Art-Tech/MARS: 26, 33, 63, 65, 66 (oben), 68, 82, 85, 86, 90 (beide), 107, 109, 179, 204 (rechts); Bell: 145 (rechts); Corbis: 17, 18, 21, 23, 40, 41, 210; Defense Visual Information Center: 56; Dryden Flight Research Center: 146, 147, 149, 150 (oben rechts), 152 (beide), 153, 163, 181 (beide), 216 (rechts), 220; Eads: 144; Eurofighter: 212; Mary Evans Picture Library: 10, 14, 15, 16 (rechts); Getty Images: 6, 25, 28, 29; Gripen International: 214; Alexander Golz:191; Phil Jarrett: 9; Lockheed Martin: 218, 219; Mückler: 145 (links), 191, 223; Northorp: 216, 217; TRH Pictures: 12 (oben), 208; U.S. Air Force: 148, 150 (oben links), 154; U.S. Department of Defense: 171 (rechts), 172 (rechts), 180 (rechts), 189, 190, 200, 215 (beide), 222, 224; U.S. Library of Congress: 35.

Printed in Czech Republic

ISBN: 978-3-86852-089-7

Inhalt

Erste Schritte

Der Traum vom Fliegen ist so alt wie die menschliche Zivilisation. Beispiele aus dem alten China und der griechischen Antike, aber auch Beispiele aus dem europäischen Mittelalter und von Naturvölkern berichten von fliegenden Kriegern, Priestern oder entflohenen Gefangenen. Manche dieser Überlieferungen beruhen ohne Zweifel auf tatsächlichen Versuchen, sich mit selbstgebastelten Flügeln in die Luft zu erheben.

Dokumentarische Beweise über frühe Flugversuche liefern beispielsweise chinesische Drachenflieger – wahrscheinlich handelte es sich dabei meistens um zur Flucht um jeden Preis entschlossene politische Gefangene – und „Turmspringer“ verschiedener Herkunft und Glaubensgruppen. Keines der dort beschriebenen Fluggeräte erwies sich als wirklich praxistauglich. Die wenigen Turmspringer, welche ihren Sturz in die Tiefe überlebten, führten dann auch ihr Überleben vor allem auf göttlichen Beistand zurück.

Der Vogelflug lieferte die erste Vorlage für ein mechanisches Fluggerät. Viele Möchtegernflieger versahen ihre nachempfundenen Flügel mit Federn, obwohl die menschliche Muskelkraft für eine Flugbewegung nicht ausreichte. Einer der am besten dokumentierten Flugpioniere ist der Mönch Eilmer (oder Oliver) aus dem englischen Kloster Malmesbury, den sein Versuch um das Jahr 1020 zum Krüppel machte. Eine ein Jahrhundert später entstandene Überlieferung eines William von Malmesbury berichtet, wie er von dem 46 Meter hohen Turm seiner Abtei sprang und etwa 200 Meter weit schwebte, bevor er zu Boden fiel und sich beide Beine brach. Eilmer glaubte, dass das fehlende Leitwerk an seinem Unglück schuld war und lag damit keineswegs falsch. Er baute ein weiteres Fluggestell, bei dem er beide Flügel mit einer Schulterstrebe zur Entlastung der Arme verband. Damit hätte er zwar ebenfalls keinen Flügelschlag ausführen können, nicht aus-

Links: Das dampfgetriebene Luftschiff von Henri Griffard fuhr am 24. September 1852 von Paris nach Trappes und erreichte dabei eine Geschwindigkeit von 14,5 km/h.
Rechts: „Avion III“ des französischen Ingenieurs Clément Ader.

geschlossen wäre jedoch, dass die Wölbung der Flügel einen leichten Auftriebseffekt erzeugt hätte.

Leonardo da Vinci

Während des gesamten Mittelalters gab es nur eine überragende Persönlichkeit, die das Luftfahrtproblem wissenschaftlich zu durchdringen versuchte: der italienische Künstler und Forscher Leonardo da Vinci (1452-1519). Nach dem Studium von Vogelflug und menschlicher Anatomie kam er als Erster zu der Erkenntnis, dass der Mensch niemals in der Lage sein würde, die relative Muskelkraft eines Vogels zu erbringen. Menschenflug durch direkte Kraftanstrengung war also eine Illusion.

Da Vinci fertigte etwa 160 Skizzen zum Thema Fliegen an. Darunter befanden sich detaillierte Zeichnungen von Vogelflügeln, Entwürfe von Fallschirmen, ein Hanggleiter und ein Hubschrauber für vier Personen mit einer schneckenförmigen Schraube. Die heutige Wissenschaft hat bewiesen, dass der Fallschirm und der Gleiter nahezu funktionsfähig erdacht waren, nicht jedoch der Hubschrauber. Um das Jahr 1485 entwarf da Vinci einen Schwingflügler (Ornithopter) mit Handhebel, Fußpedalen und Flaschenzügen zur Reduzierung der Bedienkräfte. Es fehlte jedoch ein Vortrieb, so dass der Ornithopter nicht funktioniert hätte. Wie bei so vielen seiner Erfindungen war da Vinci seiner Zeit weit voraus, nur fehlte es an geeigneten Materialien und theoretischem Wissen, um alle Ideen auch praktisch verwirklichen zu können. Leider brachte der geniale Italiener viele seiner Projekte nicht zu Ende. Immer wieder trieb es ihn zu neuen Entwürfen und Plänen. Der Schwingflügler fand mit dem Bau eines kleinen Modells seinen Abschluss. Da Vincis Arbeiten erlangten erst lange nach seinem Tod ihre verdiente Anerkennung.

Die Brüder Montgolfier

300 Jahre mussten vergehen, ehe es zu einem weiteren wirklichen Fortschritt in der Luftfahrt kam. Den Ausgangspunkt für den ersten Menschenflug lieferten weder ein Wissenschaftler noch ein Naturphilosoph, sondern die Söhne eines Papiermachers aus Annonay in Südfrankreich. Im Gegensatz zu vielen anderen Experimentatoren trat der Erfolg der Brüder Joseph Michel (1740-1810) und Jacques Étienne Montgolfier (1745-1799) rasch ein. Joseph hatte nämlich erst sieben Monate vor der öffentlichen Vorstellung des Ballons, den sie „Montgolfière" nannten, mit dem Bau kleiner Modelle begonnen. Die Brüder konnten alle Möglichkeiten der väterlichen Papierfabrik für den Bau ihres Ballons nutzen. Nur eines war ihnen nicht erlaubt: selbst aufzusteigen. Trotzdem soll sich einer der beiden Brüder – welcher ist unbekannt – einmal über das väterliche Verbot hinweg gesetzt haben.

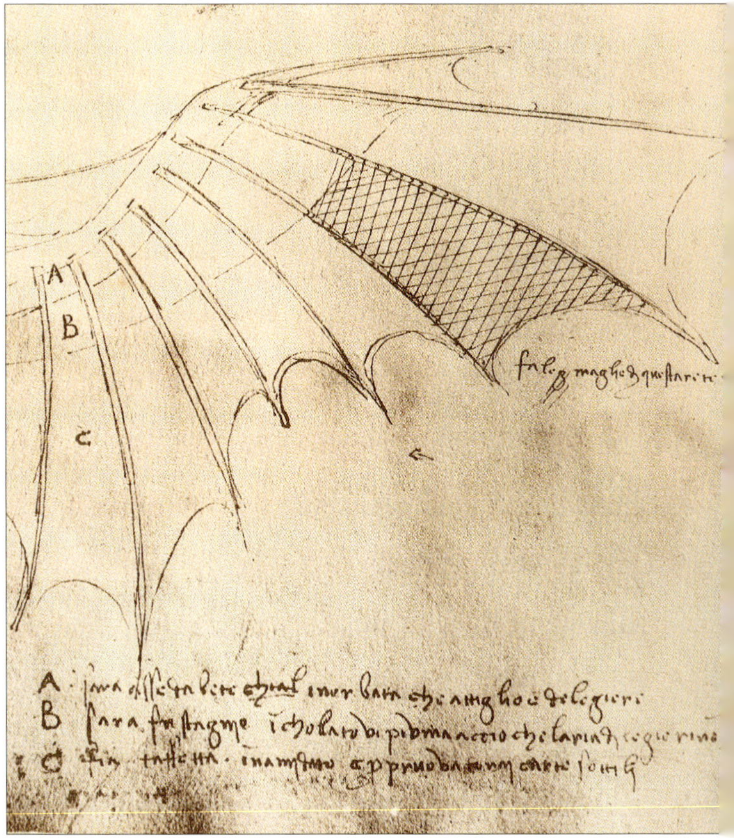

Von Leonardo da Vinci sind über 100 Skizzen zum Thema Luftfahrt überliefert. Dazu gehören auch solche detaillierten Zeichnungen von Vogelflügeln.

2300 v. Ch.
GENAUES DATUM UNBEKANNT
Älteste Überlieferung des Fluggedankens durch eine Keilschrifttafel mit der Luftfahrt des mesopotamischen Königs Etana.

750 v. Ch.
GENAUES DATUM UNBEKANNT
Entstehung der griechischen Sage von Dädalus und Ikarus.

um 1020
GENAUES DATUM UNBEKANNT
Der Mönch Eilmer (Oliver) von Malmesbury versucht vom Turm seines Klosters herunterzufliegen und überlebt schwer verletzt.

1247
GENAUES DATUM UNBEKANNT
Die mongolischen Heere verwenden Feuerdrachen in der Schlacht bei Liegitz.

um 1500
GENAUES DATUM UNBEKANNT
Flugtechnische Arbeiten und Untersuchungen von Leonardo da Vinci (Schwingflügler, Fallschirm, Hubschrauber)

Die ersten Fluggäste waren am 19. September 1783 ein Hahn, eine Ente und ein Hammel. Nachdem klar war, dass der Höhenflug den Tieren nicht geschadet hatte, durften sich menschliche Passagiere bewerben. Am 21. November 1783 war es dann soweit: Jean-Francois Pilâtre de Rozier und Francois Laurent, Marquis d'Arlandes, stiegen am Château de la Muette im Westen von Paris zum ersten Menschenflug auf und schwebten 25 Minuten über der Stadt. Erst als glühendes Holz die Ballonhülle zu entzünden drohte, landeten sie auf einem Feld. Der Ballon war mit blauer Farbe gestrichen und mit einer kunstvoll gestalteten goldenen und roten Dekoration versehen. Die Passagiere waren noch nicht einmal durch ein Seil gesichert, wie das später üblich wurde. Auch die Heißluftquelle befand sich nicht an Bord. Für den Auftrieb sorgte die aus einer Grube empor steigende Hitze einer großen Menge brennenden Strohs und Wolle.

Einen anderen Weg wählte der Pariser Physiker Jacques Charles (1746-1823). Nur zwei Wochen nach den Montgolfiers ließ er einen unbemannten selbstgebauten Wasserstoffballon von Paris nordwärts bis zum Dorf Gonesse – welches heute zwischen den Flughäfen Charles de Gaulle und Le Bourget liegt und

Der erste Aufstieg eines Heißluftballons der Brüder Montgolfier in einem Pariser Vorort. Die ersten Passagiere waren ein Hammel, ein Hahn und eine Ente.

1783

JUNI

5. Juni: Aufstieg eines unbemannten Heißluftballons der Brüder Montgolfier in Vivarais.

durch den Absturz der Concorde am 25. Juli 2000 einen traurigen Bekanntheitsgrad erlangte – treiben. Hier fand der Ballon ein ungewolltes Ende, weil sich aufgebrachte Bauern mit Hacke und Mistgabel über das unbekannte Gefährt hermachten. Die Gasballone von Charles waren mit ihrer gummierten Seidenhülle zwar fortschrittlicher als die Heißluftvariante, dennoch vermochte Charles nicht aus dem Schatten der Montgolfiers zu treten und wandte sich daher bald wieder anderen Forschungen zu.

Die von Charles gewählte Mischung aus Wasserstoff und Luft sorgte für einen besseren Auftrieb und galt seinerzeit als weniger brand- und explosionsgefährdet als ein Heißluftballon mit seiner offenen Flamme. Diese Annahme erwies sich allerdings als trügerisch.

Viele Ballonfahrer bezahlten ihren Wagemut mit dem Leben. Unter ihnen befand sich auch de Rozier, der dadurch nicht nur der erste Flieger wurde, sondern auch der erste Mensch, der 1785 bei dem Versuch, den Ärmelkanal zu überqueren, einem Flugunfall zum Opfer fiel.

Es überrascht nicht, dass sich der gasgefüllte Ballon schließlich durchsetzte und Heißluftballone in Vergessenheit gerieten. Erst in den 1960er-Jahren erlebten sie mit einer Hülle aus neuen synthetischen

Professor Jacques Charles und Ainé Robert nach ihrem Erstflug mit einem Wasserstoffballon am 1. Dezember 1783.

1783

AUGUST

27. August: Aufstieg des ersten unbemannten Wasserstoff-Versuchsballons bei Paris. Erbauer ist Jacques Charles.

NOVEMBER

21. November: Jean-Francois Pilâtre de Rozier und der Marquis d'Arlandes steigen in einem Heißluftballon der Brüder Montgolfier, den sie „Montgolfière" nannten, zur ersten Luftfahrt der Menschheit auf.

Materialien und einem Propangasbrenner eine Renaissance für Sport, Tourismus und Rekordversuche.

Rasch verbreiteten sich die Nachrichten vom neuen Gasballon in Europa und Amerika. Die ersten Aufstiege in den USA, den Niederlanden, Deutschland und anderen Ländern absolvierte der Franzose Jean-Pierre Blanchard. Sein größter Erfolg wurde die erste Überquerung des Ärmelkanals am 7. Januar 1785. Bei seiner dramatischen Fahrt vom Schloss Dover bis zu einem Wald in der Nähe von Calais wurde er von dem amerikanischen Passagier John Jeffries begleitet. Um Höhe zu halten, mussten die immer verzweifelteren Luftfahrer alle überflüssigen Gegenstände einschließlich Teile ihrer Kleidung über Bord werfen. Doch die Fahrt gelang und machte deutlich, dass die Zukunft der Ballone nicht nur im Unterhaltungssektor lag. Ein erheblicher Nachteil blieb allerdings bestehen: Ballone ließen sich nicht lenken.

1808 kam Blanchard beim Absturz seines Ballons über Den Haag ums Leben. Seine Witwe führte weitere Aufstiege durch und verlor zehn Jahre später ihr Leben, nachdem ein Feuerwerk den Wasserstoff ihres Ballons entzündet hatte.

Die ersten Ballonfahrten boten auch Gelegenheit für wissenschaftliche Untersuchungen. Vor allem der Einfluss der Flughöhe auf den menschlichen Körper bot reichlich Stoff für nähere Betrachtungen. 1862 erreichte ein Ballon 7925 Meter Höhe, wobei die beiden Engländer Henry Coxwell und der Meteorologe James Glaisher Erfrierungen erlitten und das Bewusstsein verloren. Die durch die dünne Luft hervorgerufene Euphorie und die im wahrsten Sinne des Wortes aufkommende tödliche Langeweile verbargen die schleichende Gefahr, bis die Betroffenen plötzlich nicht mehr handlungsfähig waren. Beide Männer überlebten zwar, aber Aufstiege in eine derartige Höhe fanden erst wieder statt, als eine Sauerstoffversorgung zur Verfügung stand.

Den Weg zur Luftfahrtmedizin bereiteten Franzosen mit der Erfindung der Druckkammer und eines Mitnahmebehälters, der mit einer Mischung aus Stickstoff und Sauerstoff gefüllt war und über einen Atemschlauch verfügte. Damals war aber noch nicht bekannt, dass Sauerstoff bei einem Höhenflug permanent eingeatmet werden muss. Im April 1875 fielen zwei von drei französischen Ballonfahrern an Bord des „Le Zénith“ in 6100 Meter dem Sauerstoffmangel zum Opfer, obwohl die Atembehälter mitgeführt, aber zu spät in Betrieb genommen wurden.

Die Fortschritte in der Luftfahrt im 19. Jahrhundert resultierten aus einer Mischung aus Theorie und Praxis. Von Ausnahmen abgesehen waren die meisten Flugpioniere aber nicht gewillt, sich selbst den Risiken

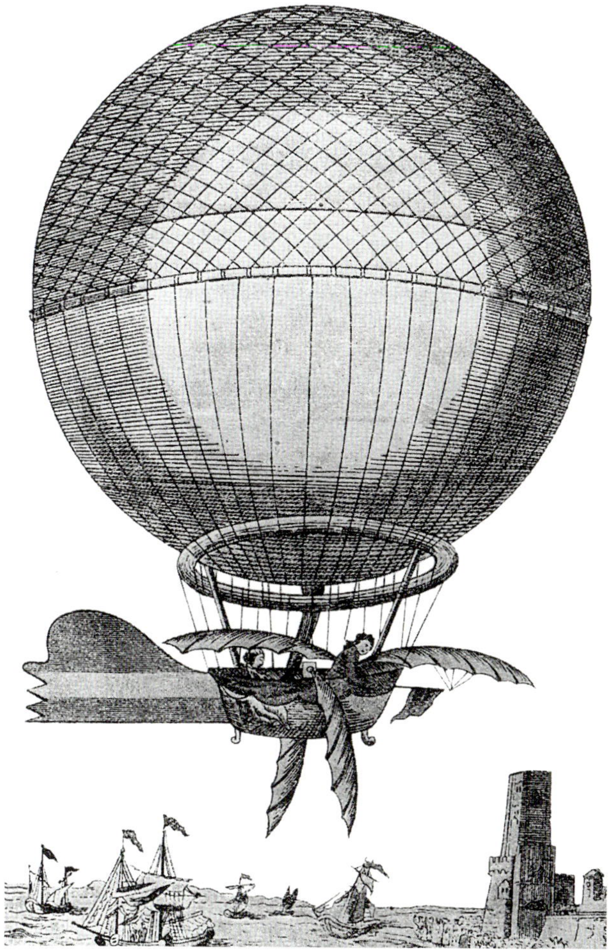

Jean-Pierre Blanchard und John Jeffries überquerten am 7. Januar 1785 erfolgreich den Ärmelkanal.

1785

JANUAR

7. Januar: Jean-Pierre Blanchard und John Jeffries überqueren in einer Montgolfière als erste Menschen den Ärmelkanal mit einem Luftfahrzeug.

1797

OKTOBER

22. Oktober: Erster freiwilliger Fallschirmabsprung von einem Luftfahrzeug durch den Franzosen André-Jacques Garnerin aus einem Ballon in 400 Meter Höhe.

1804

GENAUES DATUM UNBEKANNT

George Cayley baut das erste erfolgreiche Gleitflugmodell der Geschichte.

1811

GENAUES DATUM UNBEKANNT

30. Mai: Albrecht Berblinger, der „Schneider von Ulm“ stürzt bei einem Versuch mit Schlagflügeln in die Donau, wird jedoch gerettet.

Der Entwurf von George Cayley für einen lenkbaren Ballon mit Luftschrauben, die von einer Dampfmaschine angetrieben werden.

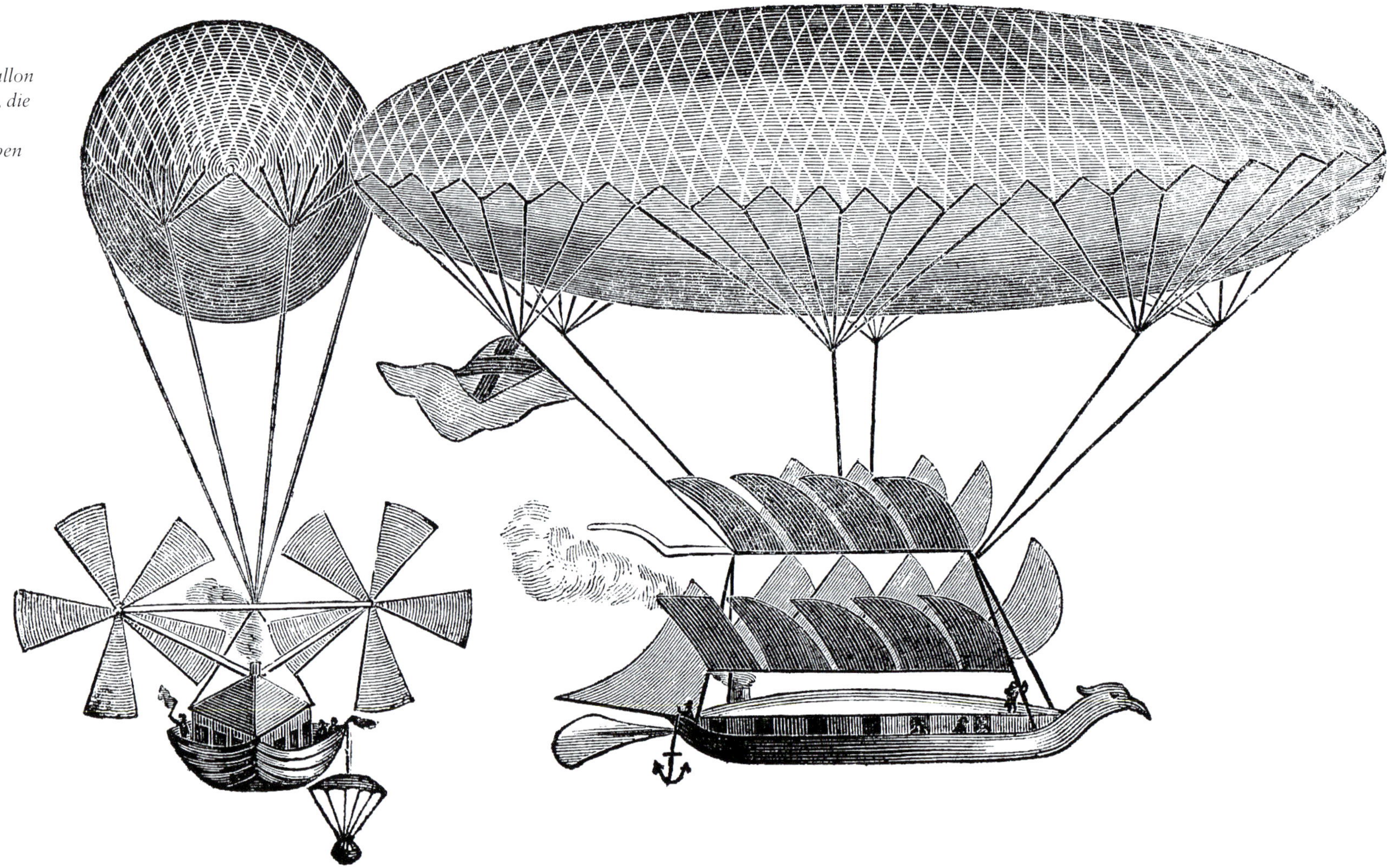

1842

SEPTEMBER

29. September: Der erste vollständige Entwurf eines Motorflugzeugs mit Dampfmaschinenantrieb durch den englischen Ingenieur William Henson.

Von Cayleys Schriften inspiriert, baute William Henson 1842 seine „Luft-Dampfkutsche", die viele nachfolgende Entwicklungen beeinflusste.

ihrer Entwürfe auszusetzen bzw. Fluggeräte in einer solchen Größe zu bauen, dass damit auch Personen befördert werden konnten. Von Nutzen war jedoch die verbreitete Neigung, eigene Erkenntnisse öffentlich zu machen und uneigennützig den Austausch mit anderen Forschern zu suchen. Der Streit um Patente und Urheberrechte blieb einer späteren Epoche vorbehalten.

Die Arbeiten des George Cayley

Der aus dem britischen Yorkshire stammende Sir George Cayley (1773-1857) wird zu Recht als einer der Nestoren der Luftfahrt bezeichnet. Noch vor seinem 30. Lebensjahr skizzierte er ein praxistaugliches Fluggerät. Der Entdecker des Tragflächenprofils schuf die theoretischen Grundlagen des Fluges: Auftrieb, Luftwiderstand, Schubkraft, Masse. Da Vincis Schwingflügler als Irrweg erkennend, fand Cayley nach Gleitversuchen heraus, dass ein starrer Flügel genügend Auftrieb lieferte, um einen Menschen in die Luft zu bringen. Aus den ersten Entwürfen entstand 1804 das weltweit erste erfolgreiche Gleitmodell, welches bereits große Ähnlichkeiten zu heutigen Entwürfen aufwies und ein Seiten- und Höhenleitwerk besaß. Am Rumpf, der einer Badewanne ähnelte, waren Räder befestigt. Die ersten Passagiere waren Tiere. Cayley legte seine Erkenntnisse 1809 in dem dreibändigen Werk „On Aerial Navigation" (Über Luftfahrt) nieder, wobei er Hubschrauber, Fallschirme und verschiedene Flügelformen beschrieb. 1853 soll er seinen Kutscher überredet haben, mit einem Gleiter von einem Hügel auf seinem Besitz in Brompton Dale zu starten. Überliefert ist, dass der Mann dies mit der Begründung ablehnte, er sei zum Fahren und nicht zum Fliegen angestellt. Details sind leider rar und verloren sich kurze Zeit nach Cayleys Tod. 1974 und 2003 gefertigte Nachbauten haben jedoch bewiesen, dass der Entwurf flugtauglich war.

Von Cayley und anderen beeinflusst, gingen die beiden Engländer William Henson (1805-1885) und John Stringfellow einen Schritt weiter und machten sich über das Flugzeug als Verkehrsmittel Gedanken. Ihr Entwurf eines dampfgetriebenen Motorflugzeugs wurde im März 1843 unter der Bezeichnung „Locomotive Apparatus for Air, Land and Waters" (Verkehrsmittel für Luft, Land und Wasser) patentiert. Im gleichen Jahr gründeten sie mit Partnern die Aktiengesellschaft Aerial Transit Company, um Geld für den Bau eines „Aerial Steam Carriage" (Luft-Dampfkutsche) zu sammeln. Mit einer Spannweite von ungefähr 45 Metern – größer als die der Boeing 707 – wäre es ein beeindruckendes Fluggerät geworden. Mit Rumpfwerk, Tragwerk, Leitwerk, Steuerwerk, Fahrwerk und einer Tragflächenverspannung mit ovalen Drähten lieferte der Entwurf bereits einen Vorausblick auf das moderne Flugzeug. Zum Einstieg hätten die Passagiere allerdings zuvor einen Hügel besteigen müssen, da das Luftgefährt nur von einer langen geneigten Ebene abheben konnte.

Die Luft-Dampfkutsche wurde bald Ziel von Karikaturisten, die sie über London und den ägyptischen Pyramiden fliegen ließen.

Die Patentschrift beschrieb den Zweck des Apparates mit der Beförderung von „Briefen, Gütern und Passagieren von Ort zu Ort". Eine Werbebroschüre ergänzte dies später mit „Truppen und Regierungsdepeschen nach China und Indien in wenigen Tagen". Es bestand zweifellos ungeachtet aller Skepsis ein großes Interesse an dem Gefährt.

John Stringfellow interessierte sich für den bemannten Flug und kooperierte eng mit William Henson.

1849

JULI

12. bis 25. Juli: Erfolglose Bombardierung Venedigs durch die Österreicher mit Hilfe von Heißluftballons.

1852

GENAUES DATUM UNBEKANNT

Gründung der ersten Gesellschaft zur Förderung der Luftfahrt (Société Aérostatique de France).

Henson baute zunächst zwei Modelle. Das kleinere blieb erfolglos, soll aber eine kurze Strecke unter Dampf geflogen sein. Ein mittleres Exemplar mit einer Spannweite von sechs Metern konnte nicht zum Fliegen gebracht werden. Die Konstrukteure sahen sich wie viele ihrer Vorgänger mit dem Problem der Leistungsbelastung konfrontiert. Je größer die Maschine wurde, umso größer wurde auch die benötigte Antriebsleistung und damit die Bemessung des Motors. Der höhere Druck erforderte nämlich stärkere Behälter und es dauerte nicht lange, bis allein die Motormasse größer war als der von den Tragflächen erzeugte Auftrieb. Unter den gegebenen Bedingungen war das Projekt keinesfalls zum Fliegen zu bringen. Die offensichtlichen flugtechnischen Mängel führten schließlich dazu, dass sich die potenziellen Geldgeber zurückzogen. Die Aerial Transit Company löste sich 1848 auf. Auch Henson und Stringfellow gaben auf. Dennoch verkörpert ihr Patent einen wichtigen Etappenschritt auf dem Weg zur bemannten Luftfahrt.

Die französischen Brüder Felix (1823-1890) und Louis (1819-1889) de Temple de la Croix setzten 1857 den von Henson vorgezeichneten Weg fort. Zunächst bauten sie ein angeblich eigenstartfähiges Modell. Das Großgerät, welches nie fertig wurde, wies einige bemerkenswerte Besonderheiten auf. Es besaß eine Luftschraube mit zwölf Holzblättern, die Tragflächen hatten positive V-Form und negative Pfeilform, das Fahrgestell war einziehbar und die Zelle sollte in Gemischtbauweise entstehen, wobei bereits an Aluminium gedacht wurde. Die Brüder scheiterten schließlich an den nicht mehr beherrschbaren Kosten.

Coxwell und Glaisher kamen nur knapp mit dem Leben davon, als ihr Ballon eine Höhe von 7925 Meter erreichte.

Mouillard und Chanute

Auch der in Nordafrika lebende Franzose Louis Pierre Mouillard (1834-1897) leistete einen wichtigen Beitrag zur Entwicklung der Luftfahrt. Er veröffentlichte mehrere Bücher, darunter die 1881 erschienene Schrift „L'Empire de l'Air. Essay d'Ornithologie appliquée à l'Aviation" (Die Eroberung der Luft. Untersuchung des Vogelfluges, angewandt auf die Luftfahrt). Nach intensivem Studium des Vogelflugs baute Mouillard verschiedene Gleiter. Einer seiner erfolgreichsten Entwürfe legte im Januar 1878 in der Nähe von Kairo bei einer Flughöhe von neun Metern eine Distanz von 28 Meter zurück. Mouillard stand in enger Verbindung mit dem in Frankreich geborenen Amerikaner Octave Chanute (1832-1910), der 1896 mit Gleitversuchen begonnen hatte. In seinen Briefen an Chanute sagte Mouillard den Gebrauch von Raketen und Düsentriebwerken als wichtigste Antriebsmethode in der Zukunft und den Einsatz von Aluminium – das

1852

SEPTEMBER

24. September: Henri Giffard fährt mit dem ersten angetriebenen bemannten Fluggerät, dem dampfgetriebenen Luftschiff „Dirigible", von Paris aus 27 km weit.

1853

GENAUES DATUM UNBEKANNT

Nach einem Jahr mit Experimenten konstruiert George Cayley einen Gleiter, mit dem sein Kutscher bei Brompton Dale in England 275 Meter weit fliegt.

nach 1890 überhaupt erst industriell zur Verfügung stand – für den Flugzeugbau voraus. Darüber hinaus zeigte Mouillard Interesse an der militärischen Verwendung von Flugzeugen, um der Überlegenheit Englands auf dem Meer etwas entgegensetzen zu können.

Octave Chanute, der 1893 in Chicago zu einer Konferenz über die Zukunft der Luftfahrt eingeladen hatte, übernahm im Jahr darauf viele von Mouillards Entdeckungen in sein Buch „Progress in Flying Machines" (Fortschritte bei Flugmaschinen). Seine ab 1896 gebauten Gleiter lehnten sich weniger dem Vogelflug an, als die Entwürfe von Mouillard und anderen. Sie besaßen bis zu vier Tragflächen und ein Leitwerk. Chanute korrespondierte eng mit Augustus Herring, der ebenfalls an eigenen Entwürfen werkelte. Manche Historiker vertreten die Auffassung, dass der von Herring 1898 gebaute druckluftgetriebene Dreidecker sogar kurzzeitig abgehoben sei. Der wichtigste Einfluss von Chanute bestand aber darin, als entscheidendes Bindeglied zwischen Lilienthals Erkenntnissen und denen der Brüder Wright gewirkt zu haben, die mit ihm 1910 nach dem Studium des Buches „Progress in Flying Machines" in Kontakt getreten waren.

Der „König der Lüfte"

In Deutschland wurde Otto Lilienthal (1848-1896) wegen seiner zahlreichen Gleitversuche Mitte der 1890er-Jahre als „König der Lüfte" bekannt. Neben den Flügen waren es vor allem seine sorgfältig ausgeführten Aufzeichnungen – darunter Tragflächen- und Flügelformen –, die seinen Ruhm begründeten.

Weil es nahe seiner Heimatstadt Berlin keine großen Erhebungen gab, ließ er 1894 in Groß Lichterfelde für wenig Geld aus Bauschutt einen kegelförmigen Hügel von 14 Metern Höhe und einem Durchmesser von 61 Metern errichten. Auf diese Weise konnte er sich beim Start den jeweils herrschenden Windbedingungen anpassen. Zusammen mit seinem Bruder Gustav, der sich um technische Fragen kümmerte, stellte Otto zwischen 1891 und 1896 eine ganze Serie von Gleitern her. Er unternahm über 2000 Starts, wobei er jedes Mal sein Fluggerät wieder auf den Hügel bugsieren musste. Trotz dieses Aufwandes brachte Lilienthal wahrscheinlich nicht mehr als insgesamt fünf Stunden in der Luft zu. Lilienthal verfügte über einen sehr durchtrainierten Körper, was ihm bei seinen kräftezehrenden Versuchen sehr zustatten kam. Das nicht vorhandene Steuerwerk musste er durch die Veränderung seiner Körperlage kompensieren. 1895 gelang es ihm erstmals, seinen Startpunkt zu übersteigen. Die Brüder Lilienthal gingen schließlich zum Bau einer kleinen Serie ihres bewährten Gleiters über. Acht

Am 15. April 1875 sterben Coxwell und Glaisher bei einem Ballonaufstieg auf über 7000 Meter an Sauerstoffmangel. Nur der Franzose Tissandier überlebt.

1861
JULI
21. Juli: Während der ersten Schlacht bei Bull Run im amerikanischen Bürgerkrieg werden erstmals Ballone zur Beobachtung eingesetzt.

1865
GENAUES DATUM UNBEKANNT
Gleitflugstudien durch Louis Pierre Mouillard.

1868
GENAUES DATUM UNBEKANNT
Erste Luftfahrtausstellung im Londoner Kristallpalast.

1871
GENAUES DATUM UNBEKANNT
Alphonse Pénaud baut das erste frei fliegende Motorflugmodell mit Gummimotor-Antrieb. („Planophore").

1881
GENAUES DATUM UNBEKANNT
Der Russe Alexander Moshaiski lässt sich ein Motorflugzeug mit Dampfantrieb patentieren. Das Flugzeug wurde 1883 vollendet, scheint aber nicht geflogen zu sein.

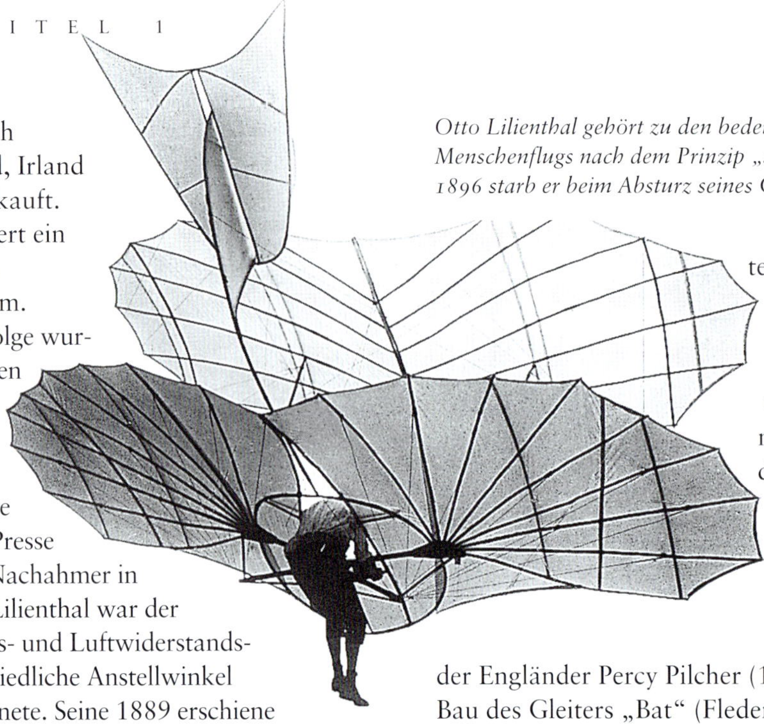

Otto Lilienthal gehört zu den bedeutendsten Pionieren des Menschenflugs nach dem Prinzip „schwerer als Luft“. 1896 starb er beim Absturz seines Gleiters.

Stück wurden nach Amerika, England, Irland und Russland verkauft. Noch heute existiert ein Original in einem Moskauer Museum.

Lilienthals Erfolge wurden von den Medien mit zunehmender Aufmerksamkeit verfolgt. Fotografien seiner Flüge erschienen in der Presse und stimulierten Nachahmer in der ganzen Welt. Lilienthal war der erste, der Auftriebs- und Luftwiderstandswerte für unterschiedliche Anstellwinkel akribisch aufzeichnete. Seine 1889 erschiene Schrift „Der Vogelflug als Grundlage der Fliegekunst“ wurde zu einem der wichtigsten Grundlagenwerke der Luftfahrtgeschichte. Die später darin entdeckten Fehler dürften auf die unzureichende Instrumentierung zurückzuführen sein und wurden von den Brüdern Wright experimentell bereinigt.

Am 9. August 1896 wurde Otto Lilienthals Gleiter nach dem Start von den Rhinower Bergen bei Stölln von einer Böe erfasst. Die Strömung riss ab und Lilienthal stürzte aus etwa 15 Metern ab. Am nächsten Tag erlag er seinen schweren Verletzungen. Der Überlieferung nach waren seine letzten Worte: „Opfer müssen gebracht werden.“

„Fledermaus“ und „Habicht“

Ein bedeutender Schüler Lilienthals war der Engländer Percy Pilcher (1866-1899). Nach dem Bau des Gleiters „Bat“ (Fledermaus) Anfang 1895 reiste Pilcher nach Deutschland, wo er schon als Kind drei Jahre gelebt hatte, um Lilienthal kennenzulernen. Anschließend baute er in rascher Folge drei Gleiter, die auf Lilienthals Erkenntnissen beruhten. Sie entsprachen aber nicht voll seinen Erwartungen, weshalb Pilcher daran ging, seine „Fledermaus“ zum „The Hawk“ (Habicht) weiterzuentwickeln.

Mit dem „Habicht“ unternahm Pilcher viele Flüge, wobei er eine selbst erdachte Seilstartmethode benutzte. Schließlich entwickelte er einen Benzinmotor und erhielt sogar ein Patent für eine mit einem Druckpropeller ausgerüstete Version. Im September 1899 konnte Pilcher auf einen 3-kW-Motor zurückgreifen, mit dem er einen von ihm konstruierten Dreidecker versehen wollte. Leider war die Montage noch nicht vollendet, als er am 30. September zu einer Vorführung vor potenziellen Geldgebern der Aeronautical Society eingeladen wurde. Um seine Zuschauer nicht zu enttäuschen, unternahm er einen Gleitflug mit dem bisher stets zuverlässigen „Habicht“, der ihn aber diesmal im Stich ließ. Mitten im Flug klappte das Leitwerk zusammen und Pilcher erlitt beim anschließenden Absturz tödliche Verletzungen. Sein motorgetriebener Dreidecker blieb unvollendet. Einige Experten meinen, dass

Dies ist einer der von Octave Chanute entwickelten Gleiter. Chanute war US-Bürger französischer Herkunft.

1883

GENAUES DATUM UNBEKANNT

Gottlieb Daimler erfindet den schnelllaufenden Verbrennungsmotor.

1884

AUGUST

9. August: Das Luftschiff von Charles Renard und Arthur Krebs vollführt die erste Fahrt in geschlossener Kreisbahn.

1890

OKTOBER

9. Oktober: Clément Ader will mit seinem dampfgetriebenen Flugzeug „Eole“ knapp 50 Meter weit geflogen sein.

Pilcher vor den Brüdern Wright den ersten Motorflug hätte bewerkstelligen können.

Ferber und Moshaiski

Nach den tödlichen Abstürzen von Lilienthal und Pilcher wurde das Interesse für Flugtechnik in Europa vor allem durch den französischen Hauptmann Ferdinand Ferber (1862-1909) wach gehalten. Zunächst baute und erprobte er Gleiter nach dem Lilienthal-System, erreichte aber nicht die Erfolge seines Vorbildes, da die bauliche Ausführung zu wünschen übrig ließ. Nach 1901 orientierte er sich an dem Entensystem der Gebrüder Wright und baute 1904 erstmals einen Motor ein, der jedoch zu schwach war. Erst 1905 stand ihm ein 24-PS-Motor zur Verfügung. Als das Flugzeug 1906 fertiggestellt war, sorgte die Unvernunft der französischen Militärverwaltung für die Zerstörung, als man das Flugzeug aus einer Luftschiffhalle entfernen ließ. Im Freien fiel es dann einem Sturm zum Opfer. Am 27. Juli 1908 konnte Ferber endlich seinen ersten Motorflug ausführen, doch bereits am 22. September 1909 kam er bei einem Landeunfall ums Leben.

Auch in Russland trat Anfang der 1880er-Jahre ein Erfinder in Erscheinung, der ein bedeutendes flugtechnisches Ereignis verkörpert. Der Marineoffizier

Die von Hiram Maxim gebaute Testzelle war auf Schienen montiert, wurde von einer Dampfmaschine angetrieben und diente der Erprobung verschiedener Flügelprofile.

1891

GENAUES DATUM UNBEKANNT

Otto Lilienthal führt Experimente auf dem Gebiet des Gleitflugs und begründet die Anfänge des Segelflugs. Sein Beitrag zum Verständnis der Aerodynamik ist wegweisend.

Alexander Moshaiski (1825-1890) baute und erprobte das erste bemannte Motorflugzeug der Geschichte. Zum ersten Mal war damit der Sprung vom Projekt und Modell zu einer Großausführung bewältigt worden. Als Fünfzigjähriger ließ er sich mit einem Drachen, der von drei Pferden mittels eines langen Seils gegen den Wind gezogen wurde, wiederholt in die Luft schleppen, um den Nachweis der Tragfähigkeit starrer Tragflächen zu erbringen. Seine weiteren, zunächst vom Kriegsministerium unterstützten Arbeiten, brachten ihm ein Patent ein, das areodynamisch allerdings keinen Fortschritt darstellte. Trotzdem vollendete Moshaiski 1883 das mit zwei englischen Dampfmaschinen angetriebene Flugzeug, welches eine Masse von 934 kg aufwies. Leider gibt es keinerlei Belege über die höchstwahrscheinlich vor 1886 durchgeführten Versuche, bei denen das Flugzeug wohl beschädigt wurde. Tatsächlich dürfte aber auch Moshaiskis Entwurf nicht flugfähig gewesen sein.

Maxims Testzelle

Mit Hiram Maxim (1840-1916) verbindet sich vor allem das von ihm erfundene Maschinengewehr, welches als „Vickers" bzw. „Spandau" eine bedeutende Rolle im Ersten Weltkrieg spielte. Daneben leistete Maxim aber auch einen Beitrag zum Flugzeugbau, obwohl seine monströse Testzelle niemals flog.

Der in den USA geborene Maxim ließ sich nach 1881 in England naturalisieren, weil das britische Kriegsministerium im Gegensatz zur US-Regierung Interesse an seinem Maschinengewehr bekundet hatte. Angesichts der beträchtlichen Einnahmen aus dieser und anderen Erfindungen war Maxim in der Lage, seine Leidenschaft für die Luftfahrt zu finanzieren. Er mietete dazu ein Landgut in Baldwyns Park, Kent, und baute eine riesige dampfgetriebene Testzelle. Mit über 3600 kg Masse und einer Flügelfläche von

Seinen eigentlichen Ruhm verdankt Hiram Maxim der Erfindung des Maschinengewehrs.

1893

GENAUES DATUM UNBEKANNT

Der Australier Lawrence Hargrave erfindet den Kastendachen.

AUGUST

27. August: Käthe Paulus springt als erste deutsche und dritte Frau der Welt mit einem Fallschirm aus einem Ballon. Insgesamt bringt sie es auf 147 Absprünge.

1894

JULI

31. Juli: Hiram Maxims Testzelle wird bei einem Rollversuch zerstört.

Der britische Flugpionier Percy Pilcher stand kurz vor dem ersten motorisierten Flug, als er mit einem Gleiter tödlich verunglücke.

1896

MAI

6. Mai: Der erste Flug eines Motorflugmodells mit Dampfmaschinenantrieb über mehr als 1000 Meter durch den US-Amerikaner Samuel Langley. Sein „Aerodrom Nr. 5“ veranlasst seine Regierung zur finanziellen Unterstützung bemannter Flugversuche.

JUNI

Juni bis September: Octave Chanute und Agustus Herring unternehmen bei Dune Park (Indiana) erfolgreiche Gleitversuche.

AUGUST

10. August: Otto Lilienthal erliegt in Berlin den am Vortag bei einem Absturz erlittenen Verletzungen.

Mittels eines Federkatapults wurde Langleys „Aerodrom Nr. 5" von einem auf dem Potomac River liegenden Hausboot gestartet.

372 m² war das unförmige Gestell auf Eisenbahnschienen montiert. Darüber befand sich eine zweite Lage Schienen, um ein Abheben von mehr als 60 cm zu verhindern. Das Gestell sollte nur der Erprobung verschiedener Tragflächenformen und -querschnitte sowie von Propellern kurz vor Erreichen der Fluggeschwindigkeit dienen. Den Schub lieferten zwei große Zweiblatt-Druckpropeller, die von zwei Dampfmaschinen mit einer Leistung von 182 PS bewegt wurden. Auch die verwendeten Dampfmaschinen stammten übrigens von Maxim. Voll aufgerüstet entsprach die Testzelle einem Vierdecker mit einer Höhe von elf Metern und einer Spannweite von 33 Metern. Allein die Propeller maßen im Durchmesser 5,5 Meter. Obwohl Höhenruder zur Kontrolle der Längsneigung vorhanden waren, konnte eine Richtungsänderung nur über die Veränderung des Dampfantriebs vorgenommen werden. Eine wirkungsvolle Steuerung existierte nicht. Die Bezeichnung „Flugzeug" ist daher nicht angebracht.

Ein kurzer „Ritt" auf der Testzelle wurde eine beliebte Freizeitbeschäftigung für Gutbetuchte. Der Prinz von Wales und spätere König George V. hatte ebenso seinen Spaß daran wie viele andere zahlungskräftige Kunden. Zu Investitionen ließen sich diese Herrschaften allerdings nicht überreden, so dass große

1897

OKTOBER

14. Oktober: Clément Ader kann sich beim Start mit seinem dampfgetriebenen „Avion III" (oder „Éole III") kurzzeitig ein wenig vom Boden lösen.

Teile von Maxims Vermögen zur Finanzierung seiner Pläne verwendet werden mussten. Nach heutigen Maßstäben kostete ihn das Projekt wahrscheinlich mehrere Millionen Dollar. Schließlich musste er sogar seine Versuchsanordnung auf den firmeneigenen Schießplatz verlegen, da die örtlichen Behörden das Landgut zurückverlangten, um dort eine Nervenheilanstalt zu bauen. Zu diesem Zeitpunkt trennte sich sein Mitarbeiter Percy Pilcher von ihm, um eigene Wege zu gehen.

Am 31. Juli 1894 kam dann aber doch der große Tag. Die Dampfkessel standen unter vollem Druck, die dreiköpfige Besatzung beschleunigte auf gut 65 km/h, wobei sich das Monstrum so weit vom Boden löste, dass die obere Sicherungsschiene brach. Kurz vor dem Abheben unterbrach Maxim die Energiezufuhr, da herumfliegende Trümmerstücke einen Propeller zerstört hatten. Das Ungetüm kam nach etwa 180 Metern ziemlich lädiert zum Stillstand. Danach hob es nie wieder ab, wenngleich es wieder aufgebaut wurde, um als Ausstellungsstück bei diversen Wohltätigkeitsveranstaltungen zu dienen. Damit fanden auch Maxims Luftfahrtprojekte ein Ende, auch wenn er 1910 – lange nach den Brüdern Wright – noch einen nicht funktionsfähigen Doppeldecker baute.

Der Franzose Clément Ader baute nach eigener Aussage das erste Flugzeug, das sich aus eigener Kraft fortbewegen konnte.

1898

Der Brasilianer Alberto Santos-Dumont baut in Frankreich das erste von 14 lenkbaren Luftschiffen.

Aders „Avion"

Als erster behauptete der Franzose Clément Ader (1825-1911), das Problem des Antriebsflugs gelöst zu haben. Wenngleich seine erst später erhobenen Ansprüche stets umstritten blieben, baute er dennoch das erste angetriebene Fluggerät in realer Größe. Der Autodidakt hatte sich zunächst mit Ballonen beschäftigt und verschiedene elektrische Geräte erfunden, ehe er sich dem Thema „schwerer als Luft" zuwandte. Zuvor hatte er sich mit dem Bau von Modellflugzeugen und Gleitern das notwendige Wissen angeeignet.

Ader studierte aufmerksam das Flugverhalten von Vögeln und Fledermäusen und reiste sogar nach Nordafrika, um Störche aus der Nähe in Augenschein zu nehmen. Dabei traf er 1882 in Algerien mit Mouillard zusammen und tauschte sich mit ihm aus.

Vor allem der Flug der Fledermaus beeindruckte Ader. Sein „Avion Nr. 3" sah nicht nur wie das fliegende Säugetier aus, sondern besaß auch dessen Flügelstruktur. Dies traf auch auf den 1890 gebauten „Èole" – nach Aeolus, dem griechischen Gott der Lüfte – zu. Das skurrile Fluggerät verfügte über ein Dreirad-Fahrgestell mit einem weiteren Rad an einem kurzen Ausleger, um nicht nach vorn zu kippen. Als Antrieb diente eine senkrecht montierte Dampfmaschine mit einem großen kastenförmigen Kondensator über der Tragfläche. Der Motor trieb einen merkwürdigen Propeller mit jeweils einem Bambusflügel auf einem separaten Schaft an. Dies war alles andere als eine wegweisende Lösung, zumal sich die Fledermaus im Gegensatz zu Vögeln als Vorbild für ein Flugzeug überhaupt nicht eignete. Der Pilot hockte auf einem Schemel, der von einem viel zu kleinen Geländer umzäunt war. Die Sicht nach vorn war durch Antrieb und Dampfkessel stark eingeschränkt. „Die „Kabine" bestand aus blauem Stoff mit je einem kleinen Fenster an beiden Seiten.

Am 9. Oktober 1890 will Ader auf dem Grundstück eines Freundes in Armainvillers den „Èole" knapp 50 Meter weit ohne Bodenhaf-

1892 begann Ader den Bau eines dampfgetriebenen Eindeckers mit Fledermausflügeln. Er nannte ihn „Èole", nach dem griechischen Gott der Lüfte „Aeolus".

1899

SEPTEMBER

30. September: Der Engländer Percy Pilcher stürzt bei der Vorführung seines Gleiters „The Hawk" tödlich ab.

tung bewegt haben. Er war allerdings nicht in der Lage, dieses Kunststück zu wiederholen.

Die französische Regierung verfolgte die Arbeiten von Ader sehr aufmerksam. Nach der Niederlage im Deutsch-Französischen Krieg 1870/71 suchte das Verteidigungsministerium nach Waffensystemen, die bei zukünftigen Konflikten ein militärisches Übergewicht versprachen. Ader war daher der erste Luftfahrtpionier, dem staatliche Gelder zur Verfügung gestellt wurden. Das Ergebnis nannte sich „Avion III“ und wurde im Oktober 1897 auf dem Artillerieübungsplatz Satory bei Paris erprobt. „Avion III“ ähnelte äußerlich dem „Èole“, war aber größer und wurde von zwei Dampfmaschinen mit jeweils 20 PS angetrieben. Bei einer Masse von knapp 300 kg war theoretisch genügend Motorleistung vorhanden. Beim Startversuch hob sich aber nur das Heckrad ein wenig an. Da die zu geringe Geschwindigkeit noch keinen Ruderdruck lieferte, war das Fluggerät plötzlich nicht mehr steuerbar. Aus irgendwelchen Gründen hatte Ader darauf bestanden, aus einer Kreisbahn heraus zu starten, wodurch das Gefährt beim Beschleunigen von allen Seiten angeströmt wurde und nicht gegen den Wind flog. Das Unvermeidliche geschah: „Avion III“ bekam Seitenwind und wurde zu Boden gedrückt. Die Beschädigungen waren schwer und die beiden anwesenden Generale nicht gerade begeistert. Die Versuche wurden nach dem negativen Bericht der Kommission gestoppt. Jahre später behauptete Ader, offensichtlich aus Prioritätsansprüchen, im Jahr 1897 mit dem „Avion III“ 275 Meter weit geflogen zu sein. Dies erscheint angesichts des amtlichen Berichts mehr als zweifelhaft. Samuel Langley besuchte Ader 1899 und er beschrieb – von Ader menschlich durchaus beeindruckt – „Avion III“ als „eine riesige Fledermaus mit Dampfmaschine und Propeller“ und konstatierte, dass der Entwurf „keine einzige Minute unfallfrei“ hätte fliegen können.

Fliegen mit Benzinmotor

Der Österreicher Wilhelm Kress (1836-1913) hatte 1877 sein erstes Motorflugmodell zum Fliegen gebracht und dafür ein Deutsches Reichspatent erhalten. Kress beschäftigte sich theoretisch und praktisch mit allen Möglichkeiten des mechanischen Fluges, baute Hubschrauber- und Schwingenflugmodelle und begann 1895 mit Unterstützung des österreichischen Kriegsministeriums mit dem Bau eines Elektrohubschraubers, wandte sich aber drei Jahre später der Konstruktion eines manntragenden Motorflugzeugs zu. Die Zelle bestand aus drei hintereinanderliegenden, leicht ansteigenden, gewölbten Tragflächen.

Die Arbeiten des Brasilianers Alberto Santos-Dumont bildeten am Ende des 19. Jahrhunderts eine wichtige theoretische Grundlage für die Weiterentwicklung der Luftfahrt.

1900

OKTOBER

22. Oktober: Die Brüder Wright unternehmen in Kitty Hawk (North Carolina) ihren ersten Gleitversuch.

1901

JULI

31. Juli: Die deutschen Wissenschaftler Arthur Berson und Reinhard Süring überschreiten im Freiballon erstmals die 10.000-Meter-Höhengrenze.

Dahinter befand sich ein Höhen- und Seitenleitwerk. Die Gerüste waren aus Stahlrohr gefertigt. Die Flugzeugzelle war auf zwei Schwimmern aus Aluminiumblech befestigt, deren Kiele gleichzeitig als Schlittenkufen dienten. Schwierigkeiten bereitete der zu schwache Motor. 1901 begann die praktische Erprobung auf einem Staubecken bei Wien, sie endete jedoch nach einem Windstoß mit dem Verlust des Flugzeugs, wobei Kress nur knapp mit dem Leben davonkam. Der Bau eines Nachfolgemodells scheiterte kurz vor der Fertigstellung an Geldmangel. Vermutlich wäre auch dieser Entwurf nicht flugfähig gewesen – beispielsweise fehlte ein Querruder –, doch Kress kann für sich in Anspruch nehmen, als Erster sein Flugzeug mit einem Benzinmotor ausgerüstet zu haben.

Der stille Australier

Abseits von den Hauptwirkungsstätten arbeiteten einige wenige Forscher mehr oder weniger abgesondert am Prinzip „schwerer als Luft" und ernteten Spott oder Gleichgültigkeit. In Sydney (Australien) widmete sich Lawrence Hargrave (1850-1915) nach Versuchen mit Modellen und Drachen aerodynamischen Studien. Vor allem in den frühen 1890er-Jahren baute er verschiedene Uhrwerke und funktionierende, aber mit heutigen Augen sonderbar anmutende Gummimotormodelle. Intensiv beschäftigte er sich mit einem Antriebsverfahren, welches auf der Trochoid-Technologie beruhte. Dabei werden auf Stangen befestigte Flächen von einer kleinen Dampfmaschine oder einem Druckluftmotor bewegt. Einige Modelle sollen sogar bis zu 100 Meter weit geflogen

Santos-Dumont erregte großes Aufsehen, als er als erster Mensch den Pariser Eiffelturm umflog.

sein. Hargrave beschäftigte sich weiterhin mit dem Bau eines kleinen Rotationsmotors und wurde damit Vorreiter jener Antriebsart, wie sie zwischen 1909 und 1918 in großer Zahl zum Einsatz kam. Seine Entwürfe litten aber unter schlechter Materialgüte und dem Mangel an geeigneter Werkzeugtechnik.

Hargrave strebte stets an, seine Erkenntnisse mit anderen Forschern zu teilen. Finanziell unabhängig, war er nicht von dem Ehrgeiz getrieben, sich durch möglichst viele Patente einen Namen zu machen. Er stand mit Chanute in Verbindung, der ihm Platz in seinem Buch „Progress in Flying Machines" einräumte. Hargraves Entwurf eines Kastendrachens beeinflusste Chanute und Herring und kann als sein wichtigstes Vermächtnis angesehen werden. Wenngleich er seinen Kastendrachen nicht zu einem angetriebenen Fluggerät weiterentwickeln konnte, bildete seine Erfindung die Grundlage des Doppeldeckers, welcher ab 1915 die Luftfahrt dominierte.

Pearses Eindecker

Ebenfalls am anderen Ende der Welt experimentierte der inzwischen fast vergessene Neuseeländer Richard Pearse (1877-1953). Zwar las er regelmäßig verschiedene Fachzeitschriften, verfügte aber über keinen Zugang zu einer wissenschaftlichen Bibliothek. Auch ist nicht überliefert, ob er mit anderen Luftfahrtpionieren in Verbindung stand.

1901

AUGUST

14. August: Der deutsche Auswanderer Gustav Weißkopf stellt später die Behauptung auf, an diesem Tag bei Bridgeport (Connecticut) vier Flüge in einem selbstgebauten motorisierten Flugzeug durchgeführt zu haben. Auch 1899 und 1902 will er geflogen sein.

Wie auch die Brüder Wright, begann Pearse mit der Herstellung von Fahrrädern und erfand einen eigenen Motor. Vermutlich hat er sich bis 1902 nicht mit dem Gleitflug beschäftigt, als er in jenem Jahr einen angetriebenen Eindecker baute. Sein Entwurf zeichnete sich dadurch aus, dass er mehr als alle bisherigen Konstruktionen – Wright und Santos-Dumont eingeschlossen – eine zukunftsweisende Formgebung besaß. Vorhanden waren ein Fahrgestell mit drei Rädern, eine rechteckige Tragfläche, ein Zweiblatt-Propeller und Vorrichtungen an den Flügelspitzen, die Querrudern ähnelten, aber ihren Zweck wohl nicht erfüllt hätten.

Pearse erprobte sein Fluggerät im März 1902 und dann wieder im Frühjahr 1903. Einige Geradeausflüge könnten stattgefunden haben, die aber allenfalls von Schulkindern beobachtet wurden. Sämtliche Starts endeten mit einer Bruchlandung und es lässt sich darüber streiten, ob sie als „gesteuert" bezeichnet werden dürfen. Pearse selbst hat niemals den Anspruch erhoben, als erster Mensch geflogen zu sein. Später sprach er von 1904 als seinem Erfolgsjahr, jedoch belegen alle Zeugenberichte – die allerdings Jahre später verfasst wurden – und andere Fakten, dass die Flüge im Juli 1903 stattfanden.

Erst zwei Fahrradmechanikern aus Ohio war es schließlich vorbehalten, den Motorflug so systematisch anzugehen, dass die Pioniertat auch in einen Geschäftserfolg mündete.

Als Sohn eines wohlhabenden Kaffeeplantagenbesitzers kannte Santos-Dumont keinerlei Geldsorgen und konnte seine Neigung zur Luftfahrt ungehindert ausleben. Bald gehörte er zur Pariser High Society.

OKTOBER

19. Oktober: Santos-Dumont umfährt mit seinem Luftschiff Nr. 6 den Eiffelturm und gewinnt das Preisgeld von 100.000 Franc.

Flugpioniere leben gefährlich

Am Ende des 19. Jahrhunderts hatten viele Erfinder den Beweis geliefert, dass der angetriebene Flug möglich war. Die im Entstehen begriffene Motorenindustrie lieferte leichte Aggregate, die entweder mit Gas oder Dampf betrieben wurden und in der Lage waren, Flugzeuge in die Luft zu bringen.

Das große nicht gelöste Problem war die Steuerung. Einige Flugpioniere glaubten sogar, diese Frage erst dann in Angriff nehmen zu können, wenn der Geradeausflug beherrschbar sei. Lilienthal hatte seine Gleiter durch die Verlagerung seines Körpers manövriert, und verschiedene Ballonfahrer hatten es mit Fesselleine, Segeln oder Rudern probiert. All diese Methoden erwiesen sich als untauglich. Die ersten wirklich lenkbaren Luftfahrzeuge waren keine Starrflügler, sondern „Dirigeables", benannt nach dem französischen Wort dirigeable (steuern). Ballone wurden im Deutsch-Französischen Krieg dazu verwandt, Nachrichten und Personen aus Paris zu befördern. Viel schwieriger war da schon der umgekehrte Weg, der darin bestand, einen Zielort anzusteuern. Die Lösung schien zu diesem Zeitpunkt noch in weiter Ferne. Klar war nur, dass das Luftgefährt nicht kugel-, sondern stromlinienförmig sein musste.

Das „Dirigeable" geht auf das Jahr 1852 zurück, als der Franzose Henri Giffard ein Luftschiff von 44 Metern Länge baute und damit von Paris nach Trappes 27 km weit fuhr. Starker Wind verhinderte die Rückfahrt, aber Giffard führte Kehren und Kreise vor und bewies damit die

Der 1901 von den Brüdern Wright gebaute Gleiter ähnelte bereits sehr dem Muster, mit dem 1903 der erste angetriebene Flug stattfand.

Am 19. Oktober 1901 fuhr Santos-Dumont mit seinem Luftschiff „Nr. 6" um den Eiffelturm.

Lenkbarkeit seines Fluggeräts. Nach weiteren Flügen wurde das Luftschiff irreparabel beschädigt.

Das mit Wasserstoff gefüllte Gefährt wurde von einer knapp drei PS starken Dampfmaschine angetrieben und besaß ein Seitenruder. Der Motor allein wog 180 kg, was ein eher mäßiges Masse-Leistungs-Verhältnis zur Folge hatte. Giffard experimentierte erfolglos mit einem größeren Luftschiff, ihm fehlten aber die Mittel, um mehr als nur Fesselballone bauen zu können, denen mehr Interesse galt als „Rummelplatzfahrten" mit einem Luftschiff.

In den USA entstanden einige ungewöhnliche und vor allem unzweckmäßige Entwürfe. Erwähnenswert sind der 1862 von Solomon Andrew gebaute „Aereon", der keinen Antrieb besaß und durch die Verteilung von Gas und Ballast im Rumpfinneren gesteuert werden sollte, sowie der dampfgetriebene „Aviator" von Frederick Marriott aus dem Jahr 1869, mit dem bei San Francisco einige unbemannte Flüge gelangen. In Frankreich waren es u. a. Dupuy de Lôme, dessen Luftschiff von riesigen Propellern angetrieben werden sollte, deren Antriebsenergie wiederum acht reichhaltig mit Rum versorgte Männer liefern sollten, und die Brüder Tissandier mit ihrem per Elektromotor angetriebenen Luftschiff aus dem Jahr 1883.

Diesen und anderen Skurrilitäten stand das Luftschiff „La France" von Charles Renard und Arthur Krebs gegenüber. Auch die „La France" besaß einen Elektromotor mit 6,5 kW und war damit dem Luftschiff der Tissandiers, dessen Siemens-Motor nur 0,38 kW abgab, klar überlegen. Am 9. August 1884 vollführte die 51 Meter lange „La France" in Villacoubly in 23 Minuten die erste Fahrt in einer geschlossenen Kreisbahn und brachte es dabei auf knapp 24 km/h. Damit kehrte zum ersten Mal ein Luftfahrzeug wieder zu seinem Aufstiegsort zurück. Die Gondel der „La France" war fast so lang wie die riesige Ballonhülle. Ausgestattet war das Gefährt mit einem Seiten- und einem Höhenleitwerk sowie einem Lastwechselsystem, um die Nase heben und senken zu können. Obwohl viel Platz vorhanden war, reichte die Leistung nur für die Mitnahme von drei Personen aus. Pläne über ein größeres Luftschiff mit einem 75-kW-Motor konnten, wie so häufig nach einem Anfangserfolg, nicht verwirklicht werden.

In Deutschland wurden Fortschritte mit Verbrennungsmotoren und kleiner dimensionierten Luftschiffen erzielt. Der Buchhändler Dr. Friedrich Wölfert startete 1888 erstmals mit einem benzingetriebenen Aggregat in Tempelhof bei Berlin. Er und sein Mechaniker Knabe waren aber auch die ersten, die bei einem Unglück mit einem Luftschiff am 12. Juni 1897 ihr Leben verloren, nachdem wahrscheinlich heiße Auspuffgase austretenden Wasserstoff zur Explosion brachten.

Noch fehlte also der Beweis, dass Luftschiffe zuverlässig sind. Dazu bedurfte es einer großen Anzahl

1903

GENAUES DATUM UNBEKANNT	MÄRZ	AUGUST	OKTOBER	DEZEMBER
Der Russe Konstantin Ziolkowski (1857-1935) veröffentlicht in einer Zeitung unter dem Titel „Erforschung des Weltraums mittels Reaktionsapparaten" die Raketengrundgleichung und stellt das Prinzip der Mehrstufenrakete auf eine wissenschaftliche Basis.	31. März: Der Neuseeländer Richard Pearse absolvierte angeblich einen längeren, jedoch ungesteuerten Flug.	18. August: Der Deutsche Karl Jatho startet mit seinem selbststartfähigen „Dreiflächler" und macht kurze Luftsprünge. Eine Anerkennung als erster Motorflieger bleibt ihm versagt.	7. Oktober: Langleys Motorflugzeug „Großer Aerodrom" stürzt beim Katapultstart in den Potomac River.	8. Dezember: Auch der zweite Versuch, den „Großen Aerodrom" zu starten, scheitert. Langley beendet seine Arbeiten an diesem Projekt. 17. Dezember: Orville Wright gelingt der erste anerkannte Flug eines Menschen in einem angetriebenen Flugzeug. Der „Flyer" bleibt bei Kitty Hawk (North Carolina) zwölf Sekunden in der Luft.

störungsfreier Fahrten. Den Durchbruch schaffte schließlich der Brasilianer Alberto Santos-Dumont (1873-1932), der das Luftschiff weltweit bekannt machte und später auch große Erfolge im Bau von Flugzeugen feierte. Der Erbe einer Kaffeeplantage siedelte 1891 nach Paris um und begann, sich mit Autos und anderen Transportmitteln zu beschäftigen.

Von Jules Verne inspiriert, erwarb Santos-Dumont einen Ballon und baute ab 1898 eine Reihe kleiner unstarrer Luftschiffe, die von einem Benzinmotor angetrieben wurden und eine feuergeschützte Hülle besaßen. Sein Luftschiff Nr. 9 wurde in Paris zu einer echten Sehenswürdigkeit, da Santos-Dumont gelegentlich damit umher fuhr und es zuweilen in der Nähe seines Lieblings-Cafés oder seiner Wohnung „parkte".

Nach diversen Versuchen wurde der Brasilianer am 19. Oktober 1901 weltweit durch eine Fahrt von Saint Cloud zum Eiffelturm und zurück bekannt. Das brachte ihm den nach dem Flugpionier Deutsch de la Meurthe benannten Preis ein. Die damit verbundenen 100.000 Francs verteilte er sofort unter seinen Mitarbeitern und unter Bedürftigen.

Nach diesem Triumph widmete sich Santos-Dumont dem Bau von Flugzeugen. Den nächsten großen Erfolg schnappten ihm aber zwei nordamerikanische Brüder vor der Nase weg, die weder über seinen Reichtum noch über irgendwelche staatliche Unterstützung verfügten.

Das „Aerodrom A" von Samuel Langley stürzte nach dem Katapultstart vom Hausboot in den Potomac. Nach zwei Fehlversuchen wurde das Projekt aufgegeben.

1904

MAI

Ein französischer Nachbau des „Flyer", allerdings ohne Motor, ist das erste mit Querrudern versehene Flugzeug.

SEPTEMBER

7. September: Der verbesserte „Flyer II" fliegt erstmals bei Dayton (Ohio).

20. September: Orville Wright gelingt erstmals ein Vollkreis mit einem Flugzeug.

Orville (links) und Wilbur Wright waren reine Autodidakten und schrieben in Kitty Hawk mit dem ersten erfolgreichen Motorflug Geschichte.

Samuel Pierpont Langley

Eine weitere bedeutende Persönlichkeit am Ende des 19. Jahrhunderts war Samuel Pierpont Langley (1834-1906), ein Mann, der staatliche Gelder und die damit verbundenen Einschränkungen als eher störend empfand. Erst mit über 50 Jahren wandte sich der Professor für Physik und Astronomie aerodynamischen Fragen zu.

Nach dem Bau von Gummimotormodellen konstruierte Langley 1887 ein Rundlaufgerät und damit den Vorgänger des späteren Windkanals, um verschiedene Flügelformen und aerodynamische Konfigurationen zu untersuchen. Im gleichen Jahr wurde er Sekretär des renommierten Smithsonian Institute in Washington. Diese Position verschaffte ihm den nötigen Freiraum, um sich seinen Experimenten widmen zu können.

Im Jahr 1891 begann er mit dem Bau einer Serie von „Aerodromen", wie er seine Flugzeuge nach dem griechischen Wort für Luftläufer nannte. Als Antrieb für seine immer größer werdenden Modelle verwandte er Kohlensäuregas, Druckluftmotor, Dampfmaschine oder Benzinmotor.

Als Mechaniker stellte er Charles Manly ein, der seinerseits viele Ideen in die Konstruktionen einbrachte. Wenn ein Benzinmotor nicht vertragsgemäß geliefert wurde, baute er ihn sogar entsprechend um. Bei den „Aerodromen" handelte es sich um große

1905

JUNI	JULI	OKTOBER	OKTOBER/NOVEMBER
23. Juni: Erstflug von Wrights „Flyer III".	14. Juli: Beim Absturz des „Flyer III" bei hoher Geschwindigkeit wird Orville Wright schwer verletzt. Das Flugzeug ist zerstört.	14. Oktober: Gründung der Féderation Aéronautique Internationale (FAI) in Paris.	5. Oktober: Der modifizierte „Flyer III" bewältigt in fast 40 Minuten eine Distanz von 39 km. Die Wright-Brüder bieten ihr Flugzeug vergeblich den Regierungen der USA, Großbritanniens und Frankreichs an.

Die Wright-Brüder bei Flugversuchen mit einem ihrer Gleiter. Dies war Teil einer 1899 mit einem Drachen begonnenen Versuchsreihe, welche 1905 mit dem Bau des ersten praktisch verwendbaren Motorflugzeugs einen vorläufigen Abschluss fand.

Tandemflügler mit einer schmalen Rahmenkonstruktion und zwei Druckpropellern. Um stets gegen den Wind abheben zu können, starteten Langleys Flugzeuge von einem Hausboot auf dem Potomac River bei Quantico in Virginia. Die meisten Versuche endeten allerdings mit einem Fiasko, bis schließlich eine verbesserte Zelle und verstrebte Tragflächen Flüge bis zu einer Minute möglich machten. Im November 1896 legte „Aerodrom Nr. 6" eine Strecke von 1280 Metern zurück. 1897 stellte Langley seine Versuche ein, da er keine weiteren Perspektiven sah. Dass der angetriebene Flug möglich war, hatte er bewiesen, der Weg bis zu dieser Erkenntnis hatte ihn allerdings bis zur Erschöpfung beansprucht.

Doch nur ein Jahr später – wahrscheinlich in Folge des Kriegs der USA gegen Spanien – veranlasste ihn der amerikanische Präsident McKinley zur Annahme eines Stipendiums der US Army in Höhe von 50.000 Dollar. Damit konnte Langley seine Forschungen wieder aufnehmen und ein Flugzeug entwickeln, das auch militärischen Zecken diente. In seiner Freizeit baute Langley verschiedene unbemannte Modelle und schloss die neue Reihe mit einem „Viertel-Aerodrom" ab. Wie der Name schon sagte, handelte es sich dabei um eine Version, welche nur 25 Prozent der Größe der geplanten bemannten Ausführung hatte. Die ersten Flüge fanden im Juni 1900 statt, befriedigten mit Reichweiten von 45 und 90 Metern jedoch nicht. Erst

1906

JANUAR	OKTOBER	NOVEMBER
17. Januar: Das Zeppelin-Luftschiff LZ 2 hebt erstmals ab. Am nächsten Tag wird es durch eine Sturmböe zerstört.	13. Oktober: Der erste Hubschrauber löst sich mit einem Menschen an Bord 1,5 Meter vom Boden. Erbauer sind die französischen Brüder Louis und Richet Bréguet.	12. November: Der Brasilianer Alberto Santos-Dumont unternimmt den offiziell ersten bemannten Motorflug in Europa und landet nach einer Strecke von 220 Metern.

Orville Wright gilt als erster Mensch, der einen angetriebenen Flug nach dem Prinzip „schwerer als Luft" durchführte.

1907

APRIL	AUGUST BIS NOVEMBER
5. April: Erfolgreiche Flugpremiere des ersten Eindeckers von Blériot.	Orville Wright stellt seine Flugzeuge in Europa vor.

im August 1903 wurde eine Entfernung von 330 Metern erreicht.

Ein fortwährendes Problem stellten die Beschädigungen dar, die bei jedem Flug auftraten. Häufig reichten Reparaturen allein nicht aus und das Fluggerät musste völlig neu aufgebaut werden, was die Entwicklung sehr verzögerte.

Langleys erstes bemanntes Flugzeug war das „Große Aerodrom A“. Aus heutiger Sicht mutet die Konstruktion recht skurril an. Die einzigen auf den ersten Blick vertrauten Bauteile sind Propeller und Tragflächen, die in Tandemanordnung mit einem Zwischenabstand montiert waren. Der übrige Rahmen setzte sich aus einem eisenbahnähnlichen Rumpf, einem großen sechseckigen Seitenruder und vielen Spanndrähten zusammen. Das Höhenruder bestand aus einem verlängerten Sechseck, die beiden rechteckigen Tragflächen besaßen die gleiche Spannweite, wobei die hintere geringfügig höher als die vordere angebracht war. Das Höhenruder am Schwanzende und das Seitenruder sorgten für die Kontrolle der Querneigung und Gierbewegung, nicht aber der Längsneigung, wozu bei späteren Flugzeugen Tragflächenverwindung oder Querruder dienten.

Langley legte stattdessen mehr Wert auf Stabilität als auf Beweglichkeit und betonte, dass sein Flugzeug auch ohne Hilfe eines Führers zu fliegen in der Lage sei.

Orville Wright in Bauchlage in dem ersten von Wilbur gebauten Gleiter. Nach dem Erstflug im Oktober 1900 entstanden zwei weitere Ausführungen. Der dritte Entwurf mündete in den „Flyer“ von 1903.

SEPTEMBER

10. September: Das lenkbare Luftschiff British Army Dirigible No 1 „Nulli Secundus“ geht erstmals in Farnborough auf Fahrt.

OKTOBER

In Frankreich wird das erste kommerzielle Luftfahrtunternehmen gegründet.

Der von seinem Assistenten Manley überarbeitete Motor wurde zu einem verlässlichen Fünfzylinder-Triebwerk mit einer Ausgangsleistung von 39 kW bei 950/min. Es war der erste Sternmotor der Fluggeschichte, auch wenn er immer noch für die beiden großen, ineffizienten Propeller zu schwach war.

Am 7. Oktober 1903 bestieg Charles Manley das „Große Aerodrom A", welches auf dem erwähnten Hausboot montiert war. Beim Warmlaufen des Motors gab er einem Mechaniker den Befehl, das Halteseil des Katapults zu lösen. Was dann passierte, ist niemals richtig geklärt worden. Vielleicht ist das Flugzeug durch die beim Start einwirkenden Kräfte beschädigt worden, hat sich an einem Bolzen des Katapults verfangen oder war nicht richtig ausbalanciert. Jedenfalls riss der schwere Motor das Flugzeug unmittelbar nach dem Abheben nach unten. Manley war ein guter Schwimmer und konnte rasch aus dem Potomac gerettet werden. Das „Große Aerodrom A" war aber durch den Absturz erneut schwer beschädigt worden und musste von einem Schlepper an Land gezogen werden. Die anwesenden Armeeoffiziere waren verständlicherweise nicht sonderlich beeindruckt, wenngleich Manley versuchte, sie auf spätere Versuche zu vertrösten. Die Presse reagierte sofort gnadenlos. In der *New York Times* war von einem „lächerlichen Fiasko" und dem Beweis zu lesen, dass ein funktionierendes Fluggerät „in einer Million oder zehn Millionen Jahren" nicht zu erwarten sei. Selbst Wissenschaftler äußerten sich herablassend gegenüber dem Fluggedanken. Der Astronom Simon Newcomb bezeichnete den Flug als eines jener Probleme, „denen die Menschheit nie gewachsen sein wird."

Am 8. Dezember 1903 war das „Große Aerodrom A" im Smithsonian Institute wieder repariert worden und stand zu einem zweiten Versuch bereit. Es herrschte nicht gerade optimales Wetter, die Wolken hingen tief, der Wind wehte böig und

Der „Flyer II" wurde wieder demontiert. Verschiedene Bauteile fanden im deutlich verbesserten „Flyer III" eine neue Verwendung. Mitte Oktober 1905 unternahmen die Wrights mit ihm etwa 50 Starts. „Flyer III" war das erste wirklich flugtaugliche Gerät der beiden Brüder.

1908

JANUAR

14. Januar: Die Wright-Brüder treffen im französischen Pau ein und gründen die weltweit erste Flugschule.

MAI

14. Mai: Wilbur Wright befördert in North Carolina erstmals einen Passagier.

23. Mai: Mit einem Voisin-Doppeldecker führt Léon Delagrange den ersten Flugzeugstart in Italien durch.

das Ergebnis war eigentlich vorprogrammiert. Das Federkatapult – auch eine Erfindung von Langley – verlieh der zerbrechlichen Struktur des „Großen Aerodrom A“ einen viel zu heftigen Stoß. Das Flügelendstück verdrehte sich und zerbrach mit einem lauten Knall. Mit dem Schwanz voraus fiel das Flugzeug in den Potomac. Manley konnte sich zunächst nur mit viel Mühe aus dem Wrack befreien, wurde aber unverletzt aus dem eiskalten Wasser gerettet.

Dies bedeutete allerdings das endgültige Aus. Journalisten und Politiker zeigten sich in ihrer Kritik unerbittlich. „Das einzige, was Langley zum Fliegen brachte, waren staatliche Gelder“, sagte wütend ein Kongressabgeordneter aus Nebraska. Daraufhin ließ das War Department, das auf Unterstützung durch den Kongress angewiesen war, für längere Zeit das Interesse an neu erfundenen Flugzeugen fallen.

Es heißt immer wieder, dass Langley „im Augenblick seines Erfolges scheiterte.“ Vielleicht hätte er sich auf seine erste kreative Schaffensphase in der Luftfahrt beschränken sollen. Aber der Druck von außen bis hin zum amerikanischen Präsidenten nötigte ihn zur Wiederaufnahme seiner Arbeiten. Die einfache und unvollkommene Vergrößerung seiner früheren Modelle musste zwangsläufig scheitern. Funktionieren konnte auch nicht die von ihm gewählte Startmethode ohne richtige Steuerung und ohne Fahrgestell von einem Katapultboot aus.

Der zweite von den Wright-Brüdern gebaute Doppeldecker „Flyer II“ flog erstmals am 23. Mai 1904, allerdings nicht mehr von den Kill Devil Hills, sondern in der Huffmann Prairie.

Langley kam über seine Niederlage nicht hinweg und starb als gebrochener Mann. Die Erinnerung an ihn wird u.a. durch das Langley-Forschungszentrum der NASA und die Langley Air Force Base bewahrt.

Die Brüder aus Dayton

In Dayton (Ohio) erfuhren zwei an der Luftfahrt interessierte Brüder aus der Presse über die Geschehnisse auf dem Potomac River. Der Jüngere schrieb daraufhin einen Brief an Octave Chanute, mit dem er

JULI

4. Juli: Glenn Curtiss erhält einen Preis für den ersten offiziellen Flug mit einer Reichweite von mehr als einem Kilometer. Allerdings hatten die Wrights zuvor schon größere Entfernungen überwunden, ohne dass dies anerkannt wurde.

SEPTEMBER

17. September: Beim ersten tödlichen Unfall mit einem Flugzeug kommt der Passagier Thomas Selfridge ums Leben. Pilot Wilbur Wright wird verletzt.

1906 begann Santos-Dumont mit der Konstruktion einer Reihe kleiner Einsitzer, die alle unter dem Namen „Demoiselle" bekannt wurden.

bereits seit einiger Zeit in Verbindung stand. Darin heißt es: „Nun hat Langley seine Versuche gemacht und ist gescheitert. Jetzt sind wohl wir an der Reihe und ich bin gespannt, wie alles ausgeht."

Als Söhne eines Bischofs schlossen Wilbur (1867-1912) und Orville (1871-1948) Wright eine Druckerlehre ab und eröffneten in den 1890er-Jahren einen Fahrradladen, als diese Branche zu boomen begann. Nur mit einer bescheidenen Bildung versehen, hatten sie sich mit ihrem unstillbaren Wissensdurst auf verschiedene Felder vorgewagt. Beide Wrights waren überdies geschickte Handwerker und sie bauten einen einzylindrigen Kolbenmotor zum Antrieb ihrer Werkmaschinen, der sich später noch bewähren sollte. Ihr profitabler Fahrradladen erlaubte die Einstellung des talentierten Mechanikers Charley Taylor, der zu ihren späteren Erfolgen beitragen sollte. Um das Jahr 1896 planten sie, die Fahrradwerkstatt zugunsten des Automobilbaus aufzugeben. Durch den Tod Otto Lilienthals, von dem sie aus den Zeitungen erfuhren, entschlossen sie sich jedoch, ihr zukünftiges Betätigungsgebiet auf die Luftfahrt zu verlagern.

Dieses Interessengebiet ging wahrscheinlich auf einen flugfähigen Spielzeug-Helikopter zurück, den ihnen ihr Vater im Jahr 1878 geschenkt hatte. Das Modell war 1870 von dem Pariser Alphonse Pénoud (1850-1880) entwickelt worden, der als Vater des Modellflugs gilt und den Gummimotor erfand. Von seinen Großflugzeugen wurde allerdings nie eines gebaut. 1880 beging Pénoud Selbstmord, ohne dass ihm bewusst war, einen wichtigen Schritt auf dem Weg zur bemannten Luftfahrt beigesteuert zu haben.

Die Brüder Wright besaßen gegenüber ihrem Vorgänger Langley einen großen Vorteil. Langley stand stets im öffentlichen Rampenlicht und musste sich gegenüber der Regierung rechtfertigen. Zudem hatte er eine wichtige Position an der Spitze einer renommierten Wissenschaftseinrichtung inne. Mit all diesen Fragen mussten sich die Wright-Brüder nicht befassen. Sie zogen möglichst viel Wissen aus den Experimenten anderer und gingen systematisch vor. Als sich der Erfolg dann einstellte, wussten sie ihn optimal auszunutzen.

Ein wichtiger Meilenstein war ein Brief, den Wilbur 1899 an das Smithsonian Institute schrieb. Darin bat er um Informationen zum gegenwärtigen Stand der Luftfahrtforschung. Der Fragesteller erhielt nicht etwa eine Abfuhr, sondern bekam eine umfangreiche Bücherliste zugesandt, die u.a. alle wichtigen Veröffentlichungen von Chanute, Lilienthal, Mouillard und Langley enthielt. Auf diese Weise mit dem gesammelten Wissen ihrer Zeit ausgestattet, gingen die Brüder Wright daran, die Fehler ihrer Vorgänger zu analysieren. Wilbur verglich das Fliegenlernen mit dem Zureiten eines Pferdes: „Man kann auf einem Zaun sitzen und zusehen oder man kann das Pferd besteigen und sich durch praktische Versuche mit dessen Eigenheiten vertraut machen."

1908

OCTOBER

10. Oktober: Das Luftschiff „Nulli Secundus" wird an seinem Liegeplatz durch eine Sturmböe beschädigt und als „Nulli Secundus II" wieder aufgebaut.

16. Oktober: Samuel Cody startet erstmals mit einem Flugzeug in England.

28. Oktober: Hans Grade fliegt als erster Deutscher mit einem selbstgebauten Motorflugzeug.

DEZEMBER

18. Dezember: Wilbur Wright erreicht in Frankreich erstmals mit einem Flugzeug über 100 Meter Höhe.

Nachdem die Brüder Wright zweieinhalb Jahre von der Bildfläche verschwunden waren, führte Wright 1908 den neuen „Flyer A" in Frankreich vor.

Die beiden Brüder setzten rasch die richtigen Prioritäten. Problem Nummer 1 war die Steuerung. Das Nachahmen des Vogelflügels wurde verworfen. Die von Lilienthal und Chanute verwandte Verlagerung des Körpergewichts erfüllte nur bei kurzen Flügen in kleinen Gleitern ihren Zweck. Grundlegend war die Erkenntnis, dass die Steuerung in drei Achsen wirkte. Querneigung war ebenso wichtig wie Steigflug, Sturzflug und flache Rollen. Das Verwinden der Flügelenden veränderte deren Auftrieb und folglich drehte sich das Flugzeug um seine Längsachse, war zu Steigflug und Abschwung in der Lage. 1901 erklärte Wilbur öffentlich, dass jeder Erfinder auch bereit und befähigt sein müsse, sein Fluggerät selbst zu erproben und damit auch sein Leben zu riskieren. Die Wrights selbst hatten aber zwei Jahre zuvor behutsam mit dem Fliegen begonnen. Der dabei verwendete Kastendrachen bestand im Wesentlichen aus einem Paar Doppeldeckertragflächen mit einem davor an einem Stiel montierten Querruder. Die Anordnung ist heute als Canard-Flügel bekannt und geht auf die Entwürfe von Chanute zurück.

Die Verwindung der Flügelenden geschah durch Steuerdrähte. Der Drachen war dadurch zum Steigflug und zu Rollbewegungen in der Lage. Mit Hilfe des Steuerknüppels ließ sich die Nase heben und senken. Der Kastendrachen von 1899 wurde Ausgangspunkt aller späteren Gleiter und Motorflugzeuge

1909

JANUAR

23. Januar: Die Blériot XI, das erste in Serie gebaute Flugzeug, absolviert ihren Jungfernflug.

APRIL

24. April: Im italienischen Centocelle macht Wilbur Wright als Passagier erstmals Filmaufnahmen im Flug.

der Brüder Wright. Als nächster Schritt folgte der Bau eines Drachens in der Größe eines bemannten Gleiters.

Nach dem Studium der Wetterberichte verlegten die Wrights im September 1900 ihre Flugversuche nach Kitty Hawk an der Küste des Bundesstaates North Carolina. Hier herrschten verlässliche Windverhältnisse und eine gewisse Abgeschiedenheit, die ungestörtes Arbeiten ermöglichte. Da vor Ort nicht genug Holz aufzubringen war, geriet der neue Drachen etwas kleiner als ursprünglich geplant und wurde bald wieder abgewrackt.

1901 kehrten die Wrights zurück, dieses Mal aber in die Nähe einiger Sanddünen ein paar Kilometer von Kitty Hawk entfernt. Die größte Düne trug den Namen Kill Devil Hill. Hier setzten sie ihre Versuche, bei denen abwechselnd einer der Brüder das Steuer übernahm, auf einem großen Gleiter fort, der aus einem Drachen umgebaut worden war. Auch Chanute war bei einigen Testflügen anwesend. Diese verliefen allerdings wenig erfolgreich und endeten mit einem Bruch, bei dem Wilbur verletzt wurde. Bei der Analyse stießen die Wrights auf einige Schwachpunkte von Lilienthals Berechnungen und zogen sich für weitere theoretische Überlegungen nach Dayton zurück. Auf der Suche nach belastbaren Daten machten die Wrights eine ihrer wichtigsten Erfindungen – den Windkanal. Der Engländer Francis Wenham hatte bereits 1870 eine ähnliche Einrichtung entwickelt, das Wrightsche Modell war aber wahrscheinlich das erste außerhalb Europas gebaute. Ein 1,8 Meter langer und mit einem Querschnitt von 41 cm versehener Behälter enthielt einen Ventilator, der von dem bereits erwähnten Einzylinder-Motor angetrieben wurde. Hier testeten die Wrights über 200 verschiedene Tragflächen mit Längen von acht bis 23 cm. Die Versuche mit Ein-, Doppel- und Dreideckern sowie Tandemflüglern wie Langleys „Aerodrom“ lieferten solide Kenntnisse über Vor- und Nachteile der verschiedenen Ausführungen und vervollkommneten die Pionierarbeiten von Otto Lilienthal.

Mit neuestem Wissensstand versehen, fuhren die Wrights im Sommer 1902 wieder nach Kitty Hawk und schafften den entscheidenden Durchbruch. Ihr wie immer äußerlich unscheinbar wirkender Gleiter verfügte über wesentliche Verbesserungen, u.a. ein großes Doppelseitenruder und einen längeren und schlankeren Flügel mit weniger Fläche. Ursprünglich waren die Seitenruder fixiert, wurden aber sehr bald beweglich gestaltet. Der Pilot lag längsseits auf der unteren Tragfläche und kontrollierte die Querneigung mit einer waagerechten Steuerstange. Rollen und Gieren wurde über ein Hüftgestell erzeugt, welches mechanisch mit den Seitenrudern und der Flügelverwindung in Verbindung stand. Der riesige Fortschritt dieser Steuerung bestand darin, dass kontrollierte Drehungen ohne seitliches Abrutschen möglich wurden. Die meisten späteren Entwürfe verzichteten auf eine feste Verbindung von Seiten- und Querruder, da dieses Schema zu hohe Anforderungen an die Koordinationsfähigkeit des Flugzeugführers stellte. Das Jahr 1902 endete mit Flügen von bis zu 200 Metern und bis zu 26 Sekunden Dauer.

Ferdinand Graf von Zeppelin erfand das starre Luftschiff.

1909

JUNI

12. Juni: Die Blériot XII ist das erste Flugzeug, mit dem zwei Passagiere befördert werden können.

20. Juni: Das Zeppelin-Luftschiff LZ 3 wird an die preußische Heeresverwaltung ausgeliefert.

JULI

19. Juli: Hubert Latham scheitert bei dem Versuch, den Ärmelkanal mit dem Flugzeug zu überqueren.

25. Juli: Louis Blériot überquert als erster Mensch mit einem Motorflugzeug den Ärmelkanal.

25. Juli: Der Holländer van den Schkrouff führt mit einem Voisin-Doppeldecker den ersten Flug in Russland (Odessa) durch.

Für den angetriebenen Flug fehlten jetzt nur noch Motor und Propeller.

Das Antriebsproblem wurde mit Hilfe des Mechanikers Charles Taylor gelöst. In nur sechs Wochen entwarf und baute er einen 4-Zylinder-Motor mit einer Masse von 82 kg und einer Leistung von 12 PS. Dies ergab ein respektables Masse-Leistungs-Verhältnis.

Die Berechnung geeigneter Propeller erwies sich hingegen als schwieriger. Einige Flugpioniere hatten bereits herausgefunden, dass Schiffspropeller ungeeignet waren. Trotz diverser Literaturstudien entdeckten die Wrights zunächst keine Alternative. Dazu notierten sie später: „... wir fanden heraus, dass Marineingenieure nur über empirisches Wissen verfügten und dass die Wirkungsprinzipien eines Schraubenpropellers auch nach über einem Jahrhundert Anwendung noch immer unklar waren. Das zunächst einfach erscheinende Problem erwies sich mehr und mehr als komplexe Fragestellung. Schließlich bewegt sich das Flugzeug nach vorn, die Luft nach hinten, die Propeller drehen seitwärts und alles befand sich in Bewegung. Es schien ausgeschlossen einen Startplatz zu finden, wo diese

Samuel Franklin Cody (auf dem Pferd) bei der Vorführung eines seiner für militärische Zwecke gebauten bemannten Drachen.

AUGUST

22. bis 29. August: Über 250.000 Gäste besuchen die erste große internationale Flugveranstaltung in Reims (Frankreich).

SEPTEMBER

7. September: Eugène Lefebvre stirbt als erster Pilot beim Absturz eines motorgetriebenen Flugzeugs.

gleichzeitig verlaufenden Prozesse näher untersucht werden konnten."

Schließlich führten alle Überlegungen zu der Erkenntnis, dass ein Propeller nichts anderes war als ein Flügel, der sich in einer spiralförmigen Luftströmung bewegt. Die Wrights überarbeiteten daraufhin die bisherige Theorie und entwickelten einen Propeller mit einem Wirkungsgrad von immerhin 70 Prozent. Selbst heutige Propeller bringen es auf maximal 85 Prozent Wirkungsgrad!

Im September 1903 waren die Wrights erneut in Kitty Hawk. Die Montage ihres jetzt motorisierten Flugzeugs gestaltete sich als schwierig. Antriebsprobleme, gebrochene Propellerwellen und andere Defekte kosteten viel Zeit. Vor dem ersten Start wurden alle Baugruppen des „Flyer" – ein wahrhaft prophetischer Name – gründlich am Boden erprobt.

Während der Vorbereitungen in Kill Devil Hill erfuhren die Wrights von Langleys Misserfolg am 8. Dezember. Jetzt durfte nicht länger gezögert werden. Am 14. Dezember 1903 wagte Wilbur den ersten Start. Doch kaum war der „Flyer" in der Luft, kippte das Flugzeug vornüber und krachte auf den Boden. Die Reparatur kostete weitere drei Tage.

Louis Blériot überquerte als erster Mensch den Ärmelkanal mit einem Flugzeug.

Der große Tag

Der 17. Dezember 1903 war ein Donnerstag. Über die Sanddünen an der Küste von North Carolina wehte ein heftiger Wind. Nur von den Männern einer Seenotstation auf einem Hügel beobachtet, bugsierten zwei Männer in Anzügen und mit flachen Hüten ein Flugzeug aus einem Schuppen und verlegten eine Startschiene. Gegen 10 Uhr vormittags ließ der Wind etwas nach. Eine Fahne ging nach oben und rief die Seenotmänner herbei, um das Flugzeug an den Startpunkt zu ziehen. Wilbur hielt die Flügelenden fest, während diesmal sein jüngerer Bruder auf dem Bauch im „Flyer" lag und den Steuerknüppel umklammerte. Als die Maschine an den Halteseilen zu ruckeln begann, stand einer der Seenotleute namens John Daniels an der Fotokamera der Wrights, um rechtzeitig auf den Auslöser zu drücken. Die Seile wurden gekappt, der „Flyer" rumpelte die Schiene entlang und die beiden Druckpropeller schoben den „Flyer" langsam voran. Exakt als Wilbur auf seine Stoppuhr drückte, löste sich der „Flyer" vom Boden und John Daniels schoss das erste Foto eines richtigen Flugzeugs. Gerade einmal zwölf Sekunden später und knapp 40 Meter weiter berührte Orville wieder den Boden. Der erste bemannte Motorflug hatte einen erfolgreichen Abschluss gefunden.

Wäre es dabei geblieben, hätten die Wrights sicherlich keinen festen Platz im Gedächtnis der Menschheit gefunden. Kleine Luftsprünge wie diesen gab es schon zuvor. Heutige Spötter meinen, dass dieser Erstflug auch im Passagierraum einer Boeing 747 hätte stattfinden können.

Doch der Morgen des 17. Dezember war nur der Beginn eines am Ende erfolgreichen Flugtages. Nach Orville setzte sich Wilbur ans Steuer und legte 53 Meter zurück. Orville schaffte anschließend 61 Meter. Gegen Mittag absolvierte Wilbur schließlich den längsten und zugleich letzten Flug mit dem „Flyer". Fast eine Minute blieb er diesmal in der Luft, und nach einem Schaukelflug auf einem mehr oder weniger geradlinigen Kurs plumpste das erste funktionsfähige Motorflugzeug der Welt nach 260 Metern wieder auf den Boden. Bei der Vorbereitung für einen fünften Start wurde der

1909

OKTOBER

16. Oktober: In Deutschland wird der erste kommerzielle Luftverkehrsdienst mit Zeppelin-Luftschiffen eingerichtet.

1910

GENAUES DATUM UNBEKANNT

Der Rumäne Henry Coandă baut das erste Flugzeug mit einem Reaktionstriebwerk (ohne Propeller). Vermutlich ist es aber nicht geflogen.

„Flyer" jedoch von einer Böe erfasst und so schwer beschädigt, dass die Brüder ihn vor dem nahenden Winter nicht mehr reparieren wollten. Sie kündigten ihrem Vater an, Weihnachten wieder zu Hause sein zu wollen und baten ihn, die Presse zu informieren. Dann reisten sie nach Dayton zurück. Die gesamte Flugzeit des „Flyer" betrug nur wenige Minuten.

Zunächst fand ihr Erfolg keine große Resonanz. Die Zeitung *Virginian-Pilot* aus Norfolk erschien mit der reißerischen Schlagzeile „Flugzeug erhebt sich drei Meilen in den Fängen des Windes über Sandhügeln und Wellen". Nur eine einzige weitere Tageszeitung zeigte Interesse an dem Geschehen.

Unter einer unzureichenden Öffentlichkeitsarbeit hatten auch Langleys Versuche gelitten. Dies erkennend, luden die Brüder Wright im Mai 1904 Pressevertreter zu den Flügen des „Flyers II" in Huffmann Prairie bei Dayton ein. Eine feuchte Witterung und der aufgeweichte Boden ließen einen Start jedoch nicht zu und die Zeitungsleute mussten ohne Story nach Hause fahren. Fortan verzichteten die Wrights wieder auf Öffentlichkeit. Der einzige Journalist, dem sie eine seriöse Berichterstattung zutrauten, war der Redakteur der Imkerzeitschrift *Gleanings in Bee Culture*. Die Distanz zu den Medien sorgte zwar für eine nicht ungewollte Geheimniskrämerei, sorgte aber andererseits auch dafür, dass immer wieder Zweifel an der Echtheit der Flüge aufkamen.

Der Eindecker Blériot XI flog erstmals am 23. Januar 1909 in Issy-les-Moulineaux. Der Vierblattpropeller aus Metall wurde von einem über 25 PS starken REP-Motor angetrieben.

JANUAR

GENAUES DATUM UNBEKANNT
Italien und Frankreich bauen Militärflugzeuge und beginnen mit der Ausbildung von Piloten.

7. Januar: Hubert Latham erreicht als erster Pilot 1000 Meter Höhe.

MÄRZ

8. März: Die Französin Elise Roche, die sich später das Pseudonym Baronin Raymonde de Laroche zulegt, erwirbt als erste Frau einen Flugschein der Fédération Aéronautique Internationale (FAI). Ihre Lizenz trägt die Nummer 36.

10. März: Emil Aubrun unternimmt bei Buenos Aires den ersten Nachtflug mit einem Flugzeug.

DAILY SKETCH.

THE ALL-PICTURE MORNING PAPER.

Nº 115. [Registered as a Newspaper.] MONDAY, JULY 26, 1909. ONE HALFPENNY.

THE FIRST MAN TO FLY THE CHANNEL.

To M. Bleriot belongs the honour of being the first person to cross the Channel from Calais to Dover through the air. The Frenchman accomplished the feat early on Sunday morning, arriving at the East Cliff, Dover, some twenty minutes after he left the French side. The photographs show Bleriot's monoplane sailing for the East Cliff, where he made his descent, and the aviator standing by his machine immediately after his triumphal flight.—"Daily Sketch" photographs.

Louis Blériot nach seiner Landung bei Dover. Da die britischen Zollbehörden bisher nur die Anreise auf dem Seeweg kannten, wurde Blériot in den Einreisepapieren als Schiffsführer und sein Flugzeug als Yacht vermerkt.

Die Titelseite der britischen Tageszeitung „Daily Sketch" zeigt Blériots Flugzeug kurz vor den Klippen von Dover und den Franzosen kurz nach der Landung mit vielen Gratulanten.

1910

MÄRZ

18. März: Der Entfesslungskünstler Harry Houdini absolviert den ersten Start eines motorgetriebenen Flugzeugs in Australien.

28. März: In Marseille hebt das erste Schwimmerflugzeug mit Henry Fabre am Steuer ab.

APRIL

27. April: Der Franzose Louis Paulhan legt als Erster mehr als 100 km in gerader Linie zurück.

In den kommenden Jahren entwickelten die Wrights ihre Erfindung kontinuierlich weiter. „Flyer II“ überbot im September 1904 den weitesten Flug seines Vorgängers und schaffte als erstes Flugzeug einen Vollkreis. Ein gewichtsabhängiges Katapult glich die schwächeren Winde in Ohio aus und erlaubte deutlich längere Flüge, lieferte Kritikern aber auch das Argument, dass der „Flyer“ nicht eigenstartfähig sei.

Der nach einem schweren Unfall – welcher Wilbur fast das Leben kostete – neu aufgebaute „Flyer III“ aus dem Jahr 1905 gilt als das weltweit erste praktisch verwendbare Flugzeug. Seitenruder und Flächenverwindung wurden entkoppelt, die Seitenruder wurden erheblich vergrößert und das Höhenruder weit nach außen versetzt. Im Oktober fanden einige Flüge von bis zu 40 Minuten Dauer statt.

Was in Europa geschah

In den Jahren 1903 bis 1905 passierte in Europa nur wenig. Ein französischer, englischer oder deutscher Wright war nicht in Sicht. Stattdessen machten Zweifel die Runde, ob die Brüder wirklich geflogen seien. Einige französische Zeitungen bezeichneten sie sogar als Hochstapler („Der Bluff geht weiter“). Die Pariser Ausgabe des *New York Herald* schrieb in einem Editorial im Februar 1906: „Die Wrights flogen oder sie flogen nicht. Sie besitzen ein Flugzeug oder sie besitzen keines. Sie sind entweder Flieger oder sie sind Lügner. Fliegen ist schwer. Die Behauptung, geflogen zu sein, ist dagegen leicht.“

Erst Santos-Dumont stellte die Ehre Frankreichs wieder her, das sich als Führungsnation in der Luftfahrt ansah. Zwischen 1899 und 1906 baute er ein Dutzend Ballone und Luftschiffe und wandte sich anschließend dem Flugzeug zu. Bemerkenswert ist, wie schnell er den Übergang vom Prinzip „leichter als Luft“ zu „schwerer als Luft“ bewältigte, ohne sich mit dem Bau von Gleitflugzeugen aufzuhalten. Zunächst setzte er sein Luftschiff Nr. 14 auf den Rücken eines Flugzeugs, um auf diese Weise für Auftrieb zu sorgen. Schnell erkannte er, dass dies ein Irrweg war, aber der Name „14bis“ für sein Gefährt ging in die Annalen ein.

Es unterschied sich deutlich vom „Flyer“ der Brüder Wright, obwohl es auf dem gleichen Schema des Canard-Doppelflügels beruhte. Allerdings befestigte Santos-Dumont die Tragfläche am Rumpfende und konstruierte einen langen „Hals“. Das französische Wort „canard“ (deutsch: Ente) ist heute ein fester Begriff im Flugzeugbau.

In Anlehnung an die Arbeiten des Australiers Lawrence Hargrave ähnelte „14bis“ äußerlich einem Kastendrachen, besaß aber im Gegensatz zu den Wright-Modellen ein Fahrwerk mit zwei Rädern, wozu manchmal ein drittes Rad in Schwerpunktnähe kam. Eine Stützrolle sorgte dafür, dass die vornliegenden kastenförmigen Höhenruder nicht mit dem Boden in Berührung kamen.

Der hintenliegende Motor trieb einen Druckpropeller an. Davor saß der Pilot in einem umgebauten Ballonkorb. Neu war auch, dass die wichtigsten Flächen der „14bis“ einschließlich der Flügelstreben mit Bespannstoff versehen waren.

Im September 1906 begann Santos-Dumont mit ersten Versuchen. Am 23. Oktober flog er vor vielen Zuschauern in einer Höhe von zwei bis drei Metern 60 Meter weit. Zum ersten Mal hatte sich ein Flugzeug ohne fremde Starthilfe und mit festem Fahrwerk in die Luft erhoben. Der französische Aéro Club zeichnete Santos-Dumont daraufhin mit dem nach seinem Präsidenten Ernest Archdeacon benannten Preis für den ersten europäischen Flug von mehr als 25 Metern aus. Am 12. November legte „14bis“ in Bagatelle 220 Meter zurück und brachte Santos-Dumont einen weiteren Preis des französischen Aéro Clubs ein, da erstmals die Marke von 100 Metern überschritten war. Die lokale Presse verkündete begeistert, dass der Luftraum nunmehr erobert sei und dass demnächst jedermann werde fliegen können.

Bald traf diese Vorhersage auch ein. Zunächst aber machten zwei andere Franzosen auf sich aufmerksam. Robert Esnault-Peltrie und Louis Blériot (1872-1936) stiegen in ihren Eindeckern mit Zugpropeller zu

JUNI

Geburtsstunde der Luftpost. Die Gouverneure von New York und Pennsylvania lassen ihre gegenseitige Post mit einem Flugzeug befördern.

9. Juni: Zwei französische Piloten demonstrieren die Fotoaufklärung aus der Luft.

JULI

4. Juli: Unter Hauptmann Wolfram de la Roi wird das preußische Flieger-Kommando Döberitz aufgestellt.

19. Juli: Die französischen Brüder Léon und Robert Morane erreichen erstmals eine Geschwindigkeit von mehr als 100 km/h.

kurzen Flügen auf und schufen damit jene technische Konfiguration, die sich letztendlich im Flugzeugbau durchsetzen sollte.

Durchbruch in Frankreich

1907 waren die Wrights ihren Konkurrenten weit voraus und stellten ihre Konstruktionen abwechselnd in den USA, Großbritannien, Frankreich und Deutschland potenziellen Käufern vor, stießen jedoch überall auf Ablehnung. In Europa hatte der Fluggedanke noch gar nicht so richtig Fuß gefasst, obwohl der „Flyer III" bereits in mehreren Exemplaren gebaut worden war. Ohne ein einziges Flugzeug verkauft zu haben, kehrten die Brüder nach Clayton zurück.

Angesichts dieser Schlappe entschlossen sie sich wieder zum Auftritt vor einer breiten Öffentlichkeit. Die erste Flugvorführung mit Publikum in Europa veranstaltete Wilbur Wright am 8. August 1908 auf der Rennbahn von Le Mans. Der Erfolg übertraf alle Erwartungen. Wilbur blieb zwar nur eine Minute und 45 Sekunden in der Luft, flog aber einen Vollkreis, und seine in Schräglage absolvierten Kurven beeindruckten auch die anwesenden französischen Flugpioniere um Louis Blériot. Nun konnte keiner mehr die Wrights der Lüge bezichtigen.

Die öffentlichen Auftritte in Frankreich brachten den Wrights mit der soeben gegründeten Firma La Compagnie Générale de Navigation Aérienne einen

Im ersten Kriegsjahr gehörte die Blériot XI zu den am häufigsten eingesetzten Beobachtungsflugzeugen der Alliierten. Die Franzosen hatten acht und die Briten sechs Staffeln mit diesen Maschinen ausgerüstet.

1910

SEPTEMBER

23. September: Der Peruaner Georges Chavez überfliegt in einer Blériot die Alpen.

NOVEMBER

23. November: Mit der Etrich-Taube startet das erste in Österreich-Ungarn konstruierte Flugzeug. Die Taube wird zum wichtigsten deutschen Militärflugzeug vor dem Ersten Weltkrieg und spielt eine große Rolle bei der Flugzeugführerausbildung.

Das erste von Glenn Curtiss entworfene Seeflugzeug hob am 26. Januar 1911 in San Diego ab. Der Beitrag von Curtiss bei der Entwicklung von Wasserflugzeugen ist von außerordentlicher Bedeutung, was ihm frühzeitig Aufträge der US Navy eintrug.

Vertrag über die Lieferung von vier Maschinen für Passagierflüge und über die Ausbildung von drei Piloten ein. Die Brüder modifizierten ihren Entwurf aus dem Jahr 1905 zum zweisitzigen „Flyer A“ und am 14. Mai 1908 bestieg mit dem Mechaniker Charlie Furmas erstmals ein Passagier ein Flugzeug.

Dank des Erfolgs von „Flyer A“ konnten Wilbur, Orville und die im Gegensatz zu ihren Brüdern auch sozial kompetente Schwester Katherine im Sommer 1909 im Pyrenäenort Pau die weltweit erste Flugschule gründen. Dafür wurden alle drei vom französischen Staat zum „Ritter der Ehrenlegion“ geschlagen.

Die erste Flugshow

In der Zwischenzeit war es in Europa wieder voran gegangen. Im August 1909 zog die „La Grande Semaine D'Aviation de la Champagne“ (Die Große Flugwoche der Champagne) 22 Teilnehmer zum Veranstaltungsort Reims. Zwar nahmen die Wright-Brüder selbst nicht teil, entsandten aber sechs ihrer Maschinen, die auf Modelle von Farman, Blériot, Latham und Curtiss trafen. Trotz einiger Brüche und Unfälle erwies sich die Reimser Flugwoche als großer Erfolg. Es wurden über 500.000 Zuschauer gezählt!

Curtiss gewann gegen Blériot den im Rahmen des Gordon-Bennet-Cups ausgetragenen Geschwindigkeitswettbewerb. Unter den Zuschauern befand sich der

1911

JANUAR

18. Januar: Eugene Ely landet als erster mit einem Flugzeug auf einem Schiffsdeck, dem des Schlachtschiffs „Pennsylvania“.

7. Januar: Eine Wright der US Army wirft erstmals aus der Luft eine Bombe ab.

21. Januar: Ein US-amerikanischer Offizier schickt erstmals eine drahtlose Nachricht aus einem Flugzeug an eine Bodenstation.

Die Chronik der Luftfahrt ist von Beginn an mit Opfern verbunden. Diese Blériot XI veranschaulicht deutlich die Risiken. Die vielen Abstürze in den Pionierjahren endeten allerdings nicht so häufig tödlich, wie es manchmal den Anschein hat.

britische Politiker und spätere Premierminister David Lloyd-George, der sich später wie folgt äußerte: „Flugzeuge sind kein Spielzeug und keine Träumerei mehr. Sie haben ihren Platz in der Realität gefunden."

Glen Curtiss

Glen Curtiss (1878-1930) flog zum ersten Mal am 21. Mai 1908. Sein Flugzeug war das zweite von der Aerial Experiment Association (AEA) gebaute Exemplar und nannte sich „White Wing" (Weißer Flügel). Die AEA war 1907 von Alexander Graham Bell gegründet worden, um Ingenieure und Mechaniker zu einer engeren Zusammenarbeit zu bewegen. „White Wing" war das erste Flugzeug, welches nicht mehr durch Verwindung, sondern durch Querruder gesteuert wurde, zugleich aber auch das erste amerikanische Flugzeug mit einem Radfahrgestell.

Curtiss war ausgebildeter Techniker und hatte sich vor allem mit dem Bau von Motorrädern einen Namen gemacht. Jetzt sollte er das vierte Flugzeug der AEA, die „June Bug" (Maikäfer), entwerfen. Der konventionell ausgelegte Doppeldecker hatte jedoch die Besonderheit, dass die unteren Tragflächenhälften nach oben und die oberen nach unten abgewinkelt waren. Nach seinem Jungfernflug im Juni 1908 brachte es der mit gelben Flügeln versehene „Maikäfer" rasch auf Flugweiten von über 900 Metern. Am 4. Juli bewältigte Curtiss eine

1911

MÄRZ

24. März: In Frankreich werden Flüge mit bis zu zwölf Passagieren unternommen.

APRIL

12. April: Erster Flug von London nach Paris durch Pierre Prier ohne Zwischenlandung in einer Blériot.

Distanz von zwei Kilometern und holte sich damit den mit 2500 Dollar dotierten amerikanischen Wissenschaftspreis „Scientific American" für den ersten messtechnisch dokumentierten Flug über mehr als einen Kilometer.

Ende 1908 liquidierte Graham-Bell die AEA, da er ihren Zweck als erfüllt ansah. Dafür sprang jetzt Curtiss in die Bresche, der zusammen mit August Herring, der wie erwähnt bereits mit Chanute Gleitversuche unternommen hatte, eine neue Firma ins Leben rief. Mit ihrem ersten Eigenprodukt „Golden Bug" (Goldkäfer) sicherte sich Curtiss einen weiteren der von „Scientific American" ausgelobten Preise über 10.000 Dollar.

Sein „Goldkäfer" bildete den Ausgangspunkt für den „Reims Racer", mit dem Curtiss den Gordon-Bennet-Cup und 1909 mehrere Preise in Italien gewann. Ein Jahr später siegte sein „Hudson Flyer" mit einem Flug über 245 km von Albany nach Governor's Island entlang des Hudson River bei einem Wettbewerb der Stadt New York. Die Bedingungen erlaubten zwei Zwischenlandungen, von denen Curtiss eine publikumswirksam in Manhattan durchführte, um Kraftstoff und Öl nachzutanken. Nach einer Umrundung der Freiheitsstatue landete er in Governor's Island und hatte damit einen der bedeutendsten Zielflüge seiner Ära erfolgreich abgeschlossen.

Der amerikanische Generalpostmeister Frank Hitchcock bei der Übergabe eines Postsacks an den Piloten Earl Ovington am 23. September 1911. An diesem Tag begann der Luftpostdienst in den USA. Bei dem Flugzeug handelt es sich um einen Blériot-Eindecker.

JUNI

18. Juni bis 7. Juli: Zu einem 1170 km langen Rundflug in Europa starten 42 Teilnehmer. Nur acht erreichen das Ziel.

21. Juni: Édouard Nieuport stellt mit 140 km/h einen neuen Geschwindigkeitsrekord auf.

AUGUST

2. August: Harriet Quimby wird die erste US-amerikanische Flugzeugführerin.

Airshows werden alltäglich

Nach dem Erfolg der Flugshow in Reims fanden sich in den USA diverse Nachahmer. Die erste Veranstaltung im Januar 1910 in Dominguez Field südlich von Los Angeles bot ein vielfältiges Programm mit Flugzeugen und Luftschiffen inklusive einiger Luftrennen. Unter den Teilnehmern befanden sich neben bereits bekannten Persönlichkeiten der Szene auch der exzellente Pilot Lincoln Beachy und der Franzose Louis Paulham, die beide erst später ins Rampenlicht treten sollten. Beachy wurde ein berühmter Kunstflieger und Paulham stellte mit einem Farman-Doppeldecker mehrere Höhenrekorde (bis zu 1270 Meter) sowie einen Reichweitenrekord mit Fluggast über 160 km auf.

In Dominguez Field sicherte sich Curtiss den Geschwindigkeitspreis mit 90 km/h. Wiederum waren fast 500.000 Besucher anwesend, von denen viele derart beeindruckt waren, dass sie selbst in der Fliegerei Fuß fassten. So war bei einer Veranstaltung in Boston im September 1910 auch eine gewisse Harriet Quimby anwesend, die wenig später als erste Frau in den USA den Pilotenschein erwarb.

Den Hauptpreis in Boston gewann trotz Anwesenheit der Wright-Brüder und Glen Curtiss der Engländer Claude Graham-White, der sich im gleichen Jahr auch den Gordon-Bennett-Cup sicherte.

Die dritte und letzte bedeutende Flugveranstaltung 1910 in den USA wurde im Oktober in Belmont Park auf Long Island (New York) ausgetragen. Zwei Dutzend Piloten aus den USA, England und Frankreich traten an. Das Rennen machte der Amerikaner John Moisant, der den Hin- und Rückflug zwischen Belmont Park und der Freiheitsstatue am schnellsten bewältigte und dafür 10.000 Dollar bekam. Da er aber erst nach Schließung des Startfensters abgehoben hatte, legte Graham-White, der sich an alle Regeln hielt, Einspruch ein. Das Verfahren zog sich bis 1912 hin und endete damit, dass Graham-White die Siegesprämie einschließlich Zinsen zugesprochen wurde.

Ein von Pete Bowyer gefertigter Nachbau der Curtiss „June Bug".

1911

SEPTEMBER

13. September: Als erste deutsche Frau erwirbt Amélie („Melli") Beese auf einer Etrich-Rumpler-Taube eine Flugzeugführerlizenz.

OKTOBER

15. Oktober: Walter Wellman scheitert bei dem Versuch, den Atlantischen Ozean mit dem Luftschiff „America" zu überqueren.

22. Oktober: Im Italienisch-Türkischen Krieg unternimmt ein italienischer Pilot über Libyen den ersten militärischen Aufklärungsflug.

Das erste Serienflugzeug

1909 war die Zeit reif, dass sich aus den vielen Einzelmodellen ein als Massenprodukt geeignetes Muster herauskristallisieren konnte.

Nach seinem Erfolg mit der „14bis" musste Santos-Dumont zunächst einige Rückschläge hinnehmen, bevor ihm 1909 mit der „Demoiselle" – auch „Dragonfly" genannt – ein neuer Wurf gelang. Die Konstruktion gilt heute als erstes praktisch verwendbares Leichtflugzeug. Der mit einem Zugpropeller angetriebene Eindecker erlangte eine große Beliebtheit, zumal ihn Santos-Dumont für jedermann kostenlos zur Verfügung stellte. Er selbst nutzte die erste „Demoiselle" als persönliches Reisemittel. Doch damit endete leider auch seine Karriere als Flugzeugkonstrukteur, da er an Multiple Sklerose erkrankte.

Sein Landsmann Louis Blériot hatte mit Gabriel Voisin eine Flugzeugbaufirma gegründet und bis 1905 einige Entwürfe vorgelegt, darunter einen Gleiter mit Schwimmern. Doch 1906 gingen beide wieder getrennte Wege und Blériot versuchte es mit einem eigenen Unternehmen. Seine Blériot V gilt als der erste erfolgreiche Eindecker, ging aber nach kurzer Zeit durch Absturz verloren. Das im gleichen Jahr entstandene Modell VII bewältigte eine Flugstrecke von über 500 Metern und bildete die Grundlage seiner später so erfolgreichen Konstruktionen.

Der amerikanische Flugpionier Eugene Ely startete am 14. November 1910 als erster Mensch von einem Schiff – der USS „Birmingham" – und begründete damit die Idee des Flugzeugträgers. Sein Flugzeug berührte allerdings die Wasseroberfläche, wobei der Propeller beschädigt wurde.

NOVEMBER

1. November: Während des Türkisch-Italienischen Konfliktes warf der italienische Leutnant Giulio Gavotti erstmals aus einem Flugzeug vier 2 Kilogramm schwere Cipelli-Granaten auf feindliche Truppen in Libyen ab.

Im Oktober 1908 setzte Lord Northcliffe, Eigentümer des *Daily Mail* und einer der ersten britischen Zeitungsbarone, einen Preis von 500 Pfund für die erste Überquerung des Ärmelkanals mit einem Flugzeug aus und verdoppelte den Betrag im Januar 1909. Wilbur Wright hielt sich zu dieser Zeit in Frankreich auf und erwog eine Teilnahme an der Ausschreibung, zumal ihm von Lord Northcliffe ein geheimgehaltenes Angebot mit einem deutlich höheren Preisgeld unterbreitet wurde. Dennoch entschied sich Wilbur gegen den Flug, da sein Bruder Orville noch an den Folgen seines Absturzes laborierte. Eine Rolle dürfte auch die Tatsache gespielt haben, dass ihr momentan verfügbarer Motor nicht zuverlässig genug war.

Damit stand der Weg zwei Franzosen offen, die zur ersten Garnitur ihres Landes zählten: der 26-jährige Hubert Latham und der 37-jährige Louis Blériot. Latham gehörte zu jener Gruppe finanziell unabhängiger junger Männer, die vor allem Abwechslung und Abenteuer suchten. Vor seiner Ausbildung auf dem Eindecker Antoinette IV hatte er sich als Ballonfahrer versucht. Blériot war hingegen ein seriöser Geschäftsmann, dem allerdings 1909 wirtschaftlich das Wasser bis zum Hals stand und der bereits darüber nachdachte, sich aus der Luftfahrt zurückzuziehen. Für ihn kam die Ausschreibung der *Daily Mail* genau zur rechten Zeit.

Mit seinem Modell XI, das am 23. Januar 1909 erstmals flog, verfügte Blériot über ein theoretisch bestens geeignetes Flugzeug. Der Entwurf war klar und äußerlich ansprechend. Angetrieben wurde der Eindecker mit seinen breiten Tragflächen und einem einzelnen Seitenruder von einem Rotationsmotor von REP – später Anzani –, der über 25 PS leistete. Die Anlenkung der Querachse erfolgte bei der Blériot XI noch vermittels Verwindung, aber alle anderen Steuerelemente waren bereits sehr fortschrittlich ausgelegt. So gab es einen Steuerknüppel für die Längsneigung und Ruderpedale zum Kurshalten.

Die von Léon Levasseur entworfene Antoinette IV war größer als die Blériot XI, ihr ansonsten aber ziemlich ähnlich. Die deltaförmigen Schwanzflossen waren wie die gesamte Steuerung sorgfältiger verarbeitet. Zwei zusätzliche Steuerräder glichen Kipp- und Rollbewegungen aus. Die Tragflächen besaßen Querruder, wenngleich spätere Versionen wieder eine Verwindung erhielten. Der Motor – ebenfalls als Antoinette bezeichnet – verfügte über eine neuartige Dampfkühlung.

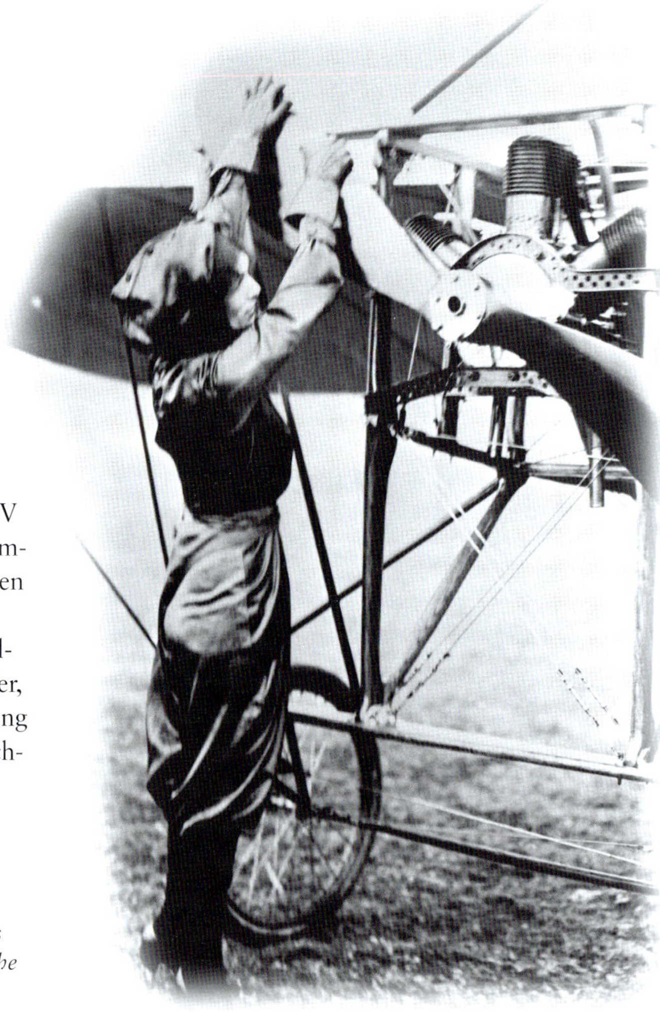

Harriet Quimby, die auf dieser Aufnahme den Propeller eines Blériot-Eindeckers durchdreht, war die erste US-amerikanische Flugzeugführerin und besaß seit April 1911 eine Lizenz.

1912

GENAUES DATUM UNBEKANNT	JANUAR	FEBRUAR
Der Russe Chleb Kotjelnikow erfindet den Tornister-Fallschirm. Der deutsche Ingenieur Otto Heinecke ergänzt 1913 das Prinzip durch die doppelte Hülle und die am Flugzeug befestigte Aufziehleine, wie es noch heute verwendet wird.	10. Januar: Glenn Curtiss erprobt das erste funktionsfähige Flugboot „Flying Fish“.	Jules Vedrine erreicht in einem Deperdussin-Rennflugzeug erstmals die Marke von 160 km/h.

Am 16. April 1912 überquerte Harriet Quimby als erste Frau den Ärmelkanal mit einem Flugzeug.

In den Vorbereitungsmonaten nutzte Blériot sein Modell XI für einige Rekordflüge über Land und erreichte u.a. eine Strecke von 35 km. Damit ließ sich der Ärmelkanal überqueren, sofern keine technischen Probleme auftraten. Beide Piloten richteten sich eine Basis in der Nähe von Sangatte im Departement Pas de Calais ein. An der Steilküste wurde eine Funkstation aufgebaut, um Wetterinformationen aus England zu empfangen. Ein französischer Zerstörer bezog Position, um den Weg zu markieren und um im Notfall eingreifen zu können.

Latham unternahm am 19. Juli den ersten Startversuch, gewann schnell an Höhe und drehte in Richtung England ab. Doch nach einem Drittel des Flugweges begann der Motor zu stottern und quittierte schließlich den Dienst. Latham ging im Gleitflug sanft auf dem Wasser nieder. Das Flugzeug hielt sich gut und Latham konnte in fast trockener Bekleidung von der Besatzung des Zerstörers aufgenommen werden. Die Antoinette hatte allerdings viele Wasserschäden erlitten, so dass ein Wiederaufbau nicht angeraten schien. Es musste also ein neues Flugzeug mit einem stärkeren Motor und Flügelverwindung beschafft werden. Die neue Antoinette VII traf bereits am 22. Juli ein, doch Latham hatte inzwischen ernsthafte Konkurrenz bekommen, da Blériot derweil ebenfalls startbereit war. Darüber hinaus war mit dem Grafen Lambert ein dritter Kandidat hinzu-

MÄRZ

1. März: Der amerikanische Hauptmann Albert Berry springt als erster Mensch mit einem Fallschirm aus einem Flugzeug ab.

APRIL

16. April: Die erste US-amerikanische Flugzeugführerin Harriet Quimby überfliegt den Ärmelkanal.

Glenn Curtiss in seinem ersten erfolgreichen Flugboot „Flying Fish" mit einem abgestuften Schwimmkörper. Die besondere Konstruktion verringert den Widerstand beim Gleiten auf dem Wasser.

1912

MAI

30. Mai: Wilbur Wright stirbt an Typhus

SEPTEMBER

19. September: Der Zeppelin LZ 13 eröffnet den weltweit ersten kommerziellen Passagierluftverkehr mit einer Verbindung zwischen Hamburg, Kopenhagen und Malmö.

gekommen, der an der Küste in der Nähe von Boulogne seine Wright A vorbereitete. Nach einem Probeflug verletzte sich der Graf jedoch und musste sein Vorhaben aufgeben.

Starker Wind am Abend des 24. Juli schickte beide Piloten frühzeitig in die Betten, doch einer von Blériots Helfern weckte ihn um 2.20 Uhr und teilte mit, dass der Sturm nachgelassen habe. Blériot schickte seine Frau und mehrere Journalisten auf ein Kriegsschiff Richtung England und begab sich zum Startplatz, wo seine Maschine hastig vorbereitet wurde. Gegen 4.15 Uhr unternahm er einen kurzen Probeflug, und als 20 Minuten später die Sonne aufging, befand er sich bereits in der Luft.

Der kleine Eindecker gewann über der Steilküste Höhe und bald war nur noch das Brummen seines Sternmotors zu hören. Das markante Geräusch riss Latham sofort aus dem Schlaf. Seine Mannschaft beeilte sich, die Antoinette flugfertig zu machen, doch das Wetter schlug wieder um und ließ einen Start der fragilen Antoinette nicht zu.

Unterdessen setzte Blériot seine Reise mit einer Geschwindigkeit von 64 km/h in einer Höhe von 75 Metern fort. Nach wenigen Minuten hatte er den Zerstörer passiert, auf dem sich seine Frau und die Zeitungsreporter eingeschifft hatten. Für einige Augenblicke konnte er weder die französische noch die englische Küste sehen. Später berichtete er, dass er sich wie in einem Ballon gefühlt habe, der irgendwo zwischen dem Himmel und der See hing. Schließlich kamen die berühmten weißen Klippen von Dover in Sicht. Da er etwas nach Norden abgetrieben war,

Einen sehr fortschrittlichen und optisch ansehnlichen Entwurf stellt das von Deperdussin in Ganzschalenbauweise gefertigte Rennflugzeug aus dem Jahr 1913 dar. Die Rumpfschale bestand aus gepresstem Sperrholz.

1913

JANUAR

13. Januar: Zwischen Boston und New York wird der erste Luftfrachtdienst eingerichtet.

24. Januar: Der Schweizer Oscar Bider erreicht bei der Überquerung der Pyrenäen in seinem Blériot-Eindecker eine Höhe von 3500 Metern.

MAI

13. Mai: Jungfernflug des ersten viermotorigen Flugzeugs „Russkij Witjas". Konstrukteur ist der Russe Igor Sikorskij.

nahm Blériot Kurs entlang der Küste, bis er das Schloss Dover sehen konnte. Dort warteten bereits zwei Reporter der Zeitung *Le Matin* und schwenkten die französische Fahne, um ihm den Weg zu weisen.

Blériot war nicht gerade für sanfte Landungen bekannt, und auch diesmal blieb er seinem Ruf treu und zerschlug beim Niedergehen auf einer Wiese bei Dover Fahrgestell und Propeller. Doch dies interessierte nun niemanden, denn nach 37 Minuten und 34 Kilometern war der Ärmelkanal erstmals mit einem Flugzeug bezwungen. Zum ersten Mal fand damit auch ein länderüberschreitender Flug über das offene Meer statt. 30 Minuten nach seiner Landung legte der Begleitzerstörer in Dover an. Am nächsten Tag verkündete die *Daily Mail*: „Großbritannien ist keine Insel mehr!" Das war exakt die Nachricht, auf die Lord Northcliffe gewartet hat. Andere Stimmen meinten allerdings besorgt, dass sich England ab sofort bei seiner Landesverteidigung nicht mehr nur auf die Marine würde verlassen können.

Innerhalb von zwei Tagen gingen bei Blériot 100 Bestellungen für sein Modell XI ein. Damit hatten sich seine Geldsorgen ein für alle Mal erledigt. Seine Eindecker waren die ersten in Massenproduktion gefertigten Flugzeuge und fanden in vielen Ländern Lizenznehmer. Seine neue Firma Société Pour Aviation et ses Dérives (SPAD) verhalf ihm im Ersten Weltkrieg zu einem großen Vermögen.

Die Avro 504 flog erstmals im Juli 1913 in Brooklands und stellt eine direkte Weiterentwicklung des Typs E dar, welcher bereits vom Royal Flying Corps in Auftrag gegeben war.

1913

SEPTEMBER

1. September: Erster Rückenflug mit einem Flugzeug durch Alphonse Pégoud.

5. September: Alfred Friedrich führt auf einer Etrich-Taube den ersten Passagierflug von Berlin nach Paris durch. Sein Fluggast ist Dr. Hermann Elias.

9. September: Der Russe Pjotr Nestjerow fliegt erstmals einen Looping.

23. September: Der Franzose Roland Garros überfliegt mit einem Morane-Eindecker als erster Mensch nonstop das Mittelmeer.

Das weltweit erste viermotorige Flugzeug war der von dem Russen Igor Sikorskij konstruierte „Russkij Witjas" (Russischer Ritter). Bei dem Erstflug am 2. August 1913 blieb die Maschine mit acht Mann an Bord eine Stunde und 54 Minuten in der Luft. Nach weiteren 53 Flügen wurde sie verschrottet.

Der Preis des Fortschritts

In den Pionierjahren bis 1914 blieben die meisten Flugversuche erfolglos. Die Masse ist heute vergessen. Die wenigen erfolgreichen „Aviateure" hoben sich durch gelungene Entwürfe und persönliche Kühnheit ab und wurden zu nationalen Helden. Einige wenige erreichten ein gesegnetes Alter und profitierten von ihrem geschäftlichen Erfolg, andere starben hingegen einen frühen Fliegertod.

Als erste Frau überquerte drei Jahre nach Blériot die Amerikanerin Harriet Quimby den Ärmelkanal. Nach einer nur wenige Monate dauernden verheißungsvollen Karriere stürzte sie 1912 bei der Flugshow in Boston tödlich ab. John Moisant starb den Fliegertod, als seine Blériot im Dezember 1910 – nur ein paar Wochen nach seinem umstrittenen Erfolg von New York – verunglückte. Lincoln Beachey traf das gleiche Schicksal auf der Höhe seines Ruhmes als Schauflieger. Hubert Latham unternahm einen zweiten Versuch zur Überquerung des Ärmelkanals, musste aber erneut notwassern und gab die Fliegerei auf. Auf der Suche nach neuen Herausforderungen wurde er 1912 in Afrika von einem Wasserbüffel getötet.

Wieder andere Flieger der ersten Stunde fanden große Anerkennung, als das Flugzeug zum Kriegsgerät avancierte.

NOVEMBER

30. November: Im mexikanischen Bürgerkrieg findet der erste Luftkampf statt, als sich US-amerikanische Söldnerpiloten gegenseitig mit Pistolen beschießen.

Das Flugzeug wird zur Waffe

Die erste Breitenverwendung der „Aeroplane" war militärischer Natur. Mit Ausnahme einiger weniger Luftposteinsätze und Flugtage hatten sich Flugzeuge für zivile Zwecke kaum bezahlt gemacht, als die Welt 1914 in die erste große kriegerische Auseinandersetzung des 20. Jahrhunderts schlitterte.

Die Militärfliegerei nahm im amerikanischen Bürgerkrieg (1861-1865) ihren Anfang, als Fesselballone auf beiden Seiten zur Beobachtung und zur Korrektur des eigenen Artilleriefeuers eingesetzt wurden. Ein Lastkahn der Nordstaaten, der auf dem Potomac River auf und ab fuhr und ständig einen Ballon mitführte, wurde auf diese Weise zum ersten „Flugzeugträger". Ein großer Nachteil der Ballone bestand allerdings darin, dass sie selbst das gegnerische Artilleriefeuer anzogen und Verluste unter den in der Nähe des Aufstiegsplatzes befindlichen Truppen verursachten. Beide Seiten verzichteten daher weitgehend auf den Einsatz dieser Technik.

Links: Zwar wurde bereits in den Napoleonischen Kriegen mit Beobachtungsballonen experimentiert, jedoch begann die eigentliche militärische Verwendung erst im amerikanischen Bürgerkrieg von 1861 bis 1865.
Rechts: Samuel Franklin Cody bei der Montage eines Flugzeugs.

Auch britische Kolonialtruppen nutzten in der spätviktorianischen Ära den Ballon als Beobachtungsmittel und stellten mit einer Ballonsektion bei den Royal Engineers eine der weltweit ersten Luftschiffereinheiten auf. Ihren Höhepunkt erlebten Ballone – viel mehr aber noch Luftschiffe – jedoch erst im Ersten Weltkrieg.

Das erste Militärflugzeug

Als Wilbur Wright im Jahr 1908 das Flugzeug in Europa bekannt machte, bemühte sich sein Bruder Orville, die US-Regierung vom Nutzen der neuen Technik zu überzeugen. Trotz anfänglicher Zweifel entschloss sich die US Army zu einer Versuchsreihe, die am 3. September 1908 in Fort Myer, Virginia, ihren Anfang nahm.

Nach mehreren erfolgreichen Flügen, bei denen auch Passagiere befördert und Flugzeiten von über einer Stunde erreicht wurden, kam es am 17. September zu einem tragischen Vorkommnis. Bei einem von Orville gesteuerten Flug des „Military Flyer" über Fort Myer brach ein Propeller. Die Maschine war nicht mehr zu halten und stürzte aus 23 Metern Höhe ab. Orville und der mitfliegende Leutnant Thomas Selfridge wurden herausgeschleudert, wobei Selfridge tödlich verletzt wurde. Orville kam glimpflicher davon und brach sich beide Beine und einige Rippen. Zum ersten Mal hatte ein Mensch bei einem Motorflug sein Leben verloren.

Selfridge gehörte zu dem kleinen Kreis von höchstens 100 Flugzeugführern und war von der US-Regierung zu Graham-Bells Aerial Experiment Association (AEA) abkommandiert worden, um Flugerfahrung zu sammeln. Bei dieser Gelegenheit hatte er den „Red Wing" entworfen und eingeflogen und sogar noch als Geschäftsführer des Unternehmens gearbeitet. 1908 war er einer von zwei Piloten, die auf dem ersten lenkbaren Luftschiff der US Army ausgebildet wurden.

Mit dem fatalen Absturz hätten die Ambitionen der Wright-Brüder, ein Flugzeug an die amerikanischen Streitkräfte zu verkaufen, ein Ende finden können. Dem war aber nicht so, denn die bisherige Flugerprobung war so vielversprechend verlaufen, dass die Regierung weitere Gelder bereitstellte, nachdem Orville seine Verletzungen auskuriert hatte.

1909 gab die US-Regierung bei den Wrights einen „Military Flyer" und damit das weltweit erste Militärflugzeug zum Preis von 30.000 Dollar in Auftrag. Allerdings hatte die US Army keinerlei Vorstellungen, was sie mit dem neuen Inventar anfangen sollte. Im Oktober 1909 instruierte Wilbur die ersten beiden Piloten. Bereits Anfang 1911 war das erste Militärflugzeug aber so oft beschädigt worden, dass sich weitere Reparaturen nicht mehr lohnten.

Der Prototyp des von Geoffrey de Havilland entworfenen Kampfeinsitzers DH.2 wurde im Juli 1915 zur Gefechtserprobung nach Frankreich geschickt, aber bereits im August abgeschossen. Trotzdem wurde der Typ in Serie gebaut und ab 1916 bei der britischen No 24 Squadron gegen die deutschen Fokker-Eindecker eingesetzt.

Die ersten Luftwaffen

Nicht nur in den USA weckte die neue Technik das Interesse der Militärs. Das erste für den Kriegseinsatz gedachte britische Flugzeug startete im Oktober 1908 mit dem in Amerika geborenen Samuel Cody – eigentlich Franklin Cowdery und daher nicht zu verwechseln mit dem berüchtigten Büffelschießer Buffalo Bill – am Steuer. Das unter der Bezeichnung British Army Aeroplane No 1 geführte Flugzeug sah aus wie

1914

MÄRZ

22. März: Eröffnung der ersten kommerziellen Verkehrsverbindung mit Flugzeugen zwischen St. Petersburg und Tampa (Florida).

APRIL

25. April: Nach dem sogenannten Tampica-Zwischenfall in Mexiko bestreiten Seeflugzeuge der US Navy die erste Militärmission amerikanischer Flugzeuge.

ein Kastendrachen und beruhte in seiner ganzen Konzeption auf althergebrachten Vorstellungen. Cody hatte sich bereits seit 1901 mit großen – aber zugleich bemannten – Drachen beschäftigt und stand seit 1906 bei der britischen Armee als Balloninstrukteur im Dienst. In dieser Funktion sollte er zwei entsprechende Abteilungen innerhalb der Royal Engineers aufbauen. Daraus wurde später das Air Battalion der Royal Engineers und schließlich die No 1 Squadron der britischen Luftstreitkräfte.

Auf die Ballone folgten Luftschiffe, und auch an dieser Entwicklung war Cody beteiligt. Mit seiner Hilfe entstand mit „Nulli Secundus" (Der Unübertroffene) das erste Luftschiff der britischen Streitkräfte. Bei einem Flug von Aldershot nach London im Oktober 1907 musste „Nulli Secundus" allerdings nach einer Runde um die St. Pauls Kathedrale wegen starker Gegenwinde im südlich von London gelegenen Crystal Palace unfreiwillig zu Boden gehen. Nach einer weiteren Beschädigung in einem Sturm wurde das Luftschiff als „Nulli Secundus II" neu aufgebaut. Da die britische Regierung von seinem militärischen Wert aber nicht überzeugt war, gab sie das Projekt auf.

Samuel Cody ließ sich jedoch nicht abhalten und setzte die Versuche mit eigenen Mitteln fort. 1911 erschien seine „Flying Cathedral" (Fliegende Kathedrale) und gewann 1912 einen mit 5000 Pfund dotierten Preis der britischen Armee in Salisbury Plain. Leider sollte sich Cody nicht lange daran erfreuen, denn im August 1913 kam er beim Absturz eines von ihm entwickelten Schwimmerflugzeugs ums Leben. Bei seiner Beisetzung säumten über 100.000 Menschen die Straße.

1911 hatte sich das militärische Flugwesen fest etabliert. In den USA fanden in diesem Jahr erste Ver-

Die Voisin 3 aus dem Jahr 1914 war der französische Standard-Tag- und Nachtbomber in der ersten Kriegsphase.

JUNI

29. Juni: An Bord einer russischen Sikorski „Ilja Muromez" wird erstmals während eines Passagierflugs ein Essen angeboten.

JULI

10./11. Juli: Der Deutsche Reinhold Böhm stellt auf einem Albatros-Doppeldecker einen neuen Dauerweltrekord auf und fliegt erstmals länger als 24 Stunden.

14. Juli: Heinrich Oelerich stellt auf einem DFW-Doppeldecker mit 8150 Metern einen neuen Höhenrekord auf. Damit befinden sich mit Ausnahme des Geschwindigkeitsweltrekords (Vedrines, 197 km/h) alle Bestleistungen in deutscher Hand.

AUGUST

14. August: Französische Voisin fliegen den ersten strategischen Bombenangriff. Ziel sind deutsche Luftschiffhallen in Metz.

Aus dem von Anthony Fokker entworfenen Eindecker M5K entstand die Militärversion E.I. Mit einem synchronisierten Maschinengewehr sorgte sie von Ende 1915 bis Mitte 1916 für eine fast uneingeschränkte deutsche Luftüberlegenheit.

suche mit Bordwaffen und kleinen Bomben statt. Beim Feldzug gegen türkische Truppen in Libyen warfen italienische Flugzeuge erstmals aus einem Flugzeug Bomben ab. Und noch eine wichtige Premiere gab es in diesem Konflikt, die bald in vielen Ländern eine große Rolle spielte: der Einsatz von Flugzeugen zur taktischen Aufklärung. Ebenfalls 1911 landete erstmals ein Flugzeug auf einem Schiff, was die Entstehung der Marinefliegerei zur Folge hatte. Daneben wurde die Funkverbindung zwischen Flugzeug und Bodenstation aus der Taufe gehoben.

Da die ersten Fliegereinheiten dem Landheer unterstanden, hatten sie auch einen dementsprechenden Aufgabenbereich zu erfüllen. Die Beobachtung gegnerischer Truppenbewegungen und die Kontrolle des eigenen Artilleriefeuers prägten die frühe Militärfliegerei. Noch konnte sich niemand vorstellen, das Flugzeug als Angriffs- oder gar als Luftkampfmittel zu verwenden.

Es ist heute nahezu vergessen, dass der erste Luftkampf im November 1913 während des mexikanischen Bürgerkriegs stattfand. Beteiligt waren zwei Amerikaner, die auf verschiedenen Seiten kämpften und sich in der Luft mit Revolvern beschossen. Etwas früher im selben Jahr ist bei der nordmexikanischen Stadt Guaymas der erste Luftangriff auf ein Schiff dokumentiert. Der von einem Druckpropeller angetriebene Doppeldecker Glenn Martin wurde von

1914

AUGUST

15. August: Der erste Luftkampf zwischen einem deutschen und einem französischen Flugzeug endete ergebnislos.

30. August: Eine deutsche Taube wirft fünf Bomben über der Festung Paris ab.

SEPTEMBER

24. September: Bei Kämpfen an der Aisne nutzen britische Besatzungen Luftbilder und Funk zur Korrektur des eigenen Artilleriefeuers.

Die zweisitzige Sopwith 1 1/2 Strutter erhielt ihre Bezeichnung wegen der anderthalb Paar Streben, die die oberen Tragflächen trugen.

einem mexikanischen Piloten gesteuert. Irgendwelche Erfolge dieser frühen Initiativen einzelner Piloten sind nicht überliefert, doch zeigten sie auf, wohin der Weg in Kürze führen würde.

Als 1914 der „letzte aller Kriege" ausbrach, verfügte Frankreich über die stärkste Luftmacht der Welt, gefolgt von Russland. Auf nennenswerte Fliegerkräfte – zum Teil auch innerhalb der Marine – konnten auch die Militärs in Großbritannien, Belgien, Dänemark, Holland, Deutschland, Italien, Österreich-Ungarn, Serbien, Spanien, Schweden und in der Türkei zurückgreifen. Außerhalb Europas befand sich die Militärfliegerei neben den USA in Argentinien, Australien, Japan und Thailand im Werden.

Die ersten Kampfflugzeuge

Diverse französische Flugzeuge – viele davon bereits veraltet – stellten die Masse an Militärflugzeugen in den meisten europäischen Luftwaffen dar. In Großbritannien nutzte das 1912 aufgestellte Royal Flying Corps (RFC) eine bunte Typenvielfalt, und dies selbst innerhalb einer Einheit. Neben französischen Modellen und Flugzeugen der britischen Hersteller Blackburn, Airco und Avro, wurde das RFC auch mit Erzeugnissen der staatlichen Firma Royal Aircraft Factory beliefert. Deren Bezeichnung orientierte sich an den Ausgangsmustern. So geht die Baureihe BE auf Blériot (Blériot Experimentals) und die Baureihe SE – berühmt wurde das Jagdflugzeug SE.5a – auf Santos-Dumont (Santos Experimentals) zurück.

Mit Kriegsausbruch gingen die Produktionszahlen von Fluggerät schlagartig in die Höhe. Nach einem Monat befanden sich 63 Flugzeuge des RFC – zwei Drittel vom Gesamtbestand – an der Front in Frankreich. Vor allem handelte es sich dabei um Maschinen vom Typ BE.2, einen für Aufklärungseinsätze bestens geeigneten zweisitzigen Doppeldecker. Der Beobachter sorgte für Geländeaufzeichnungen und machte mit einer unhandlichen Kamera Luftaufnahmen, um nach der Landung einen Bericht beim Hauptquartier des

Die britische Avro 504 fand zu Beginn des Ersten Weltkriegs als Bomber, Aufklärer und Jäger Verwendung, später auch als Trainer.

OKTOBER

5. Oktober: Eine französische Voisin LA mit der Besatzung Louis Quénault und Joseph Frantz schießt erstmals im Luftkampf mit einem eingebauten Maschinengewehr ein gegnerisches Flugzeug ab. Fritz von Zangen und Wilhelm Schlichting sterben in den Trümmern ihrer Aviatik.

britischen Expeditionskorps abzuliefern. Die drahtlose Telegrafie steckte noch in den Kinderschuhen. Als eine Funkstation versuchsweise in eine BE.2 eingebaut wurde, war für den Beobachter kein Platz mehr.

Die geringe Geschwindigkeit und die mangelnde Manövrierfähigkeit machten die BE.2 zwar zu einer idealen Aufklärungsmaschine, sorgten aber andererseits auch dafür, dass sie für gegnerische Flugzeuge zur leichten Beute wurde. Zunächst kam die Gefahr aber vom Boden aus umgebauten Geschützen der Feldartillerie, die von den britischen Piloten „Ack-Ack" oder „Archie" genannt wurden. Doch es sollte nicht lange dauern, bis sich die ersten deutschen Flugzeuge, deren Beobachter sich mit Pistolen, Selbstladegewehren oder anderen gerade verfügbaren Waffen ausgerüstet hatten, in wenig friedvoller Absicht näherten. Geschichten, wonach ein Flugzeug ein anderes mittels eines gut gezielten Ziegelsteins oder sonstigen von Hand abgeworfenen Gegenständen zum Absturz brachte, gehören wohl ins Reich der Fabeln. Wahr ist hingegen, dass zuweilen aus Blechbüchsen hergestellte provisorische Bomben auf den sich in der Luft nähernden Feind geschleudert wurden.

Die ersten erfolgreichen Luftkämpfe wurden bereits wenige Wochen nach Kriegsausbruch dokumentiert. Die anfänglich noch geradezu idyllischen Begegnungen am Himmel fanden im Frühjahr 1915 endgültig ein Ende, als immer mehr mit Maschinengewehren

Offiziell wurde die Produktion der Bristol Bullet eingestellt, weil ihre Landegeschwindigkeit für die kleinen französischen Flugplätze zu hoch war. Der wahre Grund war jedoch die damals noch weit verbreitete Abneigung innerhalb des britischen Fliegerkorps gegen Eindecker.

1914

DEZEMBER

21. bis 25. Dezember: Deutsche Seeflieger bombardieren erstmals Ziele auf den britischen Inseln.

1915

JANUAR

19./20. Januar: Erster Luftschiffangriff auf England.

bestückte Flugzeuge an der Front erschienen. Meistens wurde das MG vom Beobachter aus dem hinteren Sitz bedient. Der Pilot musste also das Flugzeug zunächst in eine geeignete Schussposition bringen. Es gab auch Flugzeuge mit Druckpropeller wie die von Geoffrey de Havilland konstruierte Airco DH.2, bei denen sich das MG vorn befand. Das dadurch gewonnene freie Schussfeld ließ ein angriffsweises Vorgehen zu und stellte ohne jeden Zweifel einen erheblichen Vorteil gegenüber den nur nach hinten schießenden MGs des Gegners dar.

Da erschien im April 1915 der Franzose Roland Garros mit einer Morane Parasol Typ L an der Front. An der Entwicklung dieses Eindeckers war auch Raymond Saulnier beteiligt. Die Auslegung als Hochdecker sollte zu einem Markenzeichen aller Morane-Typen bis in die 1930er-Jahre werden. Noch wichtiger war aber ein starr nach vorn eingebautes Maschinengewehr, weshalb die Morane Parasol L auch als erstes Jagdflugzeug der Geschichte bezeichnet werden kann. Der Pilot konnte das MG jederzeit erreichen, um die damals häufigen Ladehemmungen zu beseitigen.

Auf den hölzernen Propellerblättern angebrachte Ablenkplatten aus Messing verhinderten, dass sich das Flugzeug quasi selbst abschoss. Obwohl Garros in kurzer Zeit fünf deutsche Flugzeuge bezwingen konnte, war er nicht das erste „Ass". Diesen inoffiziellen Titel errang sein Landsmann Alphonse Pégoud, der sich vor dem Krieg auch in Deutschland einer großen Beliebtheit als Kunstflieger erfreut hatte. Garros geriet sehr bald in deutsche Gefangenschaft, nachdem sein Flugzeug nach dem Gewehrtreffer einer Bahnhofswache in den Benzintank kurz darauf notlanden musste. Das Geheimnis seiner Erfolge wurde auf diese Weise gelüftet und von dem in Holland geborenen Konstrukteur Anthony Fokker – seit April 1915 deutscher Staatsbürger – ausgiebig analysiert und anschließend in eine verbesserte Entwicklung überführt. Das synchronisierte MG, welches immer dann

Zwei Zeppeline jenes Typs, die sich im Januar 1915 an den ersten erfolgreichen Angriffsfahrten gegen die Britischen Inseln beteiligten.

MÄRZ

4. März: Mit dem Zeppelin LZ 37 wird erstmals ein Luftschiff durch ein Flugzeug zum Absturz gebracht.

Nach seinem Erstflug am 19. September 1916 erschien der zweisitzige Jäger und Bomber Bristol F.2A während der Osterschlacht von 1917 auf dem westlichen Kriegsschauplatz. Nachfolger war die verbesserte Version F.2B.

die Schussauslösung blockierte, wenn sich ein Propellerblatt vor der Mündung befand, war eine wegweisende Konstruktion. Dabei bediente sich der clevere Geschäftsmann Fokker allerdings in wesentlichen Teilen eines schon 1913 eingereichten Patents der Luft-Verkehrs-Gesellschaft GmbH (LVG), welches wiederum auf eine Erfindung des Schweizer Konstrukteurs Franz Schneider zurückging.

Mit dem Synchron-MG wurde der Fokker-Eindecker zum ersten wirklich erfolgreichen Serien-Jagdflugzeug. Sein erstes Opfer war am 1. Juli 1915 eine Morane Typ L, auch wenn dieser von Kurt Wintgens angemeldete Luftsieg von deutscher Seite nicht offiziell bestätigt wurde. Einen Monat später zwang Max Immelmann eine BE.2c zur Landung und eröffnete damit jene Periode, die auf britischer Seite als „Fokker-Geißel" Eingang in die Geschichtsbücher fand.

Die am meisten gebaute Version des Fokker-Eindeckers war die E.III mit einem Parabellum-MG. Einige Exemplare der Version E.IV erhielten zwei Maschinengewehre und sogar Versuche mit drei MGs

Roland Garros in seinem Morane-Eindecker. Auf den Propellerblättern waren geschossabweisende Metallwinkel angebracht.

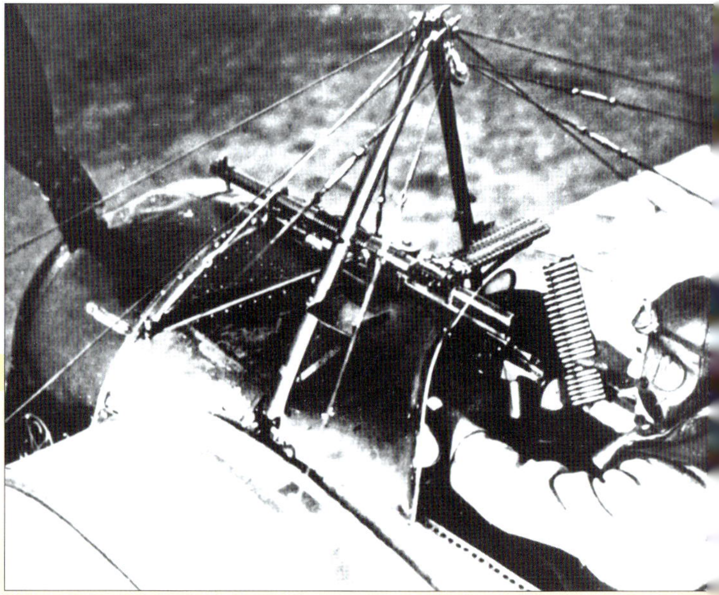

1915

APRIL

1. April: Der Franzose Roland Garros schießt ein deutsches Flugzeug mit einem starr nach vorn feuernden Maschinengewehr ab.

sind belegt. In der Hand solcher Experten wie Wintgens, Parschau, Buddecke, Immelmann oder Boelcke erwies sich der agile Eindecker über ein Jahr lang in der Luft jedem Gegner überlegen. Schwachpunkt aller Fokker-Konstruktionen war aber die zu instabile Struktur, die im Juni 1916 auch Immelmann auf einer E.III nach 15 Luftsiegen das Leben kostete. Sein Vermächtnis besteht darin, ein Luftkampfmanöver aus einem Looping heraus entwickelt zu haben, das als Immelmann-Turn heute jedem Piloten ein Begriff ist.

Die westlichen Alliierten unternahmen alles, um den Rückstand aufzuholen. Neben Flugzeugen mit synchronisierten MGs kamen auch Doppeldecker zum Einsatz, bei denen das MG auf der oberen Tragfläche montiert war, um nicht durch den Propellerkreis schießen zu müssen. Auch bei dieser Anordnung konnte der Pilot nachladen und Ladehemmungen während des Flugs beseitigen, musste sich dazu allerdings von seinem Sitz erheben. Als erstes britisches Flugzeug mit Synchron-MG erschien im April 1916 die Sopwith 1½ Strutter an der Westfront. Der Name des als Ein- und Doppelsitzer gebauten Jagd- und Bombenflugzeugs resultiert aus der bis zu diesem Zeitpunkt noch ungewöhnlichen Konfiguration der Tragflächenverstrebung. Als Jagdflugzeug – damals „Fighting Scout" genannt – blieben die Erfolge der Strutter begrenzt. Ihr Konzept bildete allerdings die Basis der später so erfolgreichen Pup und Camel. Alternativ entwickelten die Briten die SE.5a, bei der entweder ein Lewis-MG auf der oberen Tragfläche befestigt war oder ein Vickers-MG durch den Propellerkreis feuerte.

Der Erfolg des Eindeckers mündete bemerkenswerter Weise nicht in eine verstärkte Produktion von einsitzigen Tiefdeckern. Eine Ausnahme bildete die stromlinienförmige und mit höherer Festigkeit

Zwei Zeppeline aus einer späteren Baureihe in ihrer Halle. Die abgebildeten Typen konnten jeweils über 3600 kg Bomben ins Ziel bringen. Das entspricht der durchschnittlichen Bombenlast einer Lancaster im Zweiten Weltkrieg.

MAI

31. Mai: Erster deutscher Luftschiffangriff auf London.

Bei Kriegsbeginn wurden Bomben oder umfunktionierte Granaten einfach per Hand aus dem Flugzeug geworfen.

gebaute Bristol M.1C, welche jedoch trotz besserer Leistungen als ihre Vorgänger keine Akzeptanz bei militärischen Stellen fand. Ihre Landegeschwindigkeit von 80 km/h wurde für Durchschnittspiloten als zu hoch eingeschätzt. Die M.1C gelangte daher in größerer Zahl auf Nebenkriegsschauplätze wie den Mittleren Osten.

Das bevorzugte Flugzeug für Aufklärung und leichte Bombenmissionen hatte zwei Mann Besatzung. Wie bereits erwähnt, wurde stabiles Flugverhalten höher bewertet als Manövrierfähigkeit und Geschwindigkeit, was schwere Verluste zur Folge hatte. Bald konnten Aufklärungseinsätze nur noch mit Begleitschutz unternommen werden, und folglich kam es an der Westfront zu regelrechten Massenluftkämpfen.

Bei der Suche nach einem Aufklärer, der sich selbst verteidigen konnte, brachte die Bristol Aeroplane Company die R.2B mit einem über 190 PS starken Reihenmotor vom Typ Rolls-Royce Falcon heraus. Nachdem die Maschine ihr Potenzial auch als Jagdflugzeug unter Beweis gestellt hatte, wurde sie in F.2A umbenannt und startete erstmals im September 1916 unter der später bekannten Bezeichnung „Bristol Fighter“ an die Front. Ihr erster Kampfeinsatz im

Ab Sommer 1915 sorgte der Kampfeinsitzer Fokker E.I über Frankreich für eine deutsche Luftüberlegenheit.

1915

JULI

1. Juli: Der Eindecker Fokker E.I erscheint mit einem synchronisierten Maschinengewehr an der Westfront und sorgt für eine nahezu uneingeschränkte deutsche Luftüberlegenheit.

AUGUST

12. August: Ein britisches Seeflugzeug versenkt ein türkisches Schiff mit einem Torpedo.

April 1917 endete allerdings mit einem Fiasko, nachdem vier Maschinen in kurzer Zeit von deutschen Jagdflugzeugen abgeschossen wurden. Dies lag nicht an den technischen Eigenschaften der F.2A, sondern an verfehlten Einsatzgrundsätzen. Um dem Beobachter nach hinten ein gutes Schussfeld zu ermöglichen, sollte der Pilot die Maschine im Geradeausflug bei gleicher Höhe halten.

Ungeachtet dessen bewies der Bristol Fighter mit einem starr nach vorn eingebauten Vickers-MG und seinem Lewis-MG in Doppellafette auf dem Beobachtersitz seine vielseitige Eignung. Die daraufhin entstandene verbesserte Version F.2B erhielt einen stärkeren Motor. Unter dem Kürzel „Brisfit“ zeigte sie sowohl als Jagdflugzeug als auch als leichter Bomber hervorragende Leistungen.

Viele Asse flogen die „Brisfit“. Am erfolgreichsten war der Kanadier Andrew McKeever mit 31 Luftsiegen. Der Neuseeländer Keith Park schoss auf ihr 20 Gegner ab und brachte es während der Luftschlacht über England 1940 und bei der Verteidigung Maltas zum Formationsführer der Royal Air Force (RAF).

Über 3000 Bristol Fighter wurden gebaut und viele der überlebenden Maschinen standen auch noch nach 1918 vorwiegend in den Kolonien im Mittleren Osten im Dienst der RAF.

Die Entstehung der Bomberwaffe

Bomber lassen sich in drei Aufgabenbereiche unterteilen: Luftnahunterstützung der eigenen Truppen, taktische Angriffe gegen die Infrastruktur und Kommunikationseinrichtungen im unmittelbaren feindlichen Hinterland sowie strategische Einsätze gegen Industrie- und Wohnzentren in der Tiefe des feindlichen Staatsgebiets.

Zu Luftnahunterstützung und taktischen Bombeneinsätzen fanden im Ersten Weltkrieg vorwiegend Doppelsitzer Verwendung, deren Bomben mit maximal 20 kg von einem Mann des Bodenpersonals angehängt werden konnten. Zum Einsatz kamen auch Fliegerpfeile (fléchettes) und dreizackige Sterne, die vor allem gegen Pferde wirken sollten. Einige Flug-

Die Junkers J1 war das weltweit erste Ganzmetallflugzeug.

DEZEMBER

2. Dezember: Erstflug des deutschen Ganzmetallflugzeugs Junkers J1.

zeuge wie die Airco DH.5 eigneten sich vorrangig zur Bekämpfung feindlicher Schützengräben, was angesichts von tausenden zurückfeuernden Schützenwaffen eine ziemlich riskante Angelegenheit war.

Die ersten Bomber besaßen noch keine spezielle Ausrüstung. Bei den Bomben handelte es sich anfänglich meist um Kanonen- oder Mörsergranaten, die mit Stabilisatoren versehen waren. Der Beobachter nahm die Bomben einfach mit ins Cockpit und warf sie über Bord, sobald er ein lohnenswertes Ziel entdeckt hatte. Der nächste Schritt bestand im Einbau einfacher Röhren, die in Flugrichtung ausgerichtet waren. Der Beobachter schaute hindurch und sobald er ein feindliches Objekt am Boden ausmachte, ließ er die Bomben durch die Röhre rutschen. Dem folgten spezielle Aufhängungen unter den Tragflächen, an denen eine Reihe kleiner Bomben befestigt und mechanisch ausgelöst werden konnte.

Mit leichten Bombern wie der britischen DH.4 und dem Bristol Fighter, der französischen Bréguet 14 oder den deutschen LVG C.IV und Halberstadt Cl wurden endlich Angriffe jenseits der eigenen Frontlinie gegen Truppenunterkünfte, Eisenbahnknotenpunkte, Flugplätze oder Nachschubwege möglich.

Diese zum Schutz von London eingerichteten Ballonsperren erwiesen sich als nutzlos.

Strategischer Bombenkrieg und Luftverteidigung

Die Befürworter einer starken Luftmacht gingen davon aus, dass es neben den Frontverbänden auch Formationen geben müsse, die weit über die Reichweite der großen Marinegeschütze hinaus Angriffe ins feindliche Hinterland tragen könnten. Ein paar Monate nach Ausbruch der Feindseligkeiten war die Front im Stellungskrieg erstarrt. Damit schied auch die Möglichkeit aus, mit den bisher zur Verfügung stehenden Mitteln, Ziele auf dem gegnerischen Territorium zu attackieren. Die ersten strategischen Angriffsmittel waren aber nicht Flugzeuge, sondern Luftschiffe, bei deren Entwicklung Deutschland die führende Rolle spielte.

In den ersten Jahren des 20. Jahrhunderts hatte das französische Militär das Prallluftschiff eingeführt, musste dabei aber schwere Unfälle mit dem Verlust ganzer Besatzungen in Kauf nehmen. In Deutschland waren es vor allem August von Parseval (1861-1942) und Major Hans Groß (1860-1924), die ab 1906 brauchbare Entwürfe ablieferten. Die von Groß in Zusammenarbeit mit Parseval, Nikolaus Basenach und Sperling für das preußische Militär entwickelten Schiffe M III und M IV waren jedoch bereits so groß, dass sie sich ihrer Vorzüge gegenüber dem Starrluftschiff selbst wieder beraubten.

Der Württemberger Ferdinand Graf von Zeppelin (1838-1917) war 1900 zum ersten Mal mit einem von

1916

JANUAR

3. Januar: Britische Flugzeuge werfen erstmals in einem Krieg Versorgungsgüter über eingeschlossenen Truppen in Mesopotamien ab.

APRIL (GENAUES DATUM UNBEKANNT)

Erster Einsatz von Luft-Luft-Raketen durch den Franzosen Le Prieur. Sie bewähren sich gegen Beobachtungsballone.

Als „Blutiger Paralysator“ sollte der im Dezember 1914 in Auftrag gegebene Bomber Handley Page O/100 Ziele in Deutschland angreifen.

ihm gebauten Luftschiff aufgestiegen. Nach diversen Versuchen und Rückschlägen hatte er eine Reihe zuverlässiger Luftschiffe gebaut, die sowohl beim Heer als auch bei der Marine ihre Tauglichkeit unter Beweis stellten. Auch die Firma Schütte-Lanz baute einige militärisch verwendbare Luftschiffe, die sich durch bessere Strömungsverhältnisse – von Zeppelin sofort adaptiert – und eine hölzerne Innenkonstruktion auszeichneten, wohingegen Zeppelin seine Modelle mit einer Aluminiumstruktur versah. Für die westlichen Alliierten spielte das alles keine Rolle: Alle feindlichen Luftschiffe wurden als „Zeppelin“ oder auch nur als „Zepp“ bezeichnet.

Die 1914 in Dienst befindlichen deutschen Luftschiffe waren zwischen 150 und 160 Meter lang, hatten ein Füllvolumen von 25.000 m³ und eine Startmasse von 9000 kg. Mit zumeist drei Maybach-Motoren mit jeweils 560 PS konnte eine Höchstgeschwindigkeit von 80 km/h erreicht werden.

Die deutschen Heeresluftschiffe hatten nur eine kurze Kriegskarriere und bewährten sich nicht. Bei Einsätzen gegen taktische Ziele gingen innerhalb weniger Wochen vier Zeppeline durch Abschuss vom Boden, Absturz auf feindlichem Gebiet oder Bruchlandung verloren. Hingegen hielt die Marine an dem Konzept fest und sah im Luftschiff ein vielversprechendes Angriffsmittel gegen England, zumal die damaligen Jagdflugzeuge keineswegs schneller waren. Nach dem Start von ihren an der Nordseeküste gelegenen Basen hatten die Luftschiffe über dem Zielgebiet eine beträchtliche Höhe erreicht und konnten – von ihrer Bombenlast befreit – noch höher steigen und unerreicht von der Luftabwehr den Heimflug antreten. Für die Besatzung war dies aber alles andere als gemütlich. Beißende Kälte und dünne Luft machten ihr ebenso zu schaffen wie die schwierige Navigation und die mangelnde Zielgenauigkeit beim Bombenabwurf. Vor allem die moralische Wirkung auf die britische Zivilbevölkerung sorgte schließlich dafür, dass die britische Regierung erhebliche Kapazitäten zur Abwehr der Luftschiffe vorhalten musste.

Da die deutschen Luftschiffe nur nachts angriffen, entstand für die zu ihrer Bekämpfung eingesetzten Jagdflieger ein neues Problem. Nur die wenigsten Piloten zeigten sich dem gewachsen. Bei den ersten Abfangversuchen kamen über England durch Start- und Landeunfälle mehr Piloten als Luftschiffbesatzungen oder Zivilpersonen am Boden ums Leben. Die Koordinierung der Verteidigungsmaßnahmen gelang nicht auf Anhieb. Schließlich waren aber Luftzonen definiert, in denen je nach Vorrang Abwehrkanonen, Suchscheinwerfer, Sperrballone und Jagdflugzeuge agierten. Ständig in der Luft befindliche Jäger waren bei Ankunft der Zeppeline bereits in gleicher Höhe. Beobachterstationen und sogar Geräuschmelder bildeten eine Art Frühwarnsystem.

Im Sommer 1918 bildete die aus der Handley Page O/100 hervorgegangene O/400 das Rückgrat der britischen strategischen Bomberflotte.

Der erste Luftschiffangriff gegen England fand im Januar 1915 statt, und Ende Mai desselben Jahres erschien erstmals ein Zeppelin über London und verursachte mit seinen Bomben erheblichen Schaden. Sieben Einwohner der britischen Hauptstadt verloren ihr Leben. Der öffentliche Druck, endlich mehr gegen die „Zepp"-Gefahr zu tun, nahm immer mehr zu. Eigentlich für die Westfront bestimmte Flugzeuge und Kanonen blieben zur Verteidigung wichtiger Orte gegen die Gefahr von oben auf der Insel. Der erste Abschuss eines deutschen Luftschiffs durch ein Flugzeug geschah hingegen nicht über England, sondern über Belgien. Der britische Marineflieger Reginald Warneford verfolgte am 7. Juni 1915 in seiner Morane-Saulnier L das Heeresluftschiff LZ 37 von Ostende bis Gent, wo er aus der Überhöhung sechs 9-kg-Bomben auf die Hülle fallen ließ. Die gewaltige Explosion – welche erstaunlicherweise ein Besatzungsmitglied überlebte – schleuderte auch sein Flugzeug durch die Luft und ließ den Motor absterben. Warneford musste auf gegnerischer Seite notlanden, konnte aber seinen Motor wieder zum Laufen bringen und startete, bevor deutsche Soldaten den Ort des Geschehens erreicht hatten. Luftschiffe stellten ein schwieriges Ziel dar, denn sie besaßen mehrere MG-Stände und die Gasfüllung war mit herkömmlicher Munition nicht zur Entzündung zu bringen. Daher mussten sich Piloten über dem Luftschiff in eine geeignete Position bringen, um Brandbomben einsetzen zu können. Für einen Einsitzer stellte dieses Verfahren eine enorme Herausforderung dar.

Später kamen zwei verschiedene Brandbomben mit den Bezeichnungen Buckingham und Pomeroy zur Anwendung, die sich nicht nur gegen Luftschiffe, sondern auch gegen Beobachtungsballone als sehr wirksam erwiesen.

Ein Flugboot Lohner L der österreichisch-ungarischen Marine. Die zweiköpfige Besatzung saß nebeneinander.

1916

JUNI

29. Juni: Das erste von Boeing gebaute Flugzeug B&W startet in Seattle (Washington).

SEPTEMBER

2. September: Erfolgreicher Test einer Funkverbindung zwischen zwei in der Luft befindlichen Flugzeugen bei San Diego (Kalifornien).

Im Jahr 1916 fielen den Angriffen deutscher Zeppeline fast 300 Briten zum Opfer. Doch erst am 3. September kam der erste Nachtjäger gegen das Luftschiff Schütte-Lanz SL 11 zum Erfolg, als William Leefe-Robinson mit einer bereits veralteten BE.2c siegreich blieb.

Doch die Luftverteidigung machte rasche Fortschritte. Mit modernen Jagdflugzeugen wie Camel, SE.5a oder der DH.4 konnten selbst die in 5500 Meter Höhe anfahrenden „Super-Zeppeline" erreicht werden. Je höher die Luftschiffe aber gezwungen wurden, umso härter wurde für deren Besatzung der Aufenthalt an Bord. 1917 und 1918 fanden nur noch elf Geschwaderangriffe gegen England statt. Der Letzte endete am 5. August 1918 mit dem Verlust von LZ 70 und dem an Bord befindlichen Führer der Luftschiffe (F.d.L.), Fregattenkapitän Peter Strasser.

Der Einsatz der Luftschiffe forderte ungefähr 2000 Opfer und erheblichen Sachschaden. Dafür musste die deutsche Seite einen hohen Preis zahlen. Über 60 Luftschiffe und die meisten ihrer Besatzungen gingen verloren. Der Bau eines Zeppelins kostete ungefähr soviel wie ein Schlachtschiff. Dabei war er am Boden und in der Luft sehr verwundbar und konnte nur eine verhältnismäßig kleine Bombenlast mitführen, um in großer Höhe der Abwehr zu entrinnen. Den einzigen Vorteil bildete die große Reichweite, was in den 20er- und 30er-Jahren des vorigen Jahrhunderts zu seiner Wiederauferstehung als ziviles Verkehrsmittel führte.

Rittmeister Manfred Freiherr von Richthofen wurde mit 80 Luftsiegen erfolgreichster Jagdflieger des Ersten Weltkriegs.

Die deutschen Bomber

Nach den ersten enttäuschend verlaufenden Angriffen mit Luftschiffen konzentrierte sich die deutsche Oberste Heeresleitung bei ihren England-Angriffen auf den Einsatz von Flugzeugen. Schon vor Ende 1914 waren vereinzelt deutsche Maschinen über der Insel erschienen, wurden aber nur als Belästigung wahrgenommen. 1915 entstand die Idee zum Bau so genannter Großflugzeuge (G-Flugzeuge). Die meisten Projekte wurden in nur geringer Stückzahl umgesetzt, so dass ein halbes Dutzend verschiedener G-Flugzeuge in den Einheiten eingeführt wurde. Ihr Einsatz erfolgte vorwiegend taktisch. Erst Anfang 1917 wurde mit dem Kampfgeschwader der Obersten Heeresleitung (Kagohl) 3 ein spezieller Verband geschaffen, der mit Großflugzeugen aus den Gotha-Werken ausschließlich gegen England fliegen sollte.

Haupteinsatzmuster war die Gotha G.IV, ein zweimotoriger Bomber mit drei Mann Besatzung und einer theoretischen Bombenlast von bis zu 500 kg. Um London zu erreichen, konnten allerdings nur sechs 50-kg-Bomben mitgeführt werden. Der erste

15. September: Ein österreichisch-ungarisches Flugboot vom Typ Lohner versenkt in der Adria ein französisches U-Boot.

17. September: Manfred von Richthofen erzielt den ersten seiner 80 Luftsiege.

20. September: Erstmals werden deutsche Flugzeuge („Infanterieflieger") zur unmittelbaren Unterstützung vorrückender Bodentruppen eingesetzt.

Angriff des „England-Geschwaders“ unter Hauptmann Ernst Brandenburg datiert vom 11. Juni 1917. Die manchmal über 20 Flugzeuge richteten beträchtliche Schäden an und führten auch zu großen Opfern unter der Zivilbevölkerung. Die Gotha-Bomber waren schneller als die Luftschiffe, flogen in einer geringeren Höhe und führten zunächst nur Tagesangriffe durch. Zu ihrer Abwehr mussten bewährte Jagdstaffeln von der Westfront nach England verlegt werden. Doch ihre Erfolge überstiegen nicht die der bereits im Heimatgebiet stationierten Verbände, was auf eine in der Gänze unzureichend strukturierte Luftverteidigung zurückzuführen ist. Erst die bereits erwähnte Einrichtung von Luftzonen und die Verselbständigung aller in der Heimatverteidigung gebundenen Staffeln führte zu einer spürbaren Verbesserung.

Im August 1917 erschienen die Gotha-Bomber plötzlich auch nachts und wurden im September durch so genannte Riesenflugzeuge (R-Flugzeuge) unterstützt, von denen die Zeppelin-Staaken R.IV mit sechs Motoren und einer üppigen Spannweite – nur wenig geringer als die einer B-29 Superfortress im Zweiten Weltkrieg – das bekannteste Muster war. Das Arsenal der Abwurfwaffen wurde im Oktober 1917 mit Brandbomben erweitert.

Von britischen Flugplätzen aus sollte die Handley Page V/1500 im Jahr 1918 Berlin bombardieren.

1917

FEBRUAR

11./12. Februar: Die Besatzung eines deutschen Doppelsitzers erringt in Lothringen den ersten Nachtluftsieg.

APRIL

April: Während der Schlacht um Arras verlieren die Alliierten über 350 Flugzeuge („Blutiger April“).

Trotz aller neuen Einsatzverfahren stiegen die Verluste der G-Flugzeuge immer mehr an, vor allem hervorgerufen durch schlechtes Wetter, technische Probleme und Landeunfälle. Auch manche Flakgranate fand ihr Ziel, wenngleich herunterfallende Splitter am Boden zuweilen mehr Schaden anrichteten als die Bomber selbst. Schließlich trafen auch die Nachtjäger immer besser ihre Ziele.

Der letzte deutsche Angriff gegen England fand in der Nacht vom 19. zum 20. Mai 1918 statt. 38 Gotha-Bomber und drei Riesenflugzeuge wurden von 30.000 Flakgeschossen und einer großen Anzahl Jäger empfangen. Bodenabwehr und Jagdflieger beanspruchten jeweils drei Abschüsse. Die Schäden am Boden blieben gering. Zwischenzeitlich hatte sich die Situation an der Westfront für die deutsche Seite derart verschlechtert, dass das „England-Geschwader" nur noch für taktische Einsätze in Frankreich Verwendung fand.

Die erste Luftoffensive gegen England hatte damit ihr Ende gefunden. Deren gründliche Analyse verhalf der Royal Air Force im Zweiten Weltkrieg zum Erfolg.

Die britischen Bomber

Die britische Admiralität orderte schon wenige Monate nach Kriegsausbruch große Bombenflugzeuge. Im Gegensatz zu vielen anderen Flugzeugen, die nach einer kurzen Entwicklungszeit an die Front kamen, benötigte der Bomber zwei Jahre bis zur Einsatzreife.

Der in Entsprechung des im Dezember 1914 von der Admiralität ausgeschriebenen „Blutigen Paralysators" von der Firma Handley Page konstruierte zweisitzige Prototyp mit der Bezeichnung O/100 hob ein Jahr später zum Erstflug ab. Für die nachfolgenden 40 Serienmaschinen vorgesehen, aber im Prototyp noch nicht eingebaut, waren ein geschlossenes Cockpit und Panzerung. Eine Novität stellten klappbare Tragflächen dar, um das große Flugzeug in den gängigen Hangars unterbringen zu können. Außerdem hatte die Serienausführung eine vierköpfige Besatzung und bis zu fünf Bord-MGs.

Zunächst stellte der Royal Naval Air Service (RNAS) die O/100 als Seeaufklärer vor Flandern in Dienst. Ab März 1917 fand das Flugzeug zu nächtlichen Angriffsflügen gegen industrielle und militärische Ziele in Deutschland eine gänzlich neue Verwendung. Drei Exemplare wurden im Nahen Osten und im Mittelmeerraum zum Einsatz gegen die Türkei stationiert. Von dem verbesserten Nachfolgemuster O/400 wurden bis Kriegsende rund 550 Stück gebaut.

Die Existenz einer solch großen Anzahl Bomber erforderte 1918 die Aufstellung einer so genannten Unabhängigen Luftwaffe (Independent Air Force, IAF), welche losgelöst von den Frontverbänden strategische Angriffsflüge unternahm. Neben den einmotorigen Tagbombern Airco DH.9 drangen die Handley Page in den Nachtstunden tief nach Deutschland ein,

William Boeing, ein Nachkomme deutscher Einwanderer, gründete in Seattle (Washington) die nach ihm benannte Flugzeugfirma, nachdem er sich zuvor in der Holzindustrie betätigt hatte.

18. April: In Seattle wird die Boeing Airplane Company gegründet.

bombardierten aber auch U-Boot-Stützpunkte und Häfen an der Kanalküste. Ab Juli 1918 stand die 750 kg schwere SN-Bombe zur Verfügung, mit der komplette Munitionsfabriken und ganze Häuserzeilen in Schutt und Asche gelegt werden konnten.

Die Nachteinsätze stellten an die Besatzungen höchste Anforderungen. Die vier hierfür eingerichteten Staffeln verloren in ihrer 13 Monate währenden Einsatzzeit vier Mal mehr Flugzeuge durch Unfälle (114) als durch Feindeinwirkung (34). Im gleichen Zeitraum büßten die fünf Tagbomberstaffeln der IAF jedoch 103 Maschinen durch Feindeinwirkung und 201 durch Flugunfälle ein. Damit lag auf der Hand, dass Tagesangriffe mehr Opfer kosteten. Aber diese Lektion wurde anscheinend bald wieder vergessen und musste in den Jahren 1940 und 1941 erst wieder mit großen Opfern neu erlernt werden.

Im November 1918 stand mit der noch größeren Handley Page V/1500 sogar ein Bomber für Angriffe auf Berlin bereit. Der Waffenstillstand verhinderte das Unternehmen. Nur ein einziges Mal kam eine V/1500 mit dem Namen „Old Carthusian“ im Mai 1919 zum Einsatz und warf eine einzelne Bombe über dem Palast des Emirs in Kabul ab, worauf ein lokaler Aufstand umgehend zusammenbrach.

Leutnant Edwin Dunning landet im August 1917 zum ersten Mal ein Flugzeug auf einem Schiff. Dabei flog er eine Sopwith Pup.

1917

JUNI

11. Juni: Erster Angriff deutscher strategischer Bomber (G-Flugzeug) des „England-Geschwaders“ gegen die britischen Inseln.

AUGUST

2. August: Erste Flugzeuglandung auf einem auf See befindlichen Schiff. Der britische Marineflieger Edwin Dunnings setzt seine Sopwith Pup auf der HMS „Furious“ auf.

SEPTEMBER

1. September: Erster Fronteinsatz des Dreideckers Fokker Dr.I beim Jagdgeschwader 1 an der Westfront.

Die russischen Bomber

Die bis heute andauernde Tradition großer russischer Bomber eröffnete Igor Sikorskij (1889-1972) mit seiner „Ilja Muromez“. Die im Vergleich zu den Staaken-Riesenflugzeugen und der V/1500 etwas kleinere „Ilja Muromez“ gelangte bereits sehr frühzeitig in den Fronteinsatz. Der weltweit erste viermotorige Bomber beruhte auf dem Sikorskij-Modell „Le Grand“ aus dem Jahr 1913 und wurde in der Russisch-Baltischen Waggonfabrik hergestellt. Versehen mit verschiedenen Triebwerken – manchmal sogar bei ein und dem gleichen Flugzeug –, kam er von 1915 bis zur Oktoberrevolution 1917 im nördlichen Teil der Ostfront erfolgreich zum Einsatz. Nur eine Maschine ging durch Feindeinwirkung, zwei weitere durch Flugunfälle verloren. Die meisten wurden zerstört, um sie nicht den vorrückenden deutschen Truppen überlassen zu müssen. Die „Ilja Muromez“ zeichnete sich als ein seinen meisten Gegnern überlegener, zuverlässiger, zielgenauer und beschussfester Bomber aus und erfüllte auch als Fernaufklärer alle Anforderungen.

Luftkampf

Das Fluggeschehen im Ersten Weltkrieg wird gewöhnlich mit Luftkämpfen und den Duellen der „Fliegerasse“ in ihren bunt bemalten Flugzeugen assoziiert. In einem gewissen Sinn ist dieses Bild auch nicht falsch. Aber Kämpfe Mann gegen Mann stellten eher die Ausnahme als die Regel dar, und verglichen mit den wirklich wichtigen Aufgaben der Luftstreitkräfte wie Aufklärung, Bombenflug oder Unterstützung der Bodentruppen spielten sie nur eine Nebenrolle im Gesamtgeschehen.

Die Jagdfliegerei entwickelte sich aus dem Aufeinandertreffen bewaffneter Aufklärer heraus. Begleitschutzaufträge für Zweisitzer und langsame Bomber führten zur Bildung großer Formationen am Himmel

Der Dreidecker Fokker Dr.I kam am 1. September 1917 unter Manfred von Richthofen zum ersten Kampfeinsatz.

NOVEMBER

21. bis 24. November: Afrikafahrt des deutschen Marine-Luftschiffs L 59. 6757 km werden in 96 Stunden mit einer Durchschnittsgeschwindigkeit von 71 km/h zurückgelegt.

und zu ersten Massenluftkämpfen. Dabei entstanden die ersten taktischen Grundsätze und eigens für den Luftkampf gebildete Einheiten. Vater dieser Entwicklung war vor allem der deutsche Kampfflieger Oswald Boelcke.

Zunächst errang die deutsche Seite die Luftüberlegenheit und verlor sie erst mit Immelmanns Tod Mitte 1916 und der Einführung der ebenfalls mit Synchron-MG ausgestatteten englischen Sopwith 1½ Strutter und der französischen Nieuport 17. Boelcke erhielt daraufhin freie Hand zur Aufstellung einer Jagdstaffel (Jasta). Im Unterschied zu den bisherigen Feldflieger-Abteilungen, die über einen längeren Zeitraum im gleichen Frontabschnitt operierten, wurden die Jastas von einem Brennpunkt an den anderen geworfen. Für die Piloten bedeutete dies ein Nomadenleben, häufig in Zelten. Nicht so sehr die bunte Bemalung ihrer Flugzeuge als vielmehr die vielen Umzüge ließen den Begriff „fliegender Zirkus“ entstehen.

Die erste gefechtsbereite Jagdstaffel war im September 1916 Boelckes Jasta 2. Sie brachte es bis Kriegsende auf über 330 Luftsiege und ein Verhältnis von 10:1 im Vergleich zu den Eigenverlusten. Die ersten Piloten waren von Boelcke persönlich ausgewählt worden und stiegen in einem beeindruckenden Tempo zu Koryphäen auf. Bis zu seinem Tod am 28. Oktober 1916 nach einer Kollision mit seinem Flügelmann Erwin Böhme führte Boelcke mit 40 Erfolgen die Liste der deutschen und alliierten Jagdflieger an.

Sein Vermächtnis besteht darin, der Jagdfliegerei den taktischen Weg gewiesen zu haben. Seine „Grundsätze für jeglichen Luftkampf“ lauteten:

1. Vorteil vor Angriff suchen. Sonne möglichst im Rücken.
2. Angesetzten Angriff stets durchführen.
3. Nur auf kurze Entfernung feuern und nur dann, wenn der Gegner sicher im Ziel ist.
4. Gegner ständig im Auge behalten, sich nicht durch Finten täuschen lassen.
5. Für jeden Angriff wichtig, den Gegner von hinten zu fassen.
6. Kommt der Gegner im Angriff von oben, dann nicht ausweichen, sondern ihm entgegenfliegen.
7. Über feindlichem Gebiet nie die eigene Rückzugslinie vergessen.
8. Für die Staffel: Angriff grundsätzlich zu viert oder sechst. Bei Auflösung in Einzelkämpfe nicht mehrere auf einen Gegner.

Als zuverlässig und vielseitig erwies sich der britische Bomber Airco DH.4.

1918

MÄRZ

11. März: Zwischen Städten in Österreich-Ungarn wird ein Luftpostdienst eröffnet.

Auch heute noch, im Zeitalter von Düsenjägern und Lenkraketen, haben diese Grundsätze bei auf Sicht ausgefochtenen Luftkämpfen („Dog fights") volle Gültigkeit.

Einer von Boelckes Schützlingen war ein junger Ulanenleutnant mit dem Namen Manfred Freiherr von Richthofen. Er gehörte zum Stammpersonal der Jasta 2 und erzielte am 17. September 1916 seinen ersten Abschuss. Zum Jahresende standen bereits 15 Luftsiege in seinem Flugbuch, die er fast alle mit einem Albatros D.II gegen englische Zweisitzer errungen hatte. Richthofen hielt sich konsequent an Boelckes Grundsätze, brachte sie aber zugleich auf einen einfachen Nenner: „Die Jagdflieger haben sich in dem ihnen zugewiesenen Gebiet herumzutreiben, wie es ihnen passt, und wenn sie einen Gegner sehen, dann greifen sie ihn an und schießen ihn ab. Alles andere ist Unsinn."

Ihre größten Erfolge feierten die deutschen Jastas im April 1917, von den Alliierten angesichts ihrer enormen Verluste im Luftkampf auch „Blutiger April" genannt. Richthofen brachte es in diesem Monat allein auf 21 Abschüsse. Erst als die Sopwith Camel – ein verbesserter Nachfolger der vom gleichen Hersteller stammenden Pup – auf dem Kriegsschauplatz erschien und sich die Camel-Piloten mit ihrer instabilen Maschine vertraut gemacht hatten, errang die RAF wieder die Luftüberlegenheit gegen die deutschen Albatrosse. Der kraftvolle Rotationsmotor und die kleine Flügelspannweite erzeugten nämlich einen Kreiseleffekt, wodurch das Flugzeug nach rechts viel schneller drehte als nach links. Nachteilig war die starke Sturzneigung, die im

Legendär wurde 1915 und 1916 die viermotorige Sikorskij „Ilja Muromez". Ihr strategisches Potenzial wusste die russische Armeeführung allerdings nicht konsequent auszunutzen.

Die als Nachfolger der DH.4 auserkorene DH.9 war zu schwach motorisiert.

APRIL

1. April: Royal Flying Corps und Royal Naval Air Service verschmelzen zur Royal Air Force. Damit ist weltweit die erste selbständige Luftwaffe entstanden.

1. April: Erstmals kann sich ein deutscher Pilot mit einem Fallschirm aus seinem abgeschossenen Flugzeug retten.

Luftkampf unter Umständen zwar von Vorteil war, in niedriger Höhe aber auch zur Bodenberührung führen konnte. Dadurch verloren mehr Camel-Piloten bei der Ausbildung ihr Leben als im Kampf, und die Probleme bei der Schulung neuer Flugzeugführer waren ein Grund für die erst im Juni 1917 erfolgte Fronteinführung der Camel.

Irrweg Dreidecker

Ein Vorläufer der Camel war der Sopwith Triplane. In den Händen einiger erfahrener Marinepiloten hatte der Einsatz dieses Modells eine unverhältnismäßig große Wirkung auf das Luftkriegsgeschehen im Ersten Weltkrieg. Nur 150 „Tripes“ wurden gebaut, die alle bei britischen und französischen Marinefliegern an der Westfront zum Einsatz gelangten. Ein Vorteil des Dreideckers besteht in seiner größeren Flügelfläche bei einer vorgegebenen Spannweite. Der dadurch erreichte höhere Auftrieb machte den Sopwith Triplane extrem manövrierfähig, gleichzeitig aber auch leicht zu fliegen. Der Kanadier Raymond Collyshaw steht mit seinen 33 Luftsiegen für die intensive, aber nur kurze Karriere des Triplane.

Im März 1917 begannen Tests mit der 2F.1, eine schiffsgestützte Version der Sopwith Camel.

1918

APRIL

13. April: Ein argentinischer Militärpilot überfliegt die Anden und landet in Chile.

21. April: Rittmeister Manfred von Richthofen wird tödlich abgeschossen.

Das überraschende Erscheinen des britischen Dreideckers hinterließ bei der deutschen Inspektion der Fliegertruppe (Idflieg) und der Industrie einen nachhaltigen Eindruck. Ein regelrechter „Dreidecker-Wahn" brach aus. Schließlich legten acht Firmen Entwürfe für ein deutsches Gegenstück zum „Tripe" vor, von denen jedoch nur zwei – einer von den Pfalz Werken und einer von Anthony Fokker – gebaut wurden. Fokkers V.3 – besser bekannt als Dr.I (wobei „Dr" für Dreidecker steht) – war in seinem Flugverhalten in allen Achsen instabil und neigte wie die Camel durch das Drehmoment des Umlaufmotors zum seitlichen Ausbrechen. Erfahrene Piloten waren jedoch in der Lage, mit der Dr.I jedes alliierte Flugzeug abzuschießen.

Am 1. September 1917 errang Manfred von Richthofen auf einem der beiden Prototypen des Dr.I den ersten Luftsieg eines deutschen Dreideckers und zugleich seinen 60. Abschuss. Nachdem er kurzzeitig wieder auf den Albatros D.V umgestiegen war und anschließend einen Urlaub in seiner Heimat antrat, kehrte er zum Dreidecker zurück. Zwischen dem 12. März und dem 21. April 1918 erhöhte er die Zahl seiner Luftsiege auf 80. Unter seinen Opfern befanden sich auch einige Camel. Doch am Kommandeur des Jagdgeschwaders 1 – den die Briten und Franzosen, nicht aber die eigenen Landsleute „Roter Baron" nannten – waren die monatelangen Strapazen nicht spurlos vorüber gegangen, zumal er zu einem der meistgejagten Ziele an der Westfront geworden war.

Das Ende kam am 21. April 1918. Bezeichnenderweise handelte er an diesem Tag gegen seine ureigenen Grundsätze und verfolgte in niedriger Höhe die von dem Kanadier Wilfred May gesteuerte Camel über die

Australische Offiziere begutachten die Überreste des Fokker-Dreideckers, mit dem Manfred von Richthofen am 21. April 1918 tödlich abgeschossen wurde. Souvenirjäger hatten sich bereits ausgiebig mit Bruchstücken und Teilen der Verkleidung versorgt.

Trotz seiner relativ kurzen Einsatzzeit Anfang 1917 vermochte der britische Dreidecker Sopwith Triplane vor allem durch seine Steiggeschwindigkeit zu überzeugen.

eigene Frontlinie hinaus. Dabei setzte sich Mays Staffelkamerad Roy Brown in seinen Nacken und feuerte beim Tiefflug über die Hausdächer der Picardie mehrere Salven auf den roten Dreidecker ab. Die Verfolgung zog sich über australische MG-Stellungen hin, die ebenfalls das Feuer aufnahmen. Wahrscheinlich war es eine dieser Kugeln, die Richthofen tödlich traf. Der berühmteste Flieger des Ersten Weltkriegs wurde nur 25 Jahre alt.

Seine Abschussbilanz – 80 bestätigte Luftsiege – gilt heute als überragende Leistung, vor allem vor dem Hintergrund, dass die Überlebenswahrscheinlichkeit eines Kampffliegers nur wenige Wochen betrug. Auch alliierte Piloten stießen – wenngleich oft zu Recht auch aus den eigenen Reihen angezweifelt, da häufig Belege fehlten – in diese Regionen vor. Der Franzose René Fonck beanspruchte 75, der Kanadier Billy Bishop 72 Abschüsse deutscher Flugzeuge. Unter den zehn erfolgreichsten Jagdfliegern waren nur zwei Deutsche – Richthofen und Ernst Udet. Eine Besonderheit war, dass Deutschland zwar den Krieg ver-

1918

MAI

15. Mai: Zwischen New York und Washington richtet die US Army einen Luftpostdienst ein.

In großer Stückzahl gebaut wurde die Curtiss JN-4 Jenny, die auf einer Forderung der US Army aus dem Jahr 1914 nach einem Trainer mit Doppeldecker und Zugpropeller beruhte.

loren hatte, seine Jagdflieger aber bis zum letzten Tag überlegen blieben, was in den USA und Großbritannien bis heute mit viel Respekt betrachtet wird.

Kriegseintritt der USA

Als die USA am 6. April 1917 in den Krieg eintraten, konnten weder Armee noch Industrie eigene Kampfflugzeuge ins Feld schicken. Zum Teil lässt sich dieser Zustand auf fortdauernde Patentstreitigkeiten zwischen den Wrights und anderen Produzenten zurückführen, zum Teil aber auch auf ein zergliedertes und von zu vielen persönlichen Interessen beeinträchtigtes Beschaffungssystem. Diese Widrigkeiten hatten zur Folge, dass das einzige 1917 in den USA gebaute moderne Flugzeug der Trainer Curtiss JN-4 Jenny war, der sich kaum für Kampfeinsätze eignete. Das amerikanische Expeditionskorps stellte daher vor allem französische Maschinen und einige italienische Caproni-Bomber in Dienst, nachdem die ersten Piloten und Mechaniker Ende 1917 ihre Ausbildung in Frankreich abgeschlossen hatten.

JULI

19. Juli: Erstmals steigen britische Sopwith Camel zu einem Angriffsflug von einem Flugzeugträger auf. Ziel sind deutsche Luftschiffhallen.

Einige US-amerikanische Piloten hatten zu diesem Zeitpunkt allerdings bereits Pulverdampf gerochen. Analog der „Fliegenden Tiger“ im Zweiten Weltkrieg in China reisten auch im Ersten Weltkrieg ein paar US-Piloten auf eigene Faust auf den westeuropäischen Kriegsschauplatz, während ihre Regierung offiziell neutral blieb. Ende April 1915 wurde die Gruppe als Escadrille Americaine von der französischen Armee übernommen und später in Escadrille „Lafayette“ zu Ehren eines französischen Generals, der im Unabhängigkeitskrieg auf Seiten der Amerikaner gekämpft hatte, umbenannt. Die Staffel brachte einige erfolgreiche Flugzeugführer hervor, die Anfang 1918 als Staffelführer in den soeben aufgestellten US Air Service übertraten.

Die amerikanischen Fliegerverbände setzten auf die bewährten französischen Nieuport, SPAD S.VII und S.XIII sowie die Bomber Bréguet 14 und Salmson 2A2. Vorübergehend standen auch britische Camel im Dienst des US Air Service. Kurz vor Kriegsende erschienen die ersten in den USA gebauten Flugzeuge: ungefähr 200 mit einem Liberty-Motor in Lizenz gebaute leichte Bomber British DH.4. Der Typ wurde über mehrere Jahre zum Rückgrat der US-Luftwaffe, spielte aber auch als Postflugzeug eine große Rolle. Das erste in den USA entwickelte Jagdflugzeug Thomas-Morse MB-3 („Tommy Morse“) flog erst im Februar 1919.

Der erfolgreichste amerikanische Jagdflieger war „Eddie“ Rickenbaker. Zwischen April und November 1918 erhielt er 26 Luftsiege anerkannt. Darunter befanden sich einige Fokker D.VII, die als bestes deutsches Jagdflugzeug des Krieges gilt. Ein anderer amerikanischer Spitzenflieger war Frank Luke, der 14 seiner 18 Abschüsse gegen Ballone zu Wege brachte und am 29. September 1918 bei einem solchen Duell auch abgeschossen wurde. Am Boden soll er sich der Legende nach mit deutschen Soldaten eine für ihn tödlich endende Schießerei geliefert haben. Auch Raoul Lufbery hatte den Krieg als Freiwilliger bei der Escadrille „Lafayette“ begonnen. Bevor er am 19. Mai 1918 im Luftkampf gegen einen deutschen Zweisitzer fiel, hatte er die Luftkampftaktik um einige Elemente bereichert, darunter der „Lufbery Kreis“, bei dem sich mehrere Flugzeuge gegenseitig verteidigen. Trotz aller im Nachhinein stattgefundenen Selbststilisierung, mussten die unerfahrenen amerikanischen Flieger vor allem im September und Oktober 1918 schwere Verluste einstecken.

Das Erbe des Ersten Weltkriegs

Es lässt sich darüber streiten, ob der Erste Weltkrieg dem Fortschritt in der Luftfahrt durch den Bedarf an

Einer der ersten britischen Flugzeugträger mit einem durchgehenden Flugdeck war die HMS „Argus“.

1918

AUGUST

Der deutsche Fokker D.VII erweist sich als überlegenes Jagdflugzeug.

immer stärkeren und leistungsfähigeren Flugzeugen wirklich dienlich war. Tatsache ist, dass kriegsbedingte Neuentwicklungen in einen Prozess einflossen, der Zehntausende Piloten, Mechaniker und Flugzeugbauer betraf. Immer mehr Menschen unterlagen dadurch der scheinbaren Faszination der Luftkämpfe und wollten unbedingt selbst fliegen lernen.

Auf der anderen Seite hat der Krieg den Fortschritt aber auch aufgehalten. Die besten Konstrukteure und Maschinenbauer wurden der Zivilluftfahrt entzogen und mussten anstelle von Verkehrsflugzeugen Bomben- und Jagdflugzeuge entwickeln. Es dürfte auch moralisch nicht gerechtfertigt sein, einen Unterschied zwischen dem „ehrenhaft geführten" Luftkrieg und den schrecklichen Szenarien am Boden zu konstruieren, vor allem dann nicht, wenn Bomben über der Zivilbevölkerung abgeworfen wurden.

Die Luftfahrt benötigte eine gewisse Zeit, um sich von dem Schatten des Krieges zu lösen und wieder zu einer mehr zivilen Angelegenheit zu werden. Am Ende dieses Prozesses stand der Beginn eines „goldenen Zeitalters".

Im November 1918 stand Eddie Rickenbaker mit 26 Luftsiegen an der Spitze der amerikanischen Jagdflieger im Ersten Weltkrieg. Nicht alle seine Erfolgsmeldungen halten jedoch einer kritischen Nachprüfung stand.

SEPTEMBER

6. September: Die HMS „Argus" wird in Auftrag gegeben. Sie ist der erste Flugzeugträger mit einem durchlaufenden Oberdeck.

CHINA CLIPPER

Das Werden des zivilen Luftverkehrs 1919 bis 1938

Nach dem Ersten Weltkrieg übernahm die zivile Luftfahrt wieder das Zepter. Die ersten Fluggesellschaften entstanden. Majestätische Flugboote und die ersten modernen Eindecker prägten das Erscheinungsbild am Himmel. Während die Entwicklung von Militärflugzeugen in den USA und Großbritannien stagnierte, arbeiteten deutsche Ingenieure bereits an Projekten, die im zivilen Luftverkehr Maßstäbe setzten, aber auch im nächsten Krieg ihre Tauglichkeit unter Beweis stellen sollten.

Zeppelin-Luftschiffe – die Vorgänger jener Modelle, welche im Ersten Weltkrieg so todbringend über England erschienen – waren die ersten Luftfahrzeuge, in denen Passagiere gegen Entgelt befördert wurden. Ihr Konstrukteur war zwar ein Mann des Militärs, hätte seine Luftschiffe aber viel lieber ausschließlich zivilen Zwecken dienlich gemacht. Doch Ferdinand Graf von Zeppelin befand sich in einer Zwickmühle, war er doch immer wieder auf fragwürdige finanzielle Unterstützungen durch Militär oder Politik angewiesen, um sein Unternehmen am Leben zu erhalten.

Im amerikanischen Bürgerkrieg hatte der württembergische Graf mit eigenen Augen Beobachtungsballone der Nordstaaten gesehen und stellte nach seiner Rückkehr nach Deutschland Überlegungen an, wie diese lenkbar gemacht werden könnten. Er baute 1899 mit LZ 1 ein erstes kleineres Luftschiff und fuhr damit von seiner Heimatstadt Friedrichshafen über den Bodensee. Wenig mehr als ein bescheidenes öffentliches Interesse konnte er allerdings noch nicht verzeichnen.

Nachdem LZ 1 verunglückt war, erhielt Graf Zeppelin Unterstützung aus der ganzen Bevölkerung. Eher zufällig geriet der Lokalreporter Dr. Hugo Eckener (1868-1954) in den Bannkreis der Luftschifffahrt. Nachdem er zunächst in die Presseabteilung des Zeppelin-Unternehmens eingetreten war, hatte er es auf dem Höhepunkt der Zeppeline

Links: Mit der Sikorsky S-42 setzte Pan American World Airways neue Maßstäbe auf den pazifischen Flugrouten.
Rechts: Das erste von Graf Zeppelin gebaute Luftschiff LZ 1 über dem Bodensee.

Der Zeppelin LZ 4 – hier beim Verlassen seiner Halle in Friedrichshafen – absolvierte seine Jungfernfahrt am 20. Juni 1908. Am 1. Juli fuhr er nonstop in zwölf Stunden 298 km weit.

zum vielleicht bedeutendsten Luftschiffkommandanten aller Zeiten gebracht.

1908 wurde die Luftschiffbau Zeppelin GmbH gegründet, nachdem im August 1908 LZ 4 der Katastrophe bei Echterdingen zum Opfer gefallen war. Möglich machte dies eine das ganze Land erreichende Spendensammlung, die von einem Augenzeugen des Verlustes von LZ 4 initiiert worden war. Über sechs Millionen Reichsmark kamen zusammen, die auch in eine Zeppelin-Stiftung flossen. Jetzt konnte endlich Werbung für Luftschiffreisen gemacht werden. Im gleichen Jahr wurde LZ 2 an die Reichsregierung verkauft.

Am 16. November 1909 gründeten einige Geldgeber mit der Deutschen Luftschiffahrts AG (DELAG) die erste Luftfahrtgesellschaft der Welt. Jedes ihrer drei Luftschiffe ging allerdings innerhalb eines Jahres durch Feuer oder Sturm verloren. Doch immerhin absolvierte LZ 11 in den Jahren 1911 und 1912 in Deutschland 224 Fahrten und beförderte dabei 4350 Passagiere.

LZ 13 „Hansa" war als erstes Passagierluftschiff im internationalen Liniendienst eingesetzt und fuhr nach Dänemark und Schweden. Sämtliche Luftschiffe der DELAG absolvierten annähernd 200.000 km und beförderten dabei etwa 40.000 Passagiere. Bei Kriegsausbruch 1914 mussten alle zivilen Luftschiffe dem Militär übergeben werden. Im Gegensatz zu Graf Zeppelin war Hugo Eckener vom Kriegseinsatz seiner Luftschiffe alles andere als begeistert. Für ihn stand stets der Aufbau einer weltweiten Luftschiffflotte für zivile Zwecke im Vordergrund aller Überlegungen.

Die ersten Luftfahrtgesellschaften

Als erste kommerzielle Verkehrslinie mit Flugzeugen gilt die von Tony Jannus im Jahr 1914 eingerichtete Verbindung zwischen Saint Petersburg und Tampa in Florida. Beim Flug über die Tampa Bay – heute durch lange Brücken überspannt – kam das kleine Benoist-Flugboot „Safety First" zum Einsatz. Neben dem Piloten konnte nur ein Passagier mitfliegen. Der erste kommerzielle Fluggast hieß Abraham Pheil, ein ehemaliger Major aus Saint Petersburg, der 400 Dollar für den Sitzplatz geboten hatte. Der normale Preis für ein Ticket betrug fünf Dollar. Das Flugboot startete täglich zwei Mal, und dies an sechs Wochentagen. Auf der 34 km langen Strecke konnte anstelle des Fluggastes auch Fracht transportiert werden. In den vier Monaten ihres Bestehens beförderte die Fluglinie 1205 Passagiere. Dabei kam es zu keinem einzigen Unfall, allerdings erwies sich das Vorhaben als wirtschaftlich nicht tragbar. Nach der Geschäftsaufgabe entstand zunächst keine weitere Fluglinie in den USA. Auch in Europa verhinderte der Krieg das Entstehen ziviler Fluggesellschaften.

1919

FEBRUAR	MÄRZ	APRIL	MAI	JUNI	JULI
5. Februar: Die Deutsche Luft-Reederei (DLR) eröffnet zwischen Berlin und Weimar die erste Luftverkehrslinie mit Motorflugzeugen.	22. März: Die Gesellschaft Lignes Aérienne Farman eröffnet eine wöchentliche Flugverbindung zwischen Paris und Brüssel.	28. April: Der Amerikaner Leslie Irvin führt den ersten Fallschirmabsprung mit manueller Öffnung durch.	8. bis 31. Mai: Ein Flugboot Curtiss NC-4 der US Navy unter Albert Read überfliegt etappenweise den Atlantik. Drei Schwestermaschinen scheitern.	14. Juni: John Alcock und Arthur Whitten Brown überfliegen erstmals nonstop den Atlantik in West-Ost-Richtung. Sie starten mit einer Vickers Vimy in Neufundland (Kanada) und landen in einem Sumpf bei Clifden (Irland).	2. bis 6. Juli und 10. bis 13. Juli: Ozeanüberquerung des englischen Luftschiffs R34.

Nach dem Ersten Weltkrieg trug vor allem die Postfliegerei zum Aufschwung der zivilen Luftfahrt bei.

Nach dem Krieg war es erneut der Bundesstaat Florida, von wo der Geschäftsmann Inglis Uppercu 1920 den Flugbetrieb zwischen Key West und der 145 km entfernten kubanischen Hauptstadt Havanna aufnahm und damit die erste internationale Verkehrsroute schuf. Verbindungen nach New York, Cleveland und Detroit folgten wenig später. Zum Einsatz kam ein Flugboot von Aeromarine in schließlich 15 verschiedenen Versionen. Der Name des Flugbootes stand auch Pate für den Namen der Firma. Die Aeromarine Airways beförderte in ihren „fliegenden Limousinen" neben Fracht- und Postsendungen etwa 10.000 Passagiere, bis ein tödlicher Unfall im Januar 1924 dem Geschäftsbetrieb ein Ende bereitete.

1918 gründeten die amerikanische Post und die US-Armee einen gemeinsamen Postflugdienst. Deren Flugzeuge beförderten nicht nur Pakete und Briefe zwischen verschiedenen Städten, sondern richteten gleichzeitig eine Linie von Funkfeuern ein, die als Vorgänger der heute üblichen elektronischen Navigationshilfen („Nav-aids") anzusehen sind.

1920 entstand die erste transkontinentale Postlinie zwischen New York und San Francisco und brachte Postsendungen in weniger als 29 Stunden an ihr Ziel. Die Eisenbahn benötigte für die gleiche Distanz drei bis vier Tage.

1925 ging der Postflugdienst in private Hände über, wurde aber weiterhin von der US-Regierung subventioniert. Dadurch entstanden recht schnell verschiedene kleine Gesellschaften, die es mit Mühe

Als erster „Solist" flog Charles Lindbergh ohne Zwischenstopp über den Atlantik.

AUGUST

24. August: Das Luftschiff „Bodensee" nimmt den Passagierverkehr zwischen Friedrichshafen und Berlin auf.

25. August: Die British Aircraft and Travel Company nimmt den täglichen planmäßigen Flugbetrieb zwischen London und Paris auf.

28. August: Zur Schaffung internationaler Standards gründen Fluggesellschaften in Den Haag den Dachverband International Air Traffic Association, aus dem 1945 die International Air Traffic Association (IATA) hervorgeht.

OKTOBER

7. Oktober: Gründung der niederländischen Fluglinie KLM (Koninklijke Luchtvaart Maatschappij N.V.).

DEZEMBER

10. Dezember: Das australische Bruderpaar Ross und Keith Smith treffen in Darwin ein und gewinnen damit auf einer Vickers Vimy das Luftrennen von England nach Australien.

1920

JANUAR

24. Januar: Ein französischer Militärpilot überfliegt die Sahara.

SEPTEMBER

28. September: Die am Gordon-Bennett-Luftrennen teilnehmende Dayton-Wright RB-1 Racer besitzt das erste funktionsfähige Einziehfahrwerk.

in die Gewinnzone schafften. Die Anfangsjahre der Postfliegerei waren allerdings auch aus technischer Sicht hoch riskant. Verantwortlich dafür waren neben Schlechtwetter auch veraltete und unzuverlässige Flugzeuge, von denen sich einige den Spitznamen „brennender Sarg" verdienten, weil sie dazu neigten, bei einem Bruch sofort in Flammen aufzugehen. Von den 40 ersten Postfliegern verloren 31 bei Unfällen ihr Leben.

Neu hinzu kamen Nachtflüge, die von größter Bedeutung waren, um die Post pünktlich zu den nächtlichen Haltepunkten der Eisenbahn zu bringen. Navigiert wurde mit Hilfe der Funkfeuer – falls sie zu sehen waren – und mittels Sichtorientierung entlang von Bahnlinien und markanten Geländepunkten wie Städte, große Farmhäuser oder Flussläufe.

Einer jener frühen furchtlosen Postflieger war Charles Lindbergh, der später durch die erste Atlantiküberquerung im Alleinflug Weltruhm erlangte. Nachdem er im April 1926 die Lizenz zur Postbeförderung erhalten hatte, musste er bereits im September das erste Mal seine DH.4B über Indiana mit dem Fallschirm verlassen, nachdem er bei einem Nachtflug in Schnee und Regen die Orientierung verloren hatte. Ein zweites Mal passierte ihm dies im November des gleichen Jahres. In beiden Fällen wurde die Post aus den Wracks geborgen und ordnungsgemäß zugestellt.

Letztendlich tummelten sich 40 kleinere Postflugdienste auf dem US-Markt, die alle von der lukrativen staatlichen Förderung abhingen. Es kam sogar zu solchen Auswüchsen, dass sich die Unternehmen gegenseitig möglichst schwere Sendungen schickten, um die von der Höhe der Gebühren direkt abhängigen Subventionen zu kassieren.

1928 erhielt der amerikanische Generalpostmeister den Auftrag, das System zu reorganisieren. Das Luftpostgesetz von 1930 zwang die Manager der kleinen Firmen zu Fusionen. Die erfolgreichsten der neuen Gesellschaften wurden später zu solch klang-

Der Franzose Jean Mermoz leistete bei der Erkundung der Südatlantikroute Pionierarbeit. Am 7. Dezember 1936 verlor sich seine Spur. Er und seine vier Besatzungsmitglieder flogen zuletzt eine Latécoère 300.

1920

NOVEMBER

1. November: Aeromarine West Indies Airways richten die erste über das offene Meer führende Flugverbindung zwischen Key West (Florida) und Havanna (Kuba) ein.

1921

JUNI

8. Juni: Eine modifizierte Airco DH.4 wird mit Druckkabine erprobt.

JULI

21. Juli: der US-amerikanische Brigadegeneral William Mitchell demonstriert, dass große Schiffe durch Fliegerbomben versenkt werden können.

AUGUST

24. August: Beim Absturz des britischen Luftschiffs R38 sterben neun Besatzungsmitglieder.

31. August: In Ohio finden Erprobungen mit einer umgebauten JN-4 Jenny zur Schädlingsbekämpfung aus der Luft statt.

NOVEMBER

12. November: Eine JN-4 Jenny wird in der Luft nachbetankt, indem ein Mann mit einem Kraftstoffbehälter von der Tragfläche eines anderen Flugzeugs übersteigt.

vollen Unternehmen wie United Airlines, Transcontinental Air Transport (später TWA), Eastern Air Lines und American Airways (Vorgänger von American Airlines). Sie bildeten für die kommenden 60 Jahre das Gerüst der amerikanischen Zivilluftflotte.

Auch die Anforderungen an den Postflug änderten sich. Anstelle von Tragfähigkeit war jetzt Frachtraum gefordert. Dies führte zur Anschaffung größerer Flugzeuge, die zugleich im Passagierdienst verwendet werden konnten.

Prämien gab es für Nacht- und Schlechtwetterflüge. Die ersten Postflugzeuge waren nach dem Krieg überschüssig gewordene DH.4 und Curtiss Jennies. Später kamen größere mehrmotorige Maschinen wie Boeing 80A, Stinson und Fokker Universal dazu. Schließlich wurde die Beförderung von Passagieren wichtiger als der eigentliche Postflug, wobei heutzutage jedes Verkehrsflugzeug auch Postsendungen an Bord nimmt. Die Tradition der ursprünglich reinen Postfliegerei setzen inzwischen große internationale Gesellschaften wie Federal Express (FedEx), DHL und UPS fort.

Europa – Afrika – Südamerika

Kurz nach Ende des Ersten Weltkriegs richtete der Industrielle und Flugzeugkonstrukteur Pierre Latécoère in Südfrankreich einen Passagierdienst zwischen Toulouse und Barcelona ein. Im März 1919 erweiterte er das Liniennetz nach Alicante und nach Casablanca in Marokko. Sein Unternehmen hieß Lignes Aérienne Latécoère, meistens aber nur als „die Linie“ bezeichnet. Auf die zunächst eingesetzten Flugzeuge von Bréguet folgten bald für den Passagierdienst umgebaute Flugboote von Latécoère, der auf diese Weise weiter expandierte. Neue Flugziele befanden sich in Algerien und in den französischen Kolonien in Westafrika.

Vor allem aber stand die Aufnahme des Flugverkehrs mit Südamerika auf der Tagesordnung. Zu den

Der Gepäckraum der DH.34 wurde mit einer beinahe dreieckigen Tür verschlossen.

Die Daimler Hire Ltd stellte zwei DH.34 in Dienst und nahm am 26. März 1922 von Stag Lane aus den Flugbetrieb auf.

1922	FEBRUAR	MÄRZ	APRIL	JUNI	AUGUST
Im ostpreußischen Königsberg-Devau wird der erste reine Verkehrsflughafen seiner Bestimmung übergeben.	21. Februar: Nach der Explosion des US-Luftschiffs „Roma“ verwenden die USA statt Wasserstoff nur noch Helium als Traggas.	20. März: Der Auftrag zum Umbau des Kohledampfers „Langley“ in den ersten US-amerikanischen Flugzeugträger wird erteilt. 30. März bis 5. Juni: Nach vielen Versuchen und drei zerstörten Flugzeugen gelingt den portugiesischen Piloten Saceadura Cabral und Gago Couthino die erste Überquerung des Südatlantiks mit einem Wasserflugzeug.	7. April: Beim Zusammenstoß einer französischen Farman und einer britischen de Havilland über Nordfrankreich kommen sieben Passagiere und Besatzungsmitglieder ums Leben.	9. Juni: Erster nächtlicher Passagierflug zwischen Paris-Le Bourget und Croydon bei London.	18. August: Arthur Martens segelt mit dem „Vampyr“ im Hangaufwind der Wasserkuppe erstmals länger als eine Stunde.

In den 1920er-Jahren wurde der britische Flugplatz Croydon umfangreich ausgebaut, um für die zivile Verkehrsluftfahrt gerüstet zu sein. Rechts im Bild die neue Abfertigungshalle.

Pionieren, die dem Postverkehr auf der Südatlantikroute den Weg bahnten, gehörte der junge Franzose Jean Mermoz. Legendär wurde er vor allem durch gewagte Unternehmungen und sein Überlebensgeschick. So reparierte er auf einem Andengipfel sein beschädigtes Flugzeug und brachte den ebenfalls lädierten Motor wieder soweit zum Laufen, dass er bis in die chilenische Ebene gleiten konnte. Mermoz erkundete als Erster Flugrouten in Brasilien, Argentinien und Chile und half beim Aufbau einer Linienverbindung zwischen Dakar und Natal in Afrika. Im Dezember 1936 verlor sich die Spur seiner Latécoère 300 auf einem Atlantikflug, weil sich vermutlich ein Propeller gelöst und den Rumpf zerschlagen hatte.

Latécoères guter Ruf bekam einen Riss. Sein Unternehmen wurde in Aéropostale umbenannt, ehe es 1933 in Konkurs ging und von Air France übernommen wurde.

1922

NOVEMBER

30. November: Der japanische Flugzeugträger „Hosho" beginnt mit der Seeerprobung. Die Hosho ist der erste von vornherein als Träger konzipierte Neubau.

1923

JANUAR

Der erste Autogyro C.4 fliegt. Konstrukteur ist Juan de la Cierva.

JUNI

Das von dem Siebenbürger Hermann Oberth veröffentlichte Buch „Die Rakete zu den Planetenräumen" löst breite internationale Resonanz aus und gilt als Geburtsdatum einer stetig zunehmenden wissenschaftlichen Beschäftigung mit Raketentechnik und Weltraumfahrt.

SEPTEMBER

28. September: Den zum vierten Mal nach dem Ersten Weltkrieg ausgetragenen Schneider-Pokal für Seeflugzeuge gewinnen amerikanische Piloten auf einer Curtiss CR3.

Ein weiterer Flugpionier jener Ära war Antoine de Saint-Exupéry, der später durch seine literarischen Arbeiten bekannt wurde. Er gehört zu den ersten Literaten, die sich ernsthaft mit Flugerfahrungen auseinander setzten.

Imperial Airways

In Großbritannien nahm der Verkehrsflug im August 1919 seinen Ausgangspunkt, als eine DH.4A der Aircraft Transport & Travel (AT&T) mit verderblichen Waren, Zeitungen und einem Journalisten als Passagier von London in Richtung Paris abhob. Dieser Flug markierte den Beginn eines täglichen, planmäßigen und internationalen Liniendienstes. Bei AT&T handelte es sich um einen Ableger von Geoffrey de Havillands Firma de Havilland Aircraft Company. Vor allem überschüssige Bomber mit Zuladungsmöglichkeit für Fracht und ein bis zwei Passagiere bildeten den Grundstock solch früher britischer Gesellschaften wie AT&T und Instone Air Line. Letztere setzte mit der Vickers Vimy Commercial ebenfalls einen umgebauten Bomber ein.

1921 gerieten diese kleinen Unternehmen in eine finanzielle Schieflage und stellten den Betrieb ein. Nur wenige Passagiere konnten sich einen Flug nach Frankreich oder Belgien leisten, und dies bei wenig komfortablen und zuweilen riskanten Bedingungen. Gelegentliche Unfälle und häufige Verspätungen trugen wenig zur Stärkung des Vertrauens bei. Schließlich musste die britische Regierung widerwillig Gelder für eine Fortsetzung des Flugbetriebs zur Verfügung stellen und gestattete vier kleinen Gesellschaften, ein paar Inlandsflüge und eine begrenzte Zahl internationaler Verbindungen nach Paris und Amsterdam anzubieten.

Die dadurch in Gang gebrachte finanzielle Sanierung ermöglichte die Anschaffung neuer Maschi-

Das erste von Armstrong Whitworth gebaute Verkehrsflugzeug war die Argosy.

NOVEMBER

4. November: Ein Seeflugzeug Curtiss RC21 der US Navy wird mit 329 km/h neuer Inhaber des Geschwindigkeitsweltrekords.

1924

Vier kleine Firmen fusionieren als Imperial Airways zum ersten staatlichen britischen Luftfahrtunternehmen.

MÄRZ

17. März. In Seattle starten vier Douglas World Cruiser (DWC) zum ersten Weltflug mit Flugzeugen. Zwei Maschinen erreichen nach 175 Tagen wieder den Ausgangsort.

OKTOBER

12. bis 15. Oktober: Amerikafahrt des LZ 126 unter der Führung von Dr. Hugo Eckener.

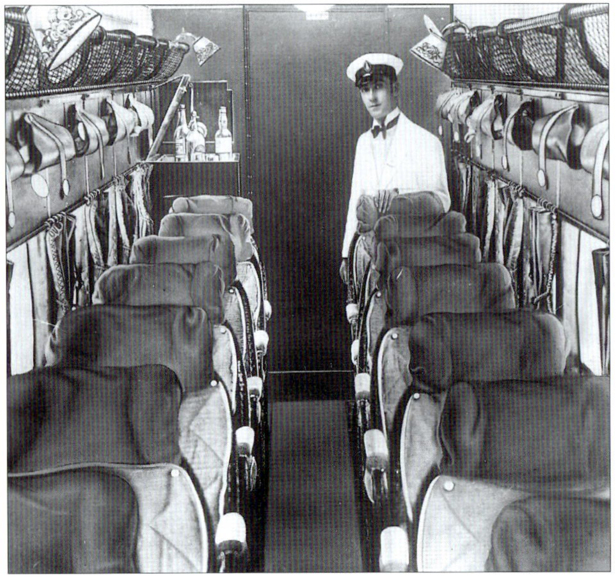

Die Passagierkabine der Armstrong Whitworth Argosy verdeutlicht den hohen Stellenwert einer komfortablen Beförderung.

nen, die von vornherein als Verkehrsflugzeuge konzipiert waren. Dazu gehörten die Handley Page W.8B und die de Havilland DH.34, welche acht Passagieren Platz bot.

1920 wurde im Süden Londons der Verkehrsflugplatz Croydon eröffnet. Angesichts des steigenden Passagieraufkommens musste Croydon 1928 erweitert werden und erhielt bei dieser Gelegenheit das weltweit erste Passagierterminal, ein Hotel für Fluggäste sowie diverse andere Annehmlichkeiten, die internationale Standards setzten.

1923 stellte die britische Regierung sämtliche Subventionen ein und überführte alle Gesellschaften unter dem Namen Imperial Airways in Staatseigentum. Die vier „Gründungsmitglieder“ waren Handley Page Transport, Instone Air Line, Daimler Airways (Nachfolger von AT&T) und British Marine Navigation Company, die als einzige der genannten Firmen Flugboote betrieb. Die neue Staatslinie sollte den kommerziellen Flugverkehr in das gesamte britische Empire ausweiten und Verbindungen nach Ägypten, Indien und Südafrika einrichten. Zu diesem Zweck schaffte sie sich eine gemischte Flotte von Landflugzeugen und Flugbooten an. Das erste neue Flugzeug war eine Armstrong Whitworth Argosy, eine geräumige dreimotorige Maschine für 20 Passagiere.

Die Linienverbindung nach Indien wurde in einzelnen Schritten etabliert. Zunächst mussten Kairo und Basra (Irak) verbunden werden. Dazu wurden entlang der Strecke gelegene Forts als Zwischenstationen ausgebaut. Als Navigationshilfe zogen Ingenieure zwischen Amman in Transjordanien und Bagdad eine 500 km lange Furche durch die Wüste. Die Route war ursprünglich von der RAF für ihren Postdienst eingerichtet worden, wurde aber 1926 an Imperial Airways abgetreten. Die Piloten bezeichneten die Strecke als „Furchenflug“. Die Fluggäste mussten einige Entbehrungen in Kauf nehmen und zuweilen sogar bei der Betankung mit Hand anlegen.

Seit 1931 wurde auf dieser Route die vorzügliche Handley Page HP.42 eingesetzt, einer der größten jemals gebauten Doppeldecker mit vier Motoren. Neben einer vierköpfigen Besatzung, darunter zwei Stewardessen, gab es Platz für 38 Passagiere in der Europaversion und 24 in der Langstreckenversion. Neu war, dass die HP.42 weitgehend in Metallbauweise hergestellt wurde und Stoffbespannung nur an den Auf-

Hier wird soeben eine Handley Page HP.42 der Imperial Airways mit Gepäck beladen.

1924

DEZEMBER

15. Dezember: Zum ersten Mal gelingt es einem Flugzeug (Sperry Messenger), sich in der Luft an einem Luftschiff (TC3 der US Navy) einzuklinken.

1925

FEBRUAR

3./4. Februar: Eine französische Bréguet 19 fliegt nonstop 3166 km weit.

APRIL

An Bord einer Maschine der Imperial Airways wird erstmals ein Film vorgeführt.

SEPTEMBER

3. September: Beim Absturz des Luftschiffs „Shenandoah“ der US Navy in Ohio sterben 14 Besatzungsmitglieder.

OKTOBER

2. Oktober: Der Deutsche Ferdinand Schulz bleibt als erster Pilot länger als zwölf Stunden antriebslos in der Luft.

26. Oktober: Mit einem neuen Geschwindigkeitsrekord von 394 km/h gewinnt der Amerikaner James Doolittle den Schneider-Pokal auf einer Curtiss R3C-2.

triebsflächen und am hinteren Rumpf verwandt wurde. Nur acht Stück verließen die Produktionshalle und standen zehn Jahre im Dienst, ohne dass es zu einem einzigen tödlichen Unfall kam. Die Passagiere schätzten die luxuriöse Innenausstattung und die verhältnismäßig geringe Lärmbelastung. Vielen in Indien tätigen britischen Beamten und Geschäftsleuten ersparte die HP.42 eine lange Seereise und verkürzte die Reisedauer von Karatschi nach London von einigen Wochen auf fünf Tage. Die Maschine gefiel überdies durch ansprechende Flugleistungen. Die Höchstgeschwindigkeit lag bei knapp über 200 km/h, die Reisegeschwindigkeit bei 150 km/h. Bei hohen Temperaturen hatte sie einige Probleme, die Reiseflughöhe zu erreichen. Da es aber keine Druckkabine gab und die „Furche" bei Flügen über der Wüste stets im Auge behalten werden musste, war die Flughöhe von vornherein begrenzt, sofern nicht einem Sandsturm ausgewichen werden musste. Nachfolger der HP.42 wurden Eindecker wie die Armstrong Whitworth Atlanta und die de Havilland Albatross, die aber angesichts des wenig später ausbrechenden Zweiten Weltkriegs entweder stillgelegt oder vom Militär beschlagnahmt wurden.

Die Flugboote der Imperial Airways versahen vorwiegend in Südafrika ihren Dienst. Zunächst kam der dreimotorige Doppeldecker Short Calcutta für zwölf Passagiere zum Einsatz. Von großem Vorteil waren die nicht erforderlichen Investitionen für die Infrastruktur

Die Fluggäste wussten die luxuriöse Innenausstattung der HP.42 zu schätzen.

eines an Land gelegenen Flugplatzes. Stattdessen konnten die Flugboote im Hafen von Alexandria, auf dem Nil bei Kairo oder auf dem Victoriasee wassern. Dank ihrer Verwendung konnte die Ostroute bis nach Australien erweitert werden.

1936 begann die Zeit der großen Short S.23 C-Klasse- oder Empire-Flugboote. Die Eindecker mit ihren vier leistungsstarken Sternmotoren boten den Fluggästen einen bisher unbekannten Luxus. Trotz ihrer geräumigen Rümpfe verfügten sie nur über 24 Passagiersitze. Die maximale Frachtzuladung betrug 1360 kg; bei der Mitnahme von nur 17 Passagieren konnten sie nur mit 1815 kg Fracht beladen werden.

Postsendungen galten als mindestens so wichtig wie Passagiere. Es wurden daher ständig Anstrengungen unternommen, um die Reichweite der Empire soweit zu erhöhen, dass auch transatlantische Postflüge möglich wurden. Neben einer ins Auge gefassten Luftbetankung spielte vor allem der Bau eines Mistelflugzeugs eine bedeutende Rolle. Unter der Bezeichnung Short-Mayo wurde auf dem Rücken eines großen Flugboots mit dem Namen „Maia" ein kleines auf den Namen „Mercury" getauftes Postflugzeug befestigt. Voll betankt und mit Post beladen war die „Mercury" nicht mehr eigenstartfähig. Sobald sie sich aber im Flug von der „Maia" gelöst hatte, bewältigte sie den Nordatlantik zwischen Foynes (Irland) und Montreal (Kanada) im Nonstopflug. Die Aufnahme der Versuche im Jahr 1938 steht zugleich für die erste kommerzielle Atlantiküberquerung eines Flugzeugs. Das ungewöhnliche Gespann ermöglichte darüber hinaus eine Postverbindung von Schottland nach Walvis Bay im heutigen Namibia. Pilot der „Mercury" bei beiden Rekordflügen war Don Bennett, der im Zweiten Weltkrieg als Kom-

1926

MÄRZ	APRIL	MAI	JUNI	JULI	NOVEMBER
16. März: Der Amerikaner Robert Goddard (1882-1945) startet die weltweit erste Flüssigkeitsrakete, die sich aber nur 2,5 Sekunden in der Luft hielt.	6. April: Die Deutsche Luft Hansa (DLH) nimmt den Flugbetrieb auf.	9. Mai: Richard Byrd und Floyd Bennett überfliegen mit einer Fokker F.VII Trimotor erstmals den Nordpol. 14. Mai: Das italienische Luftschiff „Norge" mit Umberto Nobile und Roald Amundsen überquert den Nordpol.	11. Juni: Flugpremiere der Ford 4-AT Trimotor, des ersten erfolgreichen amerikanischen Verkehrsflugzeugs.	24. Juli bis 26. September: Zwei deutsche Junkers G 24 fliegen von Berlin nach Peking und zurück.	11. November: Eine italienische Besatzung gewinnt den Schneider-Pokal auf einer Macchi M.39.

mandeur der RAF-Pfadfinderflotte zu weiteren Ehren kam. Mit dem Kriegsausbruch im September 1939 fanden die Versuche zur Luftbetankung und die Mayo-Flüge ihr Ende. Im gleichen Jahr wurde Imperial Airways mit ihrem 1935 aus mehreren kleinen Gesellschaften gegründeten Inlandspartner British Airways zur British Overseas Airways Corporation (BOAC) verschmolzen.

Mit den majestätischen Flugbooten der Short-C-Klasse begann der reguläre Flugverkehr innerhalb des britischen Empire. Die abgebildete G-ADHL war das erste der sogenannten „Empire-Boote" und wurde auf den Namen „Canopus" getauft.

Die amerikanischen Flugboote

1927 ist das Geburtsjahr der Pan American World Airways. Das von dem Unternehmer Juan Trippe in Key West (Florida) gegründete Unternehmen widmete sich zunächst dem Flugverkehr nach Kuba und in die Karibik, richtete seinen Blick aber bald auch auf Südamerika. Trippe vereinbarte mit dem 1919 in die USA emigrierten russischen Konstrukteur Igor Sikorskij (jetzt Sikorsky) die Entwicklung neuer Flugboote. Den Anfang machte die S-40 American Clipper. Die Clipper-Serie steht heute für 60 Jahre erfolgreiche Typengeschichte.

Die S-40 war das erste viermotorige Verkehrsflugboot und bot seinen 28 Passagieren viel Komfort. Die große Anzahl Streben, mit denen die Motoren an den Tragflächen befestigt waren und die Form des Schwimmerrumpfes sorgten für den Spitznamen „Fliegender Wald". Eine verbesserte Version für 50 Passagiere trug die Bezeichnung S-42. Die Motoren waren jetzt in die Tragflächen integriert, was weniger Verstrebungen bedeutete.

Beide Typen besaßen ein doppeltes Seitenruder und Kabinenfenster in Form von Bullaugen. Die S-42 – ab 1935 durch die Martin M-130 ergänzt – verband fortan den nordamerikanischen Kontinent mit Hawaii. Aus dem Namen „China Clipper" für die erste M-130 wurde wenig später eine offizielle Typenbezeichnung.

Bald konnte die Linie Honolulu – Midway – Wake Island – Guam – Hong Kong – Manila eröffnet werden. Damit war auch China von den USA aus auf dem Luftweg direkt erreichbar.

Letzter weißer Fleck war der Südpazifik. 1938 erkundete Edwin Musick, Flugkapitän bei Pan Am, eine praktikable „Inselspringer-Route". Musick war kein Irgendwer, sondern in jenem Jahr Inhaber der meisten Flugrekorde weltweit. Leider entging auch er nicht dem Fliegertod. Bei einem Flug von Auckland nach Pago Pago verschwand sein „Samoan Clipper" für immer im Pazifik. Man nimmt an, dass ausgetretener Kraftstoff eine Explosion verursachte.

Im Jahr 1940 gab es im weltweiten Liniennetz nur noch wenige Lücken. Eine davon schloss die Tasman Empire Airways Limited (TEAL), ein Gemeinschaftsunternehmen von BOAC, Qantas (Australien) und

1927

MÄRZ	MAI		SEPTEMBER	OKTOBER
14. März: Der Unternehmer Juan Trippe gründet die Pan American World Airways (Pan Am).	8. Mai: Der aus dem Ersten Weltkrieg bekannte französische Pilot Charles Nungesser und sein Begleiter Francois Coli verschwinden spurlos bei dem Versuch, mit ihrem Flugzeug „Oiseau blanc" (Weißer Vogel) den Atlantik in Ost-West-Richtung zu überqueren.	20./21. Mai: Charles Lindbergh überquert als erster Mensch im Alleinflug den Atlantik von New York nach Paris. Sein Flugzeug ist die Ryan NYP „Spirit of St Louis".	26. September: Gewinner der Schneider-Trophäe ist eine britische Supermarine S.5.	19. Oktober: Mit einem Postflug von Key West (Florida) nach Havanna eröffnet Pan Am den Flugbetrieb.

der neuseeländischen Regierung. Ihre Empire-Flugboote verbanden die Clipper der Pan Am mit den Flugbooten von Qantas auf der sogenannten „Känguru-Route" über dem Tasmanischen Meer. Damit war England von Australien aus via Singapur erreichbar.

Als auch im Pazifik der Zweite Weltkrieg ausbrach, mussten viele zivile Fluglinien ihren Betrieb einstellen. Nicht so TEAL, die weiterhin für einen regelmäßigen Service zwischen Australien und Neuseeland sorgte und dabei sogar ihr Geschäftsvolumen erweitern konnte.

Deutschland nach Versailles

In Folge der „Begriffsbestimmungen" des Vertrages von Versailles konzentrierte sich die deutsche Flugzeugindustrie zunächst auf den Bau zivilen Fluggeräts. Dabei entstanden einige Muster, die länger als ein Jahrzehnt die Hauptrichtung im Bau von Verkehrsflugzeugen bestimmten. Bahnbrechend wurde vor allem die Ganzmetallbauweise, für die Namen wie Hugo Junkers (1859-1935), Adolf Rohrbach (1889-1939) und Claude Dornier (1884-1969) stehen. Das erste Junkers-Metallflugzeug war bereits Ende 1915 zum Erstflug gestartet und 1917 bzw. 1918 zum gepanzerten Schlachtflugzeug J1 und zum Jagdeinsitzer J9 weiterentwickelt worden. Nach dem Krieg flossen die damit gemachten Erfahrungen in die von Otto Reuter konstruierte F 13 ein, welche zum Ahn der modernen Verkehrsflugzeuge wurde und eine große internationale Verbreitung fand. Die für zwei Mann Besatzung und vier Passagiere ausgelegte Maschine stellte mehrere Weltrekorde auf und wurde von Sachverständigen in aller Welt als vorbildlich eingeschätzt.

Das mit Abstand größte Flugzeug seiner Zeit war die Dornier Do X. Nach der Flugpremiere am 25. Juli 1929 startete es im Oktober 1929 mit 169 Personen an Bord – darunter neun blinde Passagiere – zu einem einstündigen Rundflug.

Die F 13 zeigte bereits in allen Punkten die typische Junkers-Bauweise. Die Tragfläche bestand aus mehreren Dural-Rohrholmen, die mit Stegen zu einem festen Gerüst verbunden wurden. Rippen existierten nicht. Der Rumpf wurde in einer ähnlichen Bauweise hergestellt. Die Einzelteile waren mit Nieten verbunden. Das gewellte Blech besaß gegenüber Glattblech bei gleicher Dicke eine höhere Festigkeit. Ganzmetallflugzeuge konnten auch im Freien abgestellt werden, besaßen gegenüber Holzflugzeugen eine höhere Lebensdauer und waren einfacher zu warten. Vor allem entfiel das zeitaufwändige Nachspannen.

NOVEMBER

6. November: Die italienische Armee erprobt den Einsatz von Fallschirmjägern.

1928

APRIL

12./13. April: Erster Atlantikflug von Ost nach West durch Hermann Köhl, Günther Freiherr von Hünefeld und James Fitzmaurice auf der Junkers W 33 „Bremen".

MAI

31. Mai bis 10. Juni: Die Besatzung von Charles Kingsford-Smith unternimmt den ersten Transpazifikflug von Oakland (Kalifornien) nach Brisbane (Australien).

DEZEMBER

23. Dezember: Während der Kampfhandlungen in Afghanistan führt die RAF die erste große Massenevakuierung auf dem Luftweg durch. Etwa 600 Zivilisten werden aus Kabul ausgeflogen.

28. Dezember: Der Australier George Hubert Wilkins und der Amerikaner norwegischer Abstammung Carl Ben Eielson überfliegen in einer Lockheed Vega erstmals die Antarktis.

Die deutschen Bemühungen, sich gegen britische und französische Konkurrenten auf dem südamerikanischen Markt zu behaupten, mündeten auch in eines der ungewöhnlichsten Flugzeuge aller Zeiten. Mit ihren zwölf Motoren, die paarweise mit je einem Zug- und einem Druckpropeller oberhalb der Tragfläche angebracht waren, und ihren zehn Mann Besatzung bot das Flugboot Dornier Do X über 150 Passagieren Platz. Bei einem der ersten Flüge wurde ein Rekord mit 169 Personen – darunter neun blinde Passagiere – aufgestellt. Bei Langestreckenflügen war die Do X für 66 Fluggäste ausgelegt, die sich wie auf einem Luxusdampfer fühlen durften.

Im November 1930 hob die Do X unter dem Kommando von Friedrich Christiansen zu ihrem ersten Transatlantikflug ab. Ein Brand in Lissabon verzögerte den Weiterflug jedoch um sechs Wochen und auch auf dem Weg entlang der westafrikanischen Küste kam es immer wieder zu zeitaufwändigen Störungen. Beim Start in Las Palmas auf den Kanarischen Inseln erlitt die Do X eine schwere Beschädigung, die weitere drei Monate Aufenthalt kostete. Im Juni 1931 erreichte das Flugboot endlich Südamerika und wurde auf einer ausgedehnten Tour von der Atlantikküste bis in die Karibische See begeistert gefeiert. Bei der Ankunft in New York im August musste die Besatzung jedoch zur Kenntnis nehmen, dass die Firma Dornier bankrott war. Daraufhin übernahm die deutsche Regierung eine Bürgschaft, so dass die Do X nach acht Monaten im Trockendock im Mai 1932 wieder in Berlin eintraf. Alles in allem hatte die Reise 19 Monate gedauert.

Von der Junkers G 38 wurden nur zwei Exemplare gebaut. Es war bei Aufnahme seines Dienstes bei der Lufthansa das damals größte Landflugzeug.

Nach wenigen weiteren lokalen Flügen und den dabei erlittenen Schäden wurde die Do X stillgelegt und dem Berliner Luftfahrtmuseum übergeben. Dort brannte sie nach einem Bombenangriff aus. Zwei für Italien gebaute Exemplare gelten als verschollen.

Eine andere bemerkenswerte deutsche Entwicklung zwischen den Kriegen war die mächtige Junkers G 38 aus dem Jahr 1929. Das viermotorige Verkehrsflugzeug bot 38 Passagieren Platz. Ihre Tragflächen waren an den Rumpfanschlussstellen so breit, dass darin einige Sitze untergebracht werden konnten, von wo die Fluggäste eine exzellente Sicht in Flugrichtung genossen. Die Wartung der Motoren konnte während des Fluges im Inneren der Tragflächen vorgenommen werden. In Deutschland wurden zwei G 38 gebaut, eine Version baute Japan in einer Bomber-Transporter-Version. Die beiden deutschen Maschinen stellten eine Reihe Nutzlastrekorde auf und flogen für die Deutsche Lufthansa fast zehn Jahre auf der Route Berlin – London. Bei ihrer Herstellung kam die von Junkers entwickelte gewellte Duraluminium-Rumpfschale zur Anwendung. Diese war leichter und fester als die gewöhnliche Metallbauweise, sorgte aber andererseits für viel Luftwiderstand, was die Höchstgeschwindigkeit auf 225 km/h beschränkte.

Die bekannteste Junkers-Konstruktion vor dem Krieg war aber die dreimotorige Ju 52, die aus der

1929

JANUAR	AUGUST	SEPTEMBER	OKTOBER	NOVEMBER
9. Januar: Pan Am beginnt zwischen Key West und Havanna mit dem Passagierverkehr.	8. bis 29. August: Weltfahrt des Luftschiffs LZ 127 „Graf Zeppelin". 34.200 km werden in vier Etappen mit einer Durchschnittsgeschwindigkeit von 114 km/h zurückgelegt.	7. September: Der Schneider-Pokal geht zurück an die britische Supermarine S.5. 24. September: Erster Flug ohne Sicht nur nach Instrumenten durch den Amerikaner James Doolittle.	23. Oktober: Die Dornier Do X hebt als erstes Motorflugzeug mit mehr als 100 Passagieren und einer Startmasse von über 50 Tonnen ab.	6. November: Mit der Junkers G 38 startet das zu diesem Zeitpunkt größte zivile Landflugzeug zum Erstflug. 28. November: Richard Byrd und Bernt Balchen sowie zwei Begleiter überfliegen erstmals den Südpol.

1930 entwickelten, zunächst einmotorigen Ausführung entstand. Mit je einem Motor an den Tragflächen und einem Motor im Bug konnte die Ju 52 in acht Stunden 17 Passagiere von Berlin nach Rom befördern. Die Ju 52 wurde zu einem Exportschlager und stand – mit vielen verschiedenen Motoren ausgestattet – bei diversen europäischen Fluggesellschaften im Dienst, darunter auch bei British Airways. Mit der Wiederaufrüstung 1935 suchte das Deutsche Reich aber nach Militär- und weniger nach Zivilflugzeugen und betrieb die Verstaatlichung der Junkers AG. Die Ju 52 wurde als Truppentransporter umgebaut und fand in einigen Fällen während des Spanischen Bürgerkriegs und im Zweiten Weltkrieg sogar als Behelfsbomber Verwendung. Versionen der Ju 52 wurden auch in Spanien und Frankreich gebaut – selbst noch nach Kriegsende – und die letzten gingen bei der Schweizer Luftwaffe erst in den 1980er-Jahren in den Ruhestand.

Leistungssegelflug und Nurflügler

Der unmittelbar nach dem Ersten Weltkrieg in Deutschland lahmgelegte Motorflug führte zu einem enormen Entwicklungsschub im Gleitflug. Im März 1920 be-

Die Junkers G 38 stellte zweifellos einen großen technischen Fortschritt dar. Fluggäste bevorzugten mehrheitlich aber kleinere Flugzeuge.

1930

MAI	SEPTEMBER	OKTOBER
Der Franzose Jean Mermoz überfliegt in einer Latécoère 28 erstmals mit einem Landflugzeug den Südatlantik. 15. Mai: Die erste Stewardess Ellen Church nimmt bei United Airlines ihre Arbeit auf.	11. September: Erstflug der Junkers Ju 52. Die zunächst einmotorige Maschine wird ab 1932 mit drei Motoren ausgestattet.	5. Oktober: Das britische Luftschiff R101 stürzt auf dem Weg nach Indien in Frankreich ab und reißt 54 Menschen in den Tod. 25. Oktober: Transcontinental and Western Air (TWA) eröffnet den Linienverkehr zwischen der US-amerikanischen Ost- und Westküste.

gannen die vor allem von Oskar Ursinus (1877-1952), Herausgeber der Zeitschrift „Flugsport“, ins Leben gerufenen jährlichen Rhönwettbewerbe auf der Wasserkuppe. Namen wie Wolfgang Klemperer, Ferdinand Schulz, Arthur Martens, Georg Madelung, Günter Groenhoff, Wolf Hirth, Robert Kronfeld, Heini Dittmar, Ludwig Hofmann, Gottlob Espenlaub, Peter Riedel, der Flugmeteorologe Walter Georgii oder der Aerodynamiker Ludwig Prandtl begründeten eine neue technische Qualität im Segelflugzeugbau und lösten eine sportliche Breiten- und Leistungsexplosion aus. So befanden sich nur neun Jahre nach dem verlorenen Krieg sämtliche Segelflugweltrekorde in der Hand des Ostpreußen Ferdinand Schulz (1892-1929). Auch die theoretische und praktische Entwicklung des Thermikflugs – sowohl Wolken- als auch Trockenthermik – mit bis dahin unvorstellbar hohen Gleitzahlen bei niedrigen Sinkgeschwindigkeiten sowie die Einführung neuer Startmethoden wie Winden- und Flugschleppstart sind deutschen Ursprungs. Bis zum Ausbruch des Zweiten Weltkriegs hatte sich Deutschland auf diese Weise den Spitzenplatz im internationalen Segelflug erarbeitet.

Auch der Nurflügelgedanke gewann in dieser Zeit an Bedeutung. Ende der 1920er-Jahre widmete sich vor allem der Segelflugzeugkonstrukteur Alexander Lippisch (1894-1976) der systematischen Erforschung des Nurflüglers. Seine Entwicklung und die Arbeiten der deutschen Brüder Reimar und Walter Horten führten zum sogenannten Deltaflugzeug. Diese Konfiguration legte später die Grundlagen für Flüge im Bereich von bis zu Mach 1,6. Der reine Nurflügelgedanke, der auch von der US-Firma Northrop aufgegriffen wurde, blieb allerdings nur im Segel- und Sportflugzeugbau in gewisser Hinsicht relevant.

Ein Klassiker der Luftfahrt ist auch die Junkers Ju 52/3m. Sie fand in großer Stückzahl als Passagierflugzeug und Truppentransporter Verwendung.

Rettung am Schirm

Der erste gesicherte Fallschirmspringer war der kroatische Universalgelehrte Fauste Veranico. Über Ort und Zeit kursieren zwei Versionen: Entweder sprang er 1597 von einem 87 Meter hohen Glockenturm in Pressburg oder um 1616 von einem Turm in Venedig. Für den 22. Oktober 1797 ist der erste freiwillige Fallschirmabsprung von einem Luftfahrzeug durch den Franzosen André-Jacques Garnerin dokumentiert. Garnerin verließ in 400 Meter Höhe einen Ballon.

Der Russe Chleb Kotjelnikow legte 1912 die Grundlage für den Tornister-Fallschirm. Der deutsche Ingenieur Otto Heinecke vervollkommnete 1913 das Prinzip durch die doppelte Hülle und die am Flugzeug befestigte Aufziehleine, wie es bei der Automatiköffnung noch heute verwendet wird. Der ameri-

1930

DEZEMBER

17. Dezember bis 15. Januar 1931: Der italienische General Italo Balbo führt eine Formation von zwölf SM.55 auf einem Flug von Rom nach Rio de Janeiro.

Genaues Datum unbekannt: In den USA wird der Wechselsprechverkehr zwischen Flugzeug und Tower eingeführt.

1931

JANUAR

28. Januar: Der deutsche Forschungsflieger und Buchautor Gunther Plüschow stürzt mit seinem Begleiter Ernst Dreblow in Patagonien tödlich ab.

MAI

31. Mai: Die Deutsch-Chinesische Luftverkehrsgesellschaft EURASIA nimmt erstmals einen planmäßigen Flugverkehr in China auf.

JUNI

23. Juni bis 1. Juli: Die Amerikaner Wiley Post und Harold Gatty vollenden in einer Lockheed Vega den ersten Weltflug.

Die Ford Trimotor blieb über 40 Jahre bei mehr als 100 Betreibern im Dienst.

kanische Hauptmann Albert Berry sprang am 1. März 1913 als erster Mensch mit einem Fallschirm aus einem Flugzeug ab.

Ab Herbst 1915 wurden deutsche Ballonbeobachter mit einem Paulus-, später Schmittner-Fallschirm ausgerüstet. Einige Beobachter brachten es unfreiwillig auf mehrere Absprünge und begannen sogar, einen sportlichen Ehrgeiz zu entwickeln. Am 1. April 1918 konnte sich mit Vizefeldwebel Weimar der Jagdstaffel 56 erstmals ein deutscher Pilot mit einem Fallschirm retten, nachdem dieser ab März 1918 auch für Flugzeugführer eingeführt wurde. Wegen Materialmangel ließ sich die Ausstattung jedoch nicht durchgängig verwirklichen. Trotzdem sollen sich im Ersten Weltkrieg über 200 deutsche Flieger mit dem Fallschirm gerettet haben, darunter auch so bekannte Koryphäen wie Ernst Udet, Paul Bäumer, Otto Fruhner und Theo Osterkamp.

Nach dem Krieg ist es wieder ein Amerikaner, der den nächsten Schritt vollzieht. Am 28. April 1919 verließ Leslie Irvin in 600 Meter Höhe ein Flugzeug und öffnete seinen Schirm nach einer Fallstrecke von 400 Metern (!) manuell. Die von ihm entwickelten Rettungsschirme wurden auch nach Deutschland exportiert und fanden eine breite Anwendung – und Auswertung.

1941 führte der Erprobungsspringer Wilhelm Buss in Rechlin den ersten Schleudersitzausschuss durch, nachdem sowohl Junkers als auch Heinkel für ihre Testpiloten eine bessere Rettungsmöglichkeit gefordert hatten. Der Ernstfall trat am 13. Januar 1943 ein, als sich Rudolf Schenk, Versuchspilot der Argus Motoren GmbH, als erster Mensch mit einem Schleudersitz aus dem an einem vereisten Schleppseil verklemmten motorlosen Prototyp der Heinkel He 280V-1 herausschießen musste. Ihm folgte am 15. Juli 1943 der Junkers-Werkspilot Hans-Joachim Pancherz, der sich bei einem Hochgeschwindigkeitsversuch aus einer Ju 290 – die er wegen der riskanten Versuchsanordnung allein flog – nur noch per Schleudersitz retten konnte.

Wie im letzten Jahr des Ersten Weltkriegs nur deutsche Flugzeugführer mit Fallschirmen ausgerüstet wurden, so sind im Zweiten Weltkrieg Schleudersitze nur in Deutschland zum Einsatz gelangt. Die ersten Flugzeuge mit einem serienmäßig eingebauten Kata-

JULI

18. Juli: In Moskau gründet sich die Gruppe zur Erforschung reaktiver Antriebe (Gruppa Issutschenja Reaktiwnobo Dwishenja, GIRD) zur Erforschung von Rückstoßantrieben. Die führenden Köpfe waren Friedrich Zander und Sergej Koroljow. Letzterer wird später der direkte Gegenspieler von Wernher von Braun.

AUGUST

29. August: Das Luftschiff LZ 127 „Graf Zeppelin" beginnt mit dem Linienverkehr zwischen Deutschland und Brasilien.

SEPTEMBER

13. September: Der Schneider-Pokal geht nach dem dritten Sieg endgültig an eine englische Supermarine S6B. Dabei werden von dem Piloten G.H. Stainforth erstmals mehr als 600 km/h erreicht.

25. September: Das von Alexander Lippisch konstruierte schwanzlose Motorflugzeug Delta I wird erstmals in Berlin vorgeführt.

1932

MAI

20./21.Mai: Die Amerikanerin Amelia Earhart überquert als zweiter Mensch und als erste Frau den Atlantik im Alleinflug.

pultsitz waren der Nachtjäger Heinkel He 219 und der „Volksjäger“ He 162. Alles in allem haben rund 60 Angehörige der Luftwaffe auf diese Weise den Absturz ihres Flugzeugs überlebt.

Aber erst seit Mitte der 1950er-Jahre wurde der Katapultsitz in Düsenkampfflugzeugen zum Standard. Die Erzeugnisse der britischen Firma Martin Baker sind seither das Maß aller Dinge. Der erste Rettungsausschuss mit einem „Martin Baker“ datiert vom 30. Mai 1949.

Der Inlandsflugverkehr in den USA

Der Ju 52 nicht unähnlich war die Ford 4-AT Trimotor, die 1928 auf dem Markt erschien und später in vielen Versionen gebaut wurde. In der wegen ihrer Wellblechbauweise liebevoll als „Tin Goose“ (Blechgans) titulierten Maschine war es im Sommer zu heiß, im Winter zu kalt und in jeder Jahreszeit zu laut.

Bei ihrer Inbetriebnahme sorgten männliche Stewards – manchmal auch der Copilot – für das leibliche Wohl der Passagiere. 1930 führte Boeing Air Transport den weiblichen Flugbegleiter als Teil der Besatzung ein, die Deutsche Lufthansa übrigens erst im Juni 1938. Die erste offizielle Stewardess war die Krankenschwester Ellen Church von United Airlines. Andere Fluggesellschaften folgten ab 1933 diesem Beispiel. Nur Pan Am verhielt sich zurückhaltend und setzte bis 1944 ausschließlich auf männliche Flugbegleiter. Neu war auch, dass auf Inlandsflügen Speisen angeboten und sogar Filmvorführungen ausprobiert wurden.

Schulterdecker wie die Ford Trimotor oder verschiedene Flugzeuge von Fokker wiesen schließlich den Weg zu verbesserten Entwürfen. Einen wesentlichen Ansporn für ein Verkehrsflugzeug mit einer höheren Geschwindigkeit und einer besseren Steigleistung lieferte der Absturz einer Fokker Super Universal der TWA im Jahr 1931, wobei sich unter den getöteten Insassen auch der bekannte Footballtrainer Knute Rockne befand. Während des Fluges war eine der hölzernen Tragflächen gebrochen. Strukturelle Probleme hatten die Entwürfe Anthony Fokkers schon seit dem Ersten Weltkrieg begleitet. Jetzt war es endgültig an der Zeit, zur Metallbauweise überzugehen.

Boeing beschritt diesen Weg mit dem Modell 247. Die schnittige zweimotorige Maschine mit einem bis

Der Bomber Boeing B-9 stand Pate für die zivile 247. United Airlines bestellte vom Reißbrett weg 60 Stück und zahlte den für die damaligen Verhältnisse enormen Preis von 3,5 Millionen Dollar für ein Flugzeug, das noch nicht einmal geflogen war.

1933

FEBRUAR

6. bis 9. Februar: Jim Mollison absolviert den ersten Alleinflug von Großbritannien nach Südamerika.

8. Februar: Erstflug der Boeing 247. Es ist das erste Verkehrsflugzeug mit Einziehfahrwerk und einem stromlinienförmigen Metallrumpf.

APRIL

3. April: Zwei Westland-Doppeldecker nähern sich erstmals dem Mount Everest.

JULI

1. bis 15. Juli: Unter dem Kommando von General Italo Balbo starten in Italien 24 Flugboote und erreichen Chicago. Seither tragen größere Flugzeugformationen im englischen Sprachraum den Spitznamen „Balbo“.

1. Juli: Erstflug der Douglas DC-1.

dato unbekannten einziehbaren Fahrwerk verfügte neben anderen Novitäten auch über einen Autopiloten. Die Boeing 247 wurde damit zum Vorreiter aller heutigen Verkehrsflugzeuge. Den Flugdienst nahm sie 1933 auf. Ihre aerodynamische Güte verhalf ihr zu einer Reisegeschwindigkeit von 305 km/h. Ein Flug zwischen der amerikanische Ost- und Westküste dauerte nun nur noch acht Stunden. Leider war die Kabine für lediglich zehn Passagiere ausgelegt, da der Tragflächenholm mitten durch den Rumpf führte und das Flugzeug innen in zwei Teile zerschnitt. Lediglich 75 Boeing 247 verließen die Produktionshalle und wurden überwiegend von Boeing Air Transport und United Air Lines in Dienst gestellt.

Konkurrent Lockheed legte sofort nach und brachte die Lockheed 10 und 12 Electra auf den Markt. Auch diese beiden Entwürfe verfügten nur über eine geringe Passagierkapazität von zehn bzw. zwölf Sitzen. 1939 begannen die Lockheed-Ingenieure mit der Entwicklung eines viermotorigen Nachfolgers, aus dem einmal die legendäre Constellation werden sollte. Das Kriegsgeschehen verhinderte ihren früheren Einsatz als Verkehrsflugzeug.

Auch der in Santa Monica (Kalifornien) ansässige Flugzeugbauer Douglas wandte sich nun der Metallbauweise zu. Seine zwölfsitzige DC-1 flog erstmals 1933. Gegenüber der Boeing 247 verfügte sie über stärkere Motoren und Dreiblattpropeller. Der im Mai

Nach der großen Wirtschaftskrise in den USA setzte die Lockheed Aircraft Company alle Hoffnungen auf die Electra und lag damit genau richtig. Das schnelle und wirtschaftliche Verkehrsflugzeug fand eine große Anzahl Abnehmer.

22. Juli: Wiley Post umrundet als Erster solo in der Lockheed Vega „Winnie Mae“ in sieben Tagen, 18 Stunden und 49 Minuten die Welt.

AUGUST

30. August: Aus der bankrotten Fluggesellschaft Aéropostale gründet sich Air France.

DEZEMBER

31. Dezember: Erstflug der Polikarpow I-16 in der Sowjetunion. Die I-16 ist der weltweit erste Eindecker mit einem einziehbaren Fahrwerk.

1934 zum Erstflug gestartete Nachfolger DC-2 wirkte gegenüber der Boeing 247 optisch gefälliger und verfügte über eine separate Bordtoilette und eine kleine Küche. Die Passagierkabine war alles in allem wesentlich großzügiger ausgelegt. Vor allem musste kein Tragflächenholm überklettert werden, um vom vorderen in den hinteren Kabinenbereich zu gelangen.

Auch heute bestimmt das Passagierraumvolumen – und seien es nur wenige Zentimeter – den kommerziellen Erfolg eines Verkehrsflugzeugs in hohem Maße.

Die Douglas DC-1 stellte mehrere Geschwindigkeits- und Reichweitenrekorde auf.

Die TWA setzte zwar auf die DC-1, wünschte aber eine größere Version, die sie mit der DC-2 auch bekam. Von dieser Ausführung sind 156 Stück verkauft worden, darunter auch einige an europäische Abnehmer. Die staatliche holländische Fluggesellschaft KLM schickte 1934 ihre erste DC-2 in das Luftrennen London – Melbourne und erreichte in der Handicapwertung den ersten und in der Gesamtwertung den zweiten Platz, was der DC-2 zu großer internationaler Aufmerksamkeit verhalf.

Als American Airlines nach einem Ersatz für den Doppeldecker Curtiss Condor mit einem gleich großen Passagierraum, aber höherer Geschwindigkeit Ausschau hielt, erging im Sommer 1934 eine Anfrage an Douglas. Gewünscht wurde eine entsprechend abgeänderte Version der DC-2 mit Schlafmöglichkeiten, um nächtliche Nonstopflüge zwischen New York und Chicago durchführen zu können.

Douglas war zunächst nicht zum Bau einer solchen Variante bereit, welche einen breiteren und längeren Rumpf sowie größere Steuerflossen benötigt hätte. Als dann aber TWA eine Bestellung über 20 Stück abgab, schwenkte Douglas um. Das neue Flugzeug erhielt die Bezeichnung Douglas Sleeper Transport (DST) und verfügte über 14 Sitze, die nachts in Schlafplätze umgewandelt werden konnten. Eine mit 28 Plätzen ausgestattete Tagesversion wurde als DC-3 angeboten. Am 17. Dezember 1935 – auf den Tag genau 32 Jahre nach dem erfolgreichen Flug der Brüder Wright in Kitty Hawk – hob die DST zum ersten Mal ab. (Der 17. Dezember wurde übrigens auch bei anderen Gelegenheiten gern zu Erstflügen genutzt.) Während sich aber die DST nur mehr recht als schlecht verkaufte, wurde die DC-3 zu einem Bestseller.

Mit seiner Reisegeschwindigkeit von knapp über 270 km/h benötigte der bequeme Airliner für die Strecke New York – Los Angeles nur noch 18 anstelle der bisher üblichen 26 Stunden. Als erstes kommerzielles Flugzeug schaffte es die DC-3 allein durch verkaufte Tickets in die Gewinnzone und war nicht

1934

FEBRUARY

3. Februar: Zwischen Stuttgart und Buenos Aires wird der erste transatlantische Luftpostverkehr eröffnet.

SEPTEMBER

5. September: Mit einem speziellen Druckanzug stellt Wiley Post über Chicago einen Höhenrekord von 12.190 Metern auf.

OKTOBER

20. Oktober: 20 Teilnehmer nehmen am Mac-Robertson-Luftrennen von England nach Australien teil. Den Geschwindigkeitspreis gewinnt eine de Havilland DH.88 Comet mit einer Flugzeit von 71 Stunden und 18 Minuten. Den Preis für Passagierflugzeuge holt sich eine DC-2 der KLM.

21. Oktober bis 4. November: Charles Kingsford Smith und P.G. Taylor überfliegen als Erste den Pazifik in Ost-West-Richtung.

Der Sieg im Luftrennen England – Australien im Jahr 1934 durch eine Besatzung der holländischen KLM verschaffte Douglas viele Exportaufträge für seine DC-2.

mehr auf zusätzliche Postfrachtverträge und Subventionen angewiesen.

Die meisten amerikanischen Fluggesellschaften stellten die DC-3 sehr bald für ihr Inlandsnetz in Dienst. Auch europäische Unternehmen wie KLM, Swissair, Air France, Sabena und Lot sowie Panagra und Panair do Brasil aus Brasilien fanden bis zum Zweiten Weltkrieg in großem Umfang Gefallen an dem zweimotorigen Tiefdecker. Als die USA im Dezember 1941 in den Krieg eintraten, war die bisher für ein ziviles Flugzeug nie da gewesene Zahl von 507 DST und DC-3 vom Band gelaufen. Viele davon wurden in den militärischen Dienst übernommen, aber auch spezielle Militärversionen wie die C-47 Skytrain und die C-53 Skytrooper – besser bekannt unter dem britischen Namen Dakota – wurden aus ihr abgeleitet. Während des Kriegs entstanden über 10.000 Dakota, von denen viele nach dem Ende der Feindseligkeiten wieder zivilen Zwecken nutzbar gemacht wurden. Noch immer befördern einige Dakota in fernen Gegenden Fracht und Passagiere. Andere setzen Fallschirmspringer ab oder starten bei Flugveranstaltungen.

Die Antwort von Boeing auf die DC-3 nannte sich Modell 307 und erschien 1938 auf dem Markt. Die Tragflächen stammten vom Bomber B-17C, der Rumpf war etwas länger. Ansonsten ähnelte die 307 einer viermotorigen DC-3. Ihr wichtigster Beitrag zum

1935

FEBRUAR

12. Februar: Mit dem Absturz des Luftschiffes „Macon" der US Navy vor Kalifornien finden die Versuche mit untergehängten Jagdflugzeugen ihr Ende.

26. Februar: In Großbritannien werden Flugzeuge mit Radar erprobt.

MÄRZ

9. März: In Deutschland wird die Existenz einer Luftwaffe offiziell bestätigt, obwohl dies den Bedingungen des Vertrages von Versailles widerspricht.

Nach ihrem Erstflug im Dezember 1935 wurde die DC-3 zum bekanntesten zweimotorigen Transportflugzeug aller Zeiten. Einige Exemplare fliegen in verschiedenen Versionen noch immer.

zivilen Luftverkehr war aber eine Druckkabine, durch die bei Schlechtwetter in bis zu 6000 Meter Höhe gestiegen werden konnte. Trotzdem blieb der Boeing 307 der Verkaufserfolg versagt. Nur zehn Exemplare gingen an TWA und Pan Am.

Die Renaissance der Zeppeline

Gemäß der Bestimmungen des Versailler Vertrags von 1919 war Deutschland auch der Bau lenkbarer Luftfahrzeuge oder die Herstellung von Wasserstoff für militärische Zwecke untersagt. Die von ihren Besatzungen nicht zerstörten Luftschiffe mussten an die Siegermächte ausgeliefert werden. 1919 ließ die DELAG zwei kleine Luftschiffe bauen, aber auch diese gingen als Reparationszahlung an die Entente.

Zwischenzeitlich begann sich die US Navy für die Zeppelintechnologie zu interessieren und gab auf Grundlage der deutschen Vorbilder die „Shenandoah" in Auftrag. Auch die britische R38 – im wesentlichen ebenfalls ein Nachbau der großen deutschen Kriegsluftschiffe – wurde für die amerikanische Marine fertiggestellt, ging allerdings noch vor der Auslieferung bei einem Werkstattflug verloren. Als Ersatz orderte die US Navy 1924 von Zeppelin die „Los Angeles". Der leicht brennbare Wasserstoff wurde durch Helium ersetzt. Das Edelgas bot zwar weniger Gefahren, wies aber schlechtere Auftriebswerte auf. Die „Los Angeles" befand sich acht Jahre und damit länger als viele ihrer Zeitgenossen ohne ein Vorkommnis im Fahrdienst, ehe sie aus wirtschaftlichen Gründen stillgelegt wurde.

Der Auftrag der US Navy verschaffte dem Luftschiffbau Zeppelin einige finanzielle Spielräume. Dennoch dauerte es bis 1928, ehe mit der 229 Meter langen „Graf Zeppelin" wieder ein Neubau die Werkshalle verließ. Inzwischen war Dr. Hugo Eckener an die Unternehmensspitze gerückt und entschied sich, zu Werbezwecken einige spektakuläre Luftfahrten zu unternehmen. Zunächst erschien er mit der „Graf Zeppelin" über den USA und unternahm eine Tour durch Europa. Den Höhepunkt bildete aber das Jahr 1929 mit der unter seinem Kommando erfolgten ersten Weltumrundung eines Luftfahrzeugs. Zu den Geldgebern dieser Rekordleistung gehörte auch das Imperium des amerikanischen Zeitungsmagnaten Randolph Hearst. Als Gegenleistung waren neben Wissenschaftlern und Diplomaten auf der Fahrt von Friedrichshafen nach Lakehurst im Bundesstaat New Jersey auch Reporter mit an Bord. Zu Eckeners Zugeständnissen gehörte auch, dass auf Wunsch der

1935

MAI

18. Mai: Das achtmotorige sowjetische Passagierflugzeug Tupolew ANT-20 „Maxim Gorki" kollidiert in der Nähe von Moskau mit einem kleineren Flugzeug. Die Katastrophe fordert 56 Todesopfer.

28. Mai: Erstflug der Messerschmitt Bf 109V1.

JULI

28. Juli: Die Boeing 299, Prototyp des Bombers B-17 Flying Fortress, macht in Seattle ihren Jungfernflug.

NOVEMBER

6. November: Der Prototyp der Hawker Hurricane fliegt in Brooklands.

22. November: Mit dem Flugboot Martin M130 „Clipper" eröffnet Pan Am den Luftpostdienst über den Pazifischen Ozean.

amerikanischen Sponsoren der offizielle Startschuss zur Weltumrundung in Lakehurst fiel und die „Graf Zeppelin" in der ersten Etappe zurück nach Berlin fuhr. Von hier setzte das Luftschiff seine Reise über die weithin unbekannte Sowjetunion nach Tokio fort. Einem begeisterten Empfang in der japanischen Hauptstadt folgte die erste Nonstopüberquerung des Pazifischen Ozeans mit anschließender Landung in Los Angeles. Via Lakehurst kehrte die „Graf Zeppelin" nach 21 Tagen – davon zwölf im Flug – und 31.400 km Fahrstrecke von Lakehurst nach Lakehurst – einschließlich der nicht gewerteten Anreise zum offiziellen Startschuss waren es sogar 49.618 km – nach Friedrichshafen zurück. Die ganze Welt zeigte sich von dieser bis dahin einzigartigen Pionierleistung begeistert. Hugo Eckener und seine Männer erlangten einen regelrechten Kultstatus.

Eckener ruhte sich jedoch nicht auf seinem frischen Ruhm aus, sondern ging sofort wieder an die Arbeit. Höchste Priorität besaß für ihn der Aufbau eines planmäßigen Passagierdienstes zwischen Deutschland und den USA. Da aber viele deutsche Auswanderer auch in Brasilien eine neue Heimat gefunden hatten, wurde nach einigen 1930 und 1931 erfolgten Versuchsfahrten im April 1932 zunächst die Linie Friedrichshafen – Recife eröffnet. Den Betrieb übernahm kurz darauf die Deutsche Zeppelin-Reederei, ein zu diesem Zweck gegründetes Gemeinschaftsunternehmen des Luftschiffbaus Zeppelin und der Deutschen Luft Hansa. Die „Graf Zeppelin" befuhr die Südatlantiklinie bis 1937, ohne dass es zu einem nennenswerten Vorkommnis kam. Dabei legte sie über 1,6 Millionen Kilometer zurück, beförderte über 13.000 Passagiere und überquerte 144 Mal den Atlantischen Ozean.

Dieser Erfolg ermutigte den Luftschiffbau Zeppelin im März 1936 zur Entwicklung eines völlig neuen und noch größeren Luftschiffs – die LZ 129 „Hindenburg". Das Rumpfgerippe des 245 Meter langen Schiffs bestand aus einer Duraluminium-Legierung. Seine 16 Traggaszellen fassten 200.000 m³ Wasserstoff. Mit dem später gebauten Schwesterschiff „Graf Zeppelin II" war es das größte jemals gebaute Luftfahrzeug. Vier Daimler-Dieselmotoren mit jeweils 890 kW sorgten für eine Höchstgeschwindigkeit von 135 km/h. Ursprünglich sollte Helium als Traggas zum Einsatz kommen, aber die weltweite Heliumversorgung

Die „Graf Zeppelin" umrundete als erstes Luftfahrzeug die Erde.

1936

DEZEMBER	MÄRZ	MAI	JUNI
17. Dezember: Erstflug der Douglas Sleeper Transport (DST), die später als DC-3 zum meistgebauten Transportflugzeug aller Zeiten wird.	4. März: Erstfahrt des Passagierluftschiffs LZ 129 „Hindenburg". 5. März: Erstflug des Prototyps der Supermarine Spitfire.	12. Mai: Erstflug der Messerschmitt Bf 110.	26. Juni: Der Tandemhubschrauber Focke-Wulf Fw 61 hebt mit Ewald Rohlfs am Steuer zum Jungfernflug ab. Es ist der erste praktisch verwendbare Hubschrauber der Welt. Zum ersten Mal werden im Laufe der Flugerprobung 1000 Meter Höhe, 100 km/h und 100 km Entfernung überschritten.

wurde von den USA kontrolliert, und der Aufstieg von Hitlers NSDAP hatte ein Embargo militärisch verwendbarer Güter zur Folge. Dazu gehörte auch Helium. Die Konstruktion musste daher wieder auf Wasserstoff umgerüstet werden, was zu einer acht Prozent höheren Steigleistung führte.

Die „Hindenburg" galt als Nonplusultra im Bau von luxuriös ausgestatteten Passagierluftschiffen. Im Innenbereich gab es einen kleinen Wandelgang und Gesellschaftsräume auf beiden Seiten. Auf den meisten Fahrten befand sich ein kleiner Konzertflügel aus Aluminium mit an Bord. Nicht zuletzt gab es einen streng isolierten Rauchersalon innerhalb einer Druckkabine.

Obwohl die „Hindenburg" ein rein ziviles Luftfahrzeug war, wurde sie bereits bei ihrem Jungfernflug im Mai 1936 vom Nazi-Regime für dessen Zwecke eingesetzt. Als Propagandaminister Josef Goebbels vorschlug, die an den Ruderflächen als Hoheitsabzeichen aufgemalten Hakenkreuze durch riesige Hakenkreuze auf der Schiffshülle auszutauschen, konnte sich Dr. Eckener dem widersetzen. Als Kompromiss führte das Luftschiff bei allen Starts und Landungen die mit dem Hakenkreuz verzierte neue Reichsflagge und warf auf Goebbels' Veranlassung immer wieder Propagandaflugblätter über deutschen Städten ab.

Bei ihrem Erstflug im Mai 1936 fuhr die „Hindenburg" in die USA und traf nach 61 Stunden am Ankermast in Lakehurst ein. Damit begann eine erfolgreiche Ära planmäßigen Fahrbetriebs, bei dem zehn Rundreisen durchgeführt wurden. Gleichzeitig befuhr die „Graf Zeppelin" weiterhin die Südatlantikroute nach Brasilien. Im Winter 1936/37 wurde die „Hindenburg" gewartet und die Anzahl der Sitze durch den Einbau weiterer Kabinen auf 72 erhöht.

Auch 1937 war der Nimbus des gigantischen Luftschiffs in den USA ungebrochen, allerdings mischten sich zunehmend andere Stimmen in die Begeisterung. Die wachsende Besorgnis über die Politik des Dritten Reichs führte sogar zu einzelnen Drohungen gegen die Zeppeline. Dennoch war bei der Ankunft der „Hindenburg" am 6. Mai 1937 in Lakehurst eine große Anzahl Pressevertreter, Fotografen, Kameramänner und Rundfunkreporter anwesend, um die Eröffnung der Sommersaison zu dokumentieren.

Nachdem die „Hindenburg" einem nahen Gewitter ausgewichen war, näherte sie sich mit einer 180-Grad-Wende dem Landeplatz, wo amerikanische Matrosen die Halteseile ergriffen und das Luftschiff in Richtung Ankermast bugsierten. Plötzlich flackerte am Heck der mächtigen Hülle eine kleine Flamme auf, die sich rasch über den ganzen Rumpf ausbreitete und das gesamte Schiffsgerüst erfasste. Wenige Sekunden später verschwand die „Hindenburg" in einem riesigen Feuermeer. Bei laufender Kamera rannte das entsetzte Bodenpersonal um sein Leben, während sich Passa-

In 1937 explodierte die LZ 129 „Hindenburg" am Ankermast in Lakehurst und verbrannte völlig.

1936

JULI

20. Juli: Im Rahmen des ersten großen Truppentransports auf dem Luftweg werden über 6000 spanische Franco-Soldaten mit Ju 52 von Marokko nach Sevilla befördert.

AUGUST

14. August: Der Franzose Georges Detré stellt mit einer Potez 50 einen neuen Höhenrekord von 14.843 Metern auf.

SEPTEMBER

28. September: Das Versuchsflugzeug Bristol 138 erreicht eine Höhe von 15.223 Metern.

DEZEMBER

27. Dezember: Erstflug der Tupolew ANT-42 unter Michail Gromow. Der viermotorige Bomber wird 1942 in Petljakow Pe-8 umbenannt.

1937

APRIL

6. bis 9. April: Eine japanische Mitsubishi Typ 97 mit dem Namen „Kamikaze" fliegt in 51 Stunden und 17 Minuten von Japan nach England.

12. April: Der Engländer Frank Whittle führt Bodenversuche mit einer Gasturbine durch.

giere und Besatzungsmitglieder durch einen Sprung aus den Gondeln zu retten versuchten. 34 Sekunden nach der Entzündung lag die „Hindenburg" als ausgebranntes Skelett am Boden. Von den 97 Menschen an Bord kamen 35 ums Leben. Auch ein Matrose der Landemannschaft konnte sich nicht mehr aus dem Inferno retten.

Bis heute halten die Spekulationen über die Ursache der bis dahin schlimmsten Katastrophe in der Zivilluftfahrt an. Die meisten Experten vertreten die Ansicht, dass Wasserstoff aus einer undichten Zelle austrat und durch eine elektrostatische Entladung entzündet wurde. Andere Fachleute glauben, dass der mit Aluminiumpulver imprägnierte Spannlack der Hülle im Zusammenwirken mit anderen leicht entflammbaren Komponenten den Unfall verursachte. Auch ein Sabotageakt wurde nicht ausgeschlossen.

Obwohl die Katastrophe von Lakehurst für den einzigen Totalverlust eines Passagierluftschiffes stand, fand damit eine ganze Epoche ihren vorläufigen Abschluss. Erst in den 1980er-Jahren kehrten nach modernsten Maßstäben entwickelte und mit Helium betriebene Luftschiffe für vielfältige Zwecke zurück. Eine Wiederaufnahme regelmäßiger Passagierflüge hat allerdings bisher nicht stattgefunden.

Das letzte vor Ausbruch des Zweiten Weltkriegs gebaute Luftschiff war die „Graf Zeppelin II". Nach ihrer ersten Fahrt im September 1938 blieb sie überwiegend am Boden, denn eine zivile Verwendung kam angesichts des Kriegsgeschehens nicht mehr in Frage. Stattdessen fuhr die „Graf Zeppelin II" im Sommer 1939 unter militärischem Kommando die britische Küste auf und ab, um die Signale neu entwickelter englischer Funkmessstationen aufzufangen. 1940 ließ Hermann Göring das Luftschiff verschrotten.

England und seine Luftschiffe

Die Geschichte der britischen Luftschiffe nach dem Ersten Weltkrieg stellt eine Mischung aus Triumph und Tragödie dar, wobei das letztere überwog. Bei der R34 handelte es sich um ein 1918 für die Royal Air Force gebautes Luftschiff, allerdings ohne jemals bewaffnet worden zu sein. Nach der vollständigen Fertigstellung sollte R34 Anfang 1919 den Atlantik erstmals in der schwierigeren Ost-West-Richtung überqueren, nachdem nur zwei Wochen zuvor Alcock und Brown in einer Vickers Vimy den umgekehrten Weg bewältigt hatten.

Das britische Luftschiff R34 überquerte als erstes Luftfahrzeug den Atlantik in Ost-West-Richtung.

MAI

6. Mai: Das Luftschiff LZ 129 „Hindenburg" geht bei der Landung in Lakehurst in Flammen auf. 33 von 97 Insassen sterben.

JULI

2. Juli: Amelia Earhart und Fred Noonan sind bei dem Versuch, die Erde in einer Lockheed Electra zu umfliegen, bei den Howland-Inseln verschollen.

12. bis 14. Juli: Eine sowjetische Tupolew ANT-25 unter Waleri Tschkalow und den Besatzungsmitgliedern Bajdukow und Beljakow fliegt nonstop 10.148 km von Moskau über den Nordpol nach San Jacinto (Kalifornien).

SEPTEMBER

3. September: Die RAF testet mit Radar ausgerüstete Flugzeuge und belegt, dass damit große Kriegsschiffe entdeckt werden können.

24. September: Das erste Luftverteidigungsradar nimmt in Bawdsey Manor (England) den Betrieb auf.

Zwar war die R34 nicht als Passagierluftschiff konzipiert, dennoch brachte sie 30 Besatzungsmitglieder und einen blinden Passagier hin und zurück. Zum ersten Mal war damit auch ein Pendelflug über den Atlantik gemeistert worden. Hieraus geborene euphorische Pläne zum Bau eines luxuriösen transatlantischen Luftschiffs blieben Theorie. Die wirtschaftliche Lage nach dem Ersten Weltkrieg führte sogar zur Abwrackung des zweitgrößten britischen Luftschiffs R80, obwohl auch dieses zunächst für Passagierflüge innerhalb Europas umgebaut werden sollte. R34 blieb nach seinem Rekordflug noch zwei Jahre für Trainingszwecke im Einsatz, ehe es bei einem Unfall – bei dem wenigstens keine Opfer zu beklagen waren – zerstört wurde.

Die geräumige Innenausstattung der R100. Ihr Konstrukteur war Barnes Wallis, der im Zweiten Weltkrieg für die Erfindung der Rollbombe berühmt wurde.

1924 legte die britische Regierung ihr Imperial Airship Scheme (Königliches Luftschiff-Programm) auf. Zur Zielstellung gehörte der Bau von militärischen und zivilen Luftschiffen ebenso wie der von Flugzeugträgern, um in kurzer Zeit koloniale Außenposten verstärken zu können sowie Regierungsbeamten und Geschäftsleuten eine lange Seereise zu ersparen. Erste Berechnungen ergaben, dass die hierfür benötigten Luftschiffe ein Gasvolumen von mindestens 27.000 m³ aufweisen mussten und damit sogar die „Hindenburg“ übertrafen.

Gebaut wurden zunächst aber nur verkleinerte Prototypen mit den Bezeichnungen R100 – von der privaten Airship Guarantee Company – und R101, die von den staatlichen Royal Airship Works in Cardington gefertigt wurde. Durch die geteilte Auftragsvergabe sollten unterschiedliche Innovationen in das Endprodukt einfließen.

Zuerst wurde Ende 1929 die R101 fertig. Sie war das seinerzeit größte Luftschiff und lag hinsichtlich Länge und Rauminhalt zwischen der „Graf Zeppelin“ und der „Hindenburg“. Trotz ihrer Ausmaße erwies sich der Auftrieb geringer als nach den ersten Versuchsflügen erwartet wurde. Man behalf sich mit der Unterteilung der Hülle in zwei Segmente und baute im Winter 1929/30 eine separate Gaszelle ein, wodurch die R101 elf Meter länger wurde. Der Umbau nahm mehr Zeit als geplant in Anspruch und stand unter hohem politischen Erwartungsdruck.

Der britische Luftfahrtminister Lord Thomson, der kurz vor der Übernahme des Postens des Vizekonsuls von Indien stand, wollte nämlich standesgemäß per Luftschiff anreisen. Hastig fanden weitere Probefahrten statt und die Vorbereitungen für die Reise nach Indien wurden ungeachtet einer schlechten Wetterprognose voran getrieben. Ein permanentes Problem stellte die Startmasse dar, so dass jeder Fluggast nur 14 kg Gepäck mitnehmen durfte. Ausge-

1938

JANUAR

20. Januar: Imperial Airways erprobt mit Flugbooten die Luftbetankung.

26. Januar: Bei einer Landung einer Boeing 247 in Pittsburgh (Pennsylvania) kommt während eines regulären Linienflugs erstmals das Instrumentenlandeverfahren zum Einsatz.

JULI

10. bis 14. Juli: Howard Hughes und eine dreiköpfige Besatzung umfliegen in einer Lockheed 14 Super Electra die Welt in drei Tagen und 19 Stunden.

AUGUST

10./11. August: Eine Focke-Wulf Fw 200 Condor der Deutschen Lufthansa unter Flugkapitän Alfred Henke fliegt nonstop von Berlin nach New York.

nommen waren nur Lord Thomson und dessen neue Braut. Dennoch befand sich gewichtige „Sonderfracht" an Bord, darunter ein 32 kg schweres Fass mit Bier, zwei Kisten Champagner über 24 kg und ein ausrollbarer Teppich über 59 kg, der bei Staatsempfängen in Ägypten und Indien zum Einsatz kommen sollte.

Die R101 sollte einen Königlichen Luftschiffverkehr ins Leben rufen, der Reisende in fünf bis sechs Tagen nach Karatschi (Indien) bringen sollte. Mit dem Flugzeug waren Passagiere jeweils acht Tage, mit dem Schiff jeweils vier Wochen unterwegs.

In Ismaila (Ägypten) und in Karatschi wurden Ankermasten, Hangars und sonstige Einrichtungen gebaut, die für Linienfahrten mit Luftschiffen notwendig waren. Geplant war, fast das gesamte britische Weltreich in das Verkehrsnetz einzubinden.

Am 4. Oktober 1930 war es dann soweit. Auf dem Reiseweg sollten verschiedene Veranstaltungen stattfinden, um das Ereignis gebührend zu würdigen. Doch dazu kam es gar nicht erst. In der Nähe der nordfranzösischen Stadt Beauvais geriet R101 nach 7,5 Stunden Fahrt in ein heftiges Unwetter, dem es nicht mehr entkam. Nur sechs der 54 Insassen überlebten den Aufschlagbrand. Zu den Opfern gehörte auch Lord Thomson. Sein Nachfolger im Luftfahrtministerium stoppte sofort das Luftschiffprogramm und begrub damit auch sämtliche britischen Ambitionen auf diesem Sektor.

Das Konkurrenzmuster R100 war ebenfalls verlängert worden, um den Auftrieb zu erhöhen. Es wurde vor der R101 fertig und unternahm im August 1930 eine erfolgreiche Fahrt nach Kanada. Ihre Konstrukteure waren Barnes Wallis, der im Zweiten Weltkrieg durch die Erfindung der Rollbombe bekannt wurde, und Nevil Shute-Norway, welcher sich später unter einem gekürzten Familiennamen als erfolgreicher Romancier betätigte.

Im Gegensatz zur R100 wies die staatlich finanzierte R101 Konstruktionsmängel auf, was zu ihrem raschen Ende beitrug. Hier das ausgebrannte Wrack in der Nähe von Beauvais.

Auch die R100 hatte nur eine kurze Lebenszeit und wurde nach dem Absturz der R101 stillgelegt. Als die Ballonhülle zu verrotten drohte, wanderte R100 im November 1930 auf den Schrottplatz.

1939 war die Zeit der Passagierluftschiffe vorüber. Zwar konnten strukturelle Probleme gelöst werden und auch die Verwendung von flüchtigem Wasserstoff – eine eher politische denn eine technische Frage – stellte keine echte Gefahr mehr dar. Das Rennen hatten aber die immer schneller gewordenen Flugzeuge gemacht, die Schlechtwetter ausweichen konnten und Transatlantikflüge zu unspektakulären Ereignissen machten. Nochmals folgte ein kurzer Einsatz der Luftschiffe im Zweiten Weltkrieg. Doch erneut stellt sich die Frage, ob militärische Technologie den Fortschritt der Zivilluftfahrt mehr behindert denn befördert hat.

SEPTEMBER

14. September: Der von Igor Sikorsky konstruierte Hubschrauber VS-300 wird im Fesselflug erprobt.

OKTOBER

14. Oktober: Erstflug der Curtiss XP-40. Von der P-40 Kittyhawk/Warhawk/Tomahawk werden bis 1944 etwa 14.000 Stück gebaut.

22. Oktober: Eine italienische Caproni 161-bis stellt mit 17.983 Meter einen bis heute gültigen Höhenrekord für Flugzeuge mit Kolbenmotoren auf.

NOVEMBER

5. bis 7. November: Zwei Vickers Wellington der RAF fliegen nonstop von Ismaila (Ägypten) nach Darwin (Australien) und stellen mit 11.520 km einen neuen Streckenweltrekord auf.

DEZEMBER

31. Dezember: Erstflug der Boeing 307 Stratocruiser, erstes Verkehrsflugzeug mit Druckkabine.

10

Vom Doppeldecker zum Düsenjet – Der Zweite Weltkrieg

Im September 1939 brach der Zweite Weltkrieg aus. Diesmal verfügten die wichtigsten Beteiligten über Luftwaffen und stützten sich auf Luftkriegstheorien. Deutschland, die Sowjetunion, Italien und Japan hatten zuvor Kampfmittel und -methoden im Spanischen Bürgerkrieg oder in der Mandschurei erprobt. Nur die Westmächte verfügten bis 1939 kaum über aktuelle Luftkriegserfahrungen.

Das Ende der 1930er-Jahre stellte für viele große Luftwaffen eine Zäsur dar. Die meisten Doppeldecker-Jagdflugzeuge verschwanden aus den Arsenalen und wurden durch Eindecker in Metallbauweise abgelöst. Dennoch standen bei Kriegsausbruch mit Ausnahme von Deutschland, Großbritannien und Frankreich noch Jagdflugzeuge in der alten Konfiguration in der ersten Linie. So produzierten Polikarpow in der Sowjetunion und Fiat in Italien noch Doppeldecker als Jagdflugzeuge, als der Krieg längst im Gange war. Alles in allem kamen etwa 20 verschiedene Doppeldecker-Jagdflugzeuge zum Einsatz, dazu unzählige Seeflugzeuge, Transporter und Schlachtflugzeuge. Nicht zu vergessen der britische Torpedobomber Fairey Swordfish, der über die gesamte Kriegsdauer im Dienst blieb und weiter produziert wurde.

Links: Die sowjetische Polikarpow I-153 besaß ein einziehbares Fahrwerk und flog Kampfeinsätze im Spanischen Bürgerkrieg, gegen die Japaner in der Mandschurei, im Finnischen Winterkrieg und zu Beginn des Zweiten Weltkriegs.
Rechts: Die Curtiss P-40 gehörte vor allem bei den Kämpfen im Mittelmeerraum zu den wichtigsten alliierten Jagdbombern im Zweiten Weltkrieg.

Die Dimension des Zweiten Weltkriegs mit seinen riesigen technischen Veränderungen erlaubt es an dieser Stelle nicht, auf alle wichtigen Flugzeugtypen näher einzugehen. Daher bezieht sich die nachfolgende Darstellung vor allem auf eine wesentliche Entwicklungslinie: den Weg vom Doppeldecker zum ersten Düsenkampfflugzeug.

Sowjetische Jäger

Das Konstruktionsbüro (Opytno-Konstruktorskoje Bjuro, OKB) Polikarpow war führend bei der Entwicklung von Doppeldeckern und entwarf einige Modelle mit einziehbarem Fahrwerk. Die I-153 – das „I" steht für

Istrebitjel (Jagdflugzeug) – erschien sogar erst nach dem ersten Eindecker I-16 und wurde länger als dieser produziert. Dennoch wurde auch die I-16 zu einem bedeutenden Jagdflugzeug und war zugleich der weltweit erste freitragende Eindecker seiner Gattung mit einem Einziehfahrwerk.

Der Prototyp flog erstmals im Dezember 1933 und eine Vorserie ging Anfang 1935 in den Truppendienst. An einem laminierten hölzernen Schalenrumpf waren Tragflächen aus Metall mit bespannten Steuerflächen angeflanscht. Der wassergekühlte Sternmotor verbarg sich unter einer Metallhaube, die bis über den Vorderrumpf reichte. Verstellbare Kühlerklappen regelten die Betriebstemperatur des Motors.

Beginnend im Oktober 1936 wurden fast 500 I-16 an die spanische Volksfrontregierung geliefert. Die Nationalisten unter Franco gaben der I-16 den Namen „Rata" (Ratte), die Republikaner nannten sie „Mosca" (Fliege) und bei den in Spanien eingesetzten sowjetischen Piloten hieß sie „Ischak" (Maulesel). Im Spanischen Bürgerkrieg und bei den Kämpfen in der Mandschurei erwies sich die I-16 hinsichtlich der Steigfähigkeit als überlegen und konnte allen gegnerischen Doppeldeckern davonstürzen. Selbst in der Wendigkeit nahm sie es mit einigen Doppeldeckern auf. Erst das Erscheinen der Messerschmitt Bf 109 in Spanien und der Mitsubishi A6M Rei-sen (Zero) in der Mandschurei setzte ihrer Überlegenheit ein Ende.

Beim deutschen Angriff auf die Sowjetunion im Juni 1941 stellte die I-16 über 60 Prozent des Bestandes der sowjetischen Jagdfliegerregimenter. Bereits in den ersten Kampfwochen gingen über 1000 Stück verloren. Trotzdem stand bis 1943 noch immer eine große Anzahl im Dienst.

Das erste Jagdflugzeug als freitragender Eindecker mit Einziehfahrwerk war die Polikarpow I-16. Bei den ersten Luftkämpfen im Sommer 1941 zeigte sie sich der Messerschmitt Bf 109 klar unterlegen und erlitt schwere Verluste.

Die Jagdflugzeuge der Royal Air Force

In den Zwischenkriegsjahren hatte die RAF keine große Eile gezeigt, ihren Jagdflugzeugbestand dem neuen Entwicklungstrend anzupassen. Die Einsatzmodelle der 1920er- und 1930er-Jahre unterschieden sich kaum von denen des Ersten Weltkriegs. Typen wie Sopwith Snipe oder Bristol Bulldog wiesen zwar eine hohe technische Güte auf und ließen sich angenehm fliegen, waren aber nur wenig stärker bewaffnet und kaum schneller als ihre Vorgänger aus den Jahren 1917 und 1918.

1939

JANUAR

Erstflug der Nakajima Ki-43 Hayabusa (Oscar) der japanischen Marine.
26. Januar: Erstflug der Lockheed XP-38 Lightning.

FEBRUAR

12. Februar. Erstflug der Grumman XF4F-3, Ausgangsmuster der Wildcat-Familie.

Einen ersten wirklichen Entwicklungsschritt stellte der zweisitzige leichte Bomber Hawker Hart dar. Die mit einem aerodynamisch günstig verkleideten Reihenmotor versehene Hart war schneller als sämtliche Jäger der RAF und führte zu mehreren Modifikationen. Unter diesen befand sich auch das Jagdflugzeug Fury. Die Fury war nochmals etwas schneller, allerdings auch so teuer, dass nur drei „Elite"-Geschwader der RAF damit ausgerüstet wurden. Erst 1936 konnte sich die RAF mit dem Eindeckerprinzip anfreunden und stellte den Trainer Avro Anson in Dienst. Trotz ihrer modern wirkenden Kontur bestand die Anson aus einer stoffbespannten Metallröhre und wurde von zwei Motoren mit nicht verstellbaren Propellern angetrieben, die nur in einem begrenzten Flugregime wirtschaftlich arbeiteten. Das neue Einziehfahrwerk musste mühsam per Hand hochgekurbelt werden.

Das erste britische Eindecker-Jagdflugzeug mit Einziehfahrwerk war die Hawker Hurricane. Sie wurde 1933 von Sir Sidney Camm als Fury-Monoplane aus dem gleichnamigen Doppeldecker entworfen und erhielt zunächst den mit Verdampfungskühlung ausgestatteten Motor vom Typ Rolls-Royce Goshawk mit 670 PS. Ende 1935 kam der 910 PS starke wassergekühlte 12-Zylinder-Motor Rolls-Royce PV-12 – der später in Merlin umbenannt wurde und eine große Verbreitung fand – auf den Markt und wurde sofort in die Hurricane eingebaut. Die neue Version war daher im Vergleich zu ihren Vorgängern etwas größer und entsprach dem technisch neuesten Stand. Im Juni 1936 löste das Luftfahrtministerium eine Bestellung über 600 Stück aus. Die Version Mk I mit dem 1045 PS starken Motor Merlin II und acht 7,7-mm-Maschinengewehren nahm im Dezember 1937 den Dienst auf.

Die mit zwei 40-mm-Kanonen bewaffnete Hawker Hurricane Mk IV brachte es vor allem bei der Bekämpfung von Panzern in Nordafrika zu Erfolgen. 1944 wurde sie auf dem Balkan zur Schiffsbekämpfung eingesetzt.

Bei der Hurricane handelte es sich um eine stoffbespannte Metall- und Holzkonstruktion mit noch immer vielen Adaptionen der von Hawker zuvor gebauten Doppeldecker. Es hieß immer, dass britische Flugzeuge von Handwerkern und amerikanische von Abiturienten entworfen wurden. Die Hurricane ist hierfür ein typisches Beispiel. Es gab an ihr so gut wie keine untereinander austauschbaren Teile, dafür viele komplexe Baugruppen, für deren Herstellung spezielle Werkzeuge erforderlich waren. Andererseits bereiteten

MÄRZ

3. März: Das erste Flugboot Boeing 314 der Pan Am wird in Washington auf den Namen „Yankee Clipper" getauft.

30. März: Erstflug der XB-24 Liberator. Von dem Bomber werden über 18.000 Stück gebaut.

30. März: Hans Dieterle erreicht auf der Heinkel He 100V-8 eine Geschwindigkeit von 746,604 km/h und holt damit erstmals den absoluten Weltrekord nach Deutschland.

APRIL

1. April: Die Mitsubishi A6M1 Reisen (Zero) absolviert ihren Erstflug.

26. April: Fritz Wendel erreicht mit dem Rekordflugzeug Messerschmitt Me 209V1 – ausgerüstet mit dem Sondermotor DB 601 – eine Geschwindigkeit von 755,138 km/h und hält damit mehr als 30 Jahre die Bestleistung für Kolbenmotorflugzeuge.

Wartung und die Beseitigung von Kampfschäden jenen Unteroffizieren und Rekruten keine Probleme, die noch am Doppeldecker ausgebildet worden waren.

Nach schweren Verlusten gegen die Bf 109 im Jahr 1940 über Frankreich mussten alle Hurricane nach Großbritannien zurückgezogen werden. In der Luftschlacht um England erreichte die Hurricane zwar nicht die Manövrierfähigkeit der Spitfire, überzeugte aber als stabile Schussplattform und brachte mehr deutsche Bomber als die Spitfire zur Strecke. Ihr Leistungsmaximum erreichte die Hurricane in mittleren Höhen und ergänzte auf diese Weise die in großen Höhen überlegene Spitfire. Alles in allem war die Hurricane während der Luftschlacht um England für mehr gegnerische Flugzeugabschüsse verantwortlich als alle anderen britischen Jagdflugzeuge, Abwehrgeschütze oder Sperrballone.

1941 entstand neben der Hawker Hurricane die bordgestützte Sea Hurricane.

Die Spitfire

Die Supermarine Spitfire – Supermarine war eine Tochter von Vickers – wurde zum Symbol des britischen Widerstands gegen die deutsche Luftwaffe und zählt zu den berühmtesten Jagdflugzeugen aller Zeiten. Die Spitfire (Feuerspucker) steht zugleich für einen Generationswechsel in der britischen Flugzeugtechnologie. Insgesamt liefen 22.000 Stück vom Band. Kein anderes jemals produziertes britisches oder amerikanisches Jagdflugzeug erreichte diese Fertigungszahl. Die Spitfire wurde während des Krieges ständig verbessert. Mehr als doppelt so schwer und fast doppelt so stark – und damit 160 km/h schneller – hatten ihre späteren Versionen mit den ersten Entwürfen außer dem Namen so gut wie nichts mehr gemein.

Konstruiert wurde die Spitfire von Reginald J. Mitchell, der seine ersten Erfahrungen beim Bau von schnellen Seeflugzeugen für den Schneider-Pokal in den 1920er- und 1930er-Jahren gesammelt hatte. Aus seinem 1934 gescheiterten Jagdflugzeug mit der Bezeichnung Typ 224 mit starrem Fahrwerk und Knickflügeln zog Mitchell die richtigen Konsequenzen und brachte einen neuen Entwurf mit Einziehfahrwerk, geschlossenem Cockpit und elliptischen Tragflächen mit sehr dünnem Profil heraus. Wie bei der Hurricane kam der Motor Rolls-Royce PV-12 (Merlin) zum Einsatz.

Das dünne Tragflächenprofil, der geringere Luftwiderstand und die geringere Masse sorgten im Vergleich zur Hurricane für eine bessere Steigleistung und Manövrierfähigkeit sowie eine höhere Geschwindigkeit. Den Namen Spitfire erhielt das neue Jagdflugzeug von der Mutterfirma Vickers. Im August 1938 wurden die ersten „Feuerspucker" an die RAF ausgeliefert. Der anfänglich eingebaute unverstellbare hölzerne Zweiblattpropeller wurde bald von einer Dreiblatt-Verstellluftschraube aus Metall ersetzt. Spätere Ausführungen besaßen Vier-, Fünf- und schließlich gegenläufige Sechsblattpropeller.

1939

MAI

1. Mai: Erstflug der Jakowlew I-26. Der daraus entwickelte Jäger Jak-1 wird in der Sowjetunion in über 37.000 Exemplaren gebaut.

JUNI

1. Juni: Erstflug der Focke-Wulf Fw 190V1.

20. Juni: Erstflug der Heinkel He 176 mit Erich Warsitz. Es ist das weltweit erste mit einem Raketenmotor angetriebene Flugzeug.

Die weitere Entwicklung konzentrierte sich vor allem auf die Verbesserung des Merlin-Motors mit Vorverdichtern und einer stärkeren Bewaffnung. Die acht kleinkalibrigen Maschinengewehre der Mk I wurden von einer Kombination, bestehend aus 12,7-mm-MGs und einer 20-mm-Kanone, abgelöst. Auch die Mitnahme einiger Bomben wurde ermöglicht.

Selbst nach Einführung der Focke-Wulf Fw 190 und der permanent betriebenen Kampfwertsteigerung der Bf 109 konnte die Spitfire bis zum Kriegsende das Gleichgewicht im Luftkampf bewahren. Erst die letzten Versionen der Fw 190 waren der damals modernsten Spitfire Mk XIV mit ihrem 1760 PS starken Rolls-Royce Griffon-Motor wahrscheinlich leicht überlegen, doch endete die deutsche Jägerentwicklung bekanntlich im Jahr 1945, wohingegen Vickers ständig nach weiteren Entwicklungsmöglichkeiten der Spitfire suchte. Den Abschluss bildete die Mk 24, die gegenüber dem Ausgangsmuster derart viele Änderungen aufwies, dass sie als Vickers Valiant einen neuen Typ begründete. Die letzten Spitfire der RAF versahen als Wetteraufklärer bis 1957 ihren Dienst.

Die gekappten Tragflächenenden der Spitfire Mk XIV sollten die Flugleistungen in niedriger Höhe verbessern.

Auf dieser Aufnahme ist gut die ursprüngliche elliptische Flügelform der Spitfire zu erkennen.

Die Flugzeuge des Willy Messerschmitt

Die beiden großen Gegenspieler der Hurricane und der Spitfire in den ersten Kriegsjahren kamen von dem gleichen Hersteller, den von Willy Messerschmitt geleiteten Bayerischen Flugzeugwerken (BFW) in Augsburg. Bf 109 und Spitfire standen sich lange gegenüber. Der etwas größere Zerstörer Bf 110 war das Ergebnis eines falschen Konzepts und wurde angesichts schwerer Verluste als Tagjäger bald aus dem Einsatz genommen. Seine größten Erfolge erlangte er in der Nachtjagd gegen britische Bomber.

Da der Weimarer Republik gemäß den Bestimmungen des Versailler Vertrages eine Luftwaffe verboten war, rüstete Deutschland im Verborgenen auf. Als Deckmantel für eine neue Luftwaffe dienten die Verkehrsfliegerschule, zivile Sportflugvereine und Segelfluggrup-

AUGUST

Die britische Luftwaffe erhält mit der Bristol Blenheim ihren ersten Bomber mit einer Radaranlage.

27. August: In Rostock macht das erste Flugzeug mit Strahlantrieb, die Heinkel He 178, seinen Erstflug. Pilot ist erneut Erich Warsitz.

pen. Mit dem Machtantritt der NSDAP wurde der Vorhang fallen gelassen. Auch das bekannteste Jagdflugzeug war zunächst als „schnelles Verbindungsflugzeug" entwickelt worden. Willi Messerschmitt hatte den viersitzigen Eindecker Bf 108A für einen internationalen Wettkampf von Reiseflugzeugen konstruiert und damit auch den Sieg errungen. Die Leistungen der Maschine und ihr fortschrittliches Konzept beeindruckten das Reichsluftfahrtministerium so sehr, dass es Messerschmitt zum Bau eines schnellen „einsitzigen Verbindungsflugzeugs" aufforderte, um damit an einer Ausschreibung der Luftwaffe teilzunehmen.

Der Prototyp besaß die Tragflächen und das Heckteil der Bf 108, die übrigens das wichtigste Verbindungsflugzeug der Luftwaffe werden sollte. Hinter einem wassergekühlten 12-Zylinder-V-Motor vom Typ Junkers Jumo 210 mit 925 PS entstand eine neue Rumpfkonstruktion. Bei der Fertigstellung des ersten Prototyps der Bf 109 im Mai 1935 war der Jumo 210 jedoch noch nicht lieferbar, so dass zunächst ein Rolls-Royce Kestrel VI mit 945 PS – der auch die Hawker Fury antrieb – eingebaut werden musste.

Beim Erstflug der Bf 109 im Mai 1935 bestand die Luftwaffe offiziell erst zwei Monate. Die Spitfire sollte erst ein Jahr später abheben.

Die Bf 109 verkörperte ein hochmodernes Jagdflugzeug. Einziehfahrwerk, geschlossenes Cockpit und ein Rumpf in Ganzschalenbauweise entsprachen dem letzten Stand der Technik. Im Dezember 1936 schickte die Luftwaffe einige frühe Prototypen zur Erprobung in den Spanischen Bürgerkrieg. Obwohl mit ihnen keine Abschüsse erzielt wurden, konnten viele Erfahrungen gesammelt werden, die in die erste Serienversion Bf 109B einflossen. Diese erschien im März 1937 in Spanien und erwies sich gegenüber den wendigen Polikarpow-Jägern der Republikaner sowohl technisch als auch durch eine bessere Luftkampftaktik als klar überlegen.

1939 bestanden die Jagdgeschwader der Luftwaffe überwiegend aus der Version Bf 109E, die über einen Motor Daimler-Benz DB 601 mit Kraftstoffeinspritzung verfügte. Weder die polnischen, holländischen oder französischen Jäger konnten gegen die Bf 109E viel ausrichten. Erst mit der Luftschlacht über England traf sie mit der Hurricane und der Spitfire auf fast gleichwertige Gegner. Ihre kurze Reichweite erwies sich jedoch als Nachteil, denn es stand über der

Diese Messerschmitt Bf 109G-2/Trop „schwarze Sechs" war in Nordafrika erbeutet worden. Sie wurde wieder flugfähig gemacht, legte aber bei einer Airshow eine Bruchlandung hin. Anschließend wurde sie wieder aufgebaut.

1939

OKTOBER

23. Oktober: Mitsubishi stellt den zweimotorigen Bomber G4M (Betty) vor.

DEZEMBER

14. bis 18. Dezember: Nach einer Reihe verlustreicher Angriffe auf deutsche Hafenanlagen stellt die britische Luftwaffe unbegleitete Tagesangriffe ein.

1940

Mit der Flettner Fl 282 Kolibri geht der erste Hubschrauber in die Serienproduktion.

britischen Insel nur eine Flugzeit von 20 Minuten zur Verfügung. Die Piloten der Bf 109E schossen zwar etwas mehr gegnerische Jagdflugzeuge ab als sie Eigenverluste hinnehmen mussten, konnten aber den Schutz der Bomber nicht ausreichend gewährleisten. Ein Grund für dieses Manko ist auch in der unzureichenden Funkausrüstung der deutschen Jäger und Bomber zu suchen.

Analog der Spitfire unterlag auch die Bf 109 einem ständigen Modernisierungsprozess, ohne dass sich aber ihre Abmessungen und ihre Gesamtmasse wesentlich änderten. Erst die Bf 109K aus dem letzten Kriegsjahr war mit voller Beladung ein knappes Drittel schwerer als die Bf 109E von 1938, erreichte aber wie die Spitfire durch einen stärkeren Motor eine um 160 km/h gesteigerte Höchstgeschwindigkeit. Ihre Bedienung litt etwas unter der ungünstigen Schwerpunktlage. Die meisten Piloten schätzten in dieser Beziehung am meisten die „Mittelserie" Bf 109F. Gleiches gilt übrigens auch für die Bewertung der Spitfire Mk V durch alliierte Flugzeugführer.

Trotzdem favorisierten die Asse der Luftwaffe bis Kriegsende die Bf 109 und erreichten mit ihr unglaublich hohe Abschusszahlen. An der Spitze stand mit Erich Hartmann der erfolgreichste Jagdflieger aller Zeiten. Von seinen 352 bestätigten Luftsiegen erzielte er die überwiegende Mehrheit an der Ostfront.

Die Bf 110

Die deutsche Propaganda vermochte den Rest der Welt lange Zeit davon zu überzeugen, dass sich Typen wie die zweimotorige Focke-Wulf Fw 187 und die Heinkel He 112 (sowie die fiktive He 100) in großer Stückzahl im Einsatz befänden. Tatsächlich waren nur wenige Exemplare gebaut worden. Eine Ausnahme bildete die Bf 110. Sie verkörperte den vielleicht am besten gelungenen Versuch, den modisch gewordenen zweimotorigen mehrsitzigen „strategischen" Jäger in die Praxis zu überführen. Ihre Entsprechungen auf der Gegenseite stellten die amerikanische Bell Airacuda und die holländische Fokker GI dar. Die Bf 110 sollte die eigenen Bomber bis weit in das feindliche Territorium begleiten, daneben noch Bodenangriffe durchführen und gegnerische Bomber bekämpfen.

Ihre Entwicklung begann 1934 mit der Forderung der offiziell noch gar nicht existierenden Luftwaffe nach einem Zerstörer bzw. schweren Jäger. Messer-

Messerschmitt Bf 109E-3 in der Vorkriegsmarkierung

JANUAR

31. Januar: Die britischen Flugboote Hudson und Sunderland erhalten für ihre Patrouillenflüge eine Radarausrüstung.

FEBRUAR

1. Februar: Erstflug der Bell P-39 Airacobra.

24. Februar: Erstflug der Hawker Typhoon.

schmitt legte daraufhin einen Doppelsitzer mit Tandemseitenruder und zwei Reihenmotoren Daimler-Benz DB 600A vor. Das schlanke Flugzeug absolvierte im Mai 1936 seinen Erstflug. Zugunsten von Geschwindigkeit und Reichweite verzichtete Messerschmitt auf die Bomberrolle.

Mit ihrer großen Reichweite und ihrer Bugbewaffnung von zwei Kanonen und vier Maschinengewehren brachte es die Bf 110 über Polen, Holland und Frankreich zu großen Erfolgen. In der Luftschlacht um England folgte dann aber die große Offenbarung. Gegen Hurricane und Spitfire zog die Bf 110 zumeist den Kürzeren und musste oft selbst durch Bf 109 geschützt werden. Mit der Version Bf 110C wurde der Bomberrolle wieder mehr Aufmerksamkeit geschenkt, wovon 1940 einige Präzisionsangriffe gegen Ziele in England Zeugnis ablegten. Wie bereits erwähnt wurde die Bf 110 als Tagjäger in weniger gefährdete Lufträume verlegt. Von Sizilien aus operierte sie als Jagdbomber und Begleitjäger.

Die mit Radar ausgerüstete Version Bf 110G wurde schließlich bei Kriegsmitte zum erfolgreichsten deutschen Nachtjäger. Leider wurden gerade diese bestens ausgebildeten Besatzungen im Rahmen der Reichsverteidigung völlig verfehlt und überaus verlustreich auch noch in Tageinsätze gegen amerikanische Bomber geschickt, da es bereits überall an Kampfflugzeugen und geschultem Personal fehlte.

Messerschmitt Bf 110 über Athen nach dem Feldzug in Griechenland 1941. Der schwer bewaffnete Zweisitzer wurde in der ersten Kriegsphase als Zerstörer und Langstreckenbegleitjäger eingesetzt.

Die französischen Jäger

Mit der sich abzeichnenden Kriegsgefahr suchten viele europäische Luftwaffen krampfhaft nach modernen Jagdflugzeugen. In der Praxis sah dies dann so aus, dass hier eine Handvoll Hurricane und dort ein paar Curtiss 75 Hawk eingekauft wurden.

Frankreich gehörte zu den Spitzenreitern hinsichtlich der Produktion leistungsfähiger Jagdeindecker. Vor allem die Firma Dewoitine hatte eine Serie Schulterdecker herausgebracht und sich danach der Fertigung von Tiefdeckern mit offenem Cockpit und starrem Fahrgestell zugewandt. Diesen folgten verschiedene Entwürfe mit Einziehfahrwerk und verschiebbaren Kabinenhauben, bevor 1938 die ausgezeichnete Dewoitine D.520 die Werkshalle verließ. Der kompakte Jäger war nach modernsten Gesichtspunkten konstruiert und verfügte u.a. über eine durch die Propellernabe feuernde Maschinenkanone sowie vier Maschinengewehre und einen leistungsstarken V-12-Motor in einer formgerechten Verkleidung. Leider verhinderte die französische Innenpolitik die rechtzeitige Fertigstellung der D.520 und anderer Neuentwicklungen wie die Morane-Saulnier MS.406. Immer wieder wurden neue Wiederaufrüstungspläne diskutiert, verworfen und durch neue Pläne ersetzt. Die reorganisierte Luftfahrtindustrie

1940

APRIL

9. April: Beim deutschen Angriff auf Norwegen kommen erstmals in der Militärgeschichte Fallschirmjäger zum Einsatz.

MAI

Deutschland stellt sein Würzburg-Radar in Dienst.

13. Mai: Die Sikorsky VS-300, erster Hubschrauber mit Heckrotor, absolviert den Jungfernflug.

29. Mai: Erstflug der Chance-Vought XF4U-1 Corsair. Die Serienfertigung endet erst 1952.

befand sich in staatlicher Hand, und es wurden einfach nicht genügend Flugzeuge bestellt. Selbst dann vermochten die Hersteller der einzelnen Komponenten und Motoren sich nicht abzustimmen, so dass Zulieferungen häufig zu unterschiedlichen Zeiten beim Endproduzenten eintrafen.

Erst als der Krieg unübersehbar vor der Tür stand, wurde eine größere Stückzahl D.520 bestellt – und immer wieder storniert. Schließlich sollten die Luftstreitkräfte 2250 Maschinen erhalten, weitere 120 waren für die Marine vorgesehen. Es dauerte jedoch bis November 1939, ehe die erste Einheit mit dem neuen Jäger ausgerüstet wurde. Da war der Krieg schon zwei Monate im Gang. Nur 79 der bis dahin gebauten 246 D.520 befanden sich am Ende des „Komischen Kriegs“ im Mai 1940 im Truppendienst, als die deutsche Offensive gegen Frankreich und die Niederlande losbrach. Die übrigen warteten auf einem Abstellplatz im Toulouser Werk auf Propeller und andere Bauteile.

Ein Nachtjäger Messerschmitt Bf 110G-4 mit dem typischen Radar-„Geweih“.

Vergleichsflüge mit einer erbeuteten Messerschmitt Bf 109E ergaben eine etwas geringere Geschwindigkeit der D.520, jedoch eine größere Wendigkeit. Mit seiner 20-mm-Kanone war der französische Jäger stärker bewaffnet als die frühen Bf 109E. Die unzureichend ausgebildeten französischen Piloten hielten sich dennoch gut und brachten mit den wenigen D.520 immerhin 108 bestätigte Luftsiege bei 54 Eigenverlusten zuwege. Den deutschen Blitzkrieg vermochten aber auch sie nicht aufzuhalten.

Als bester französischer Jäger galt im Jahr 1940 die Dewoitine D.520. Sie wurde auch von der Vichy-Luftwaffe in Nordafrika und im Mittleren Osten eingesetzt.

Nach der Niederlage Frankreichs stand die D.520 bis 1945 weiter im Dienst und die Produktion wurde sogar neu aufgelegt. Eingesetzt wurde sie bei deutschen Ausbildungseinheiten, den französischen Vichy-Streitkräften und bei der bulgarischen Luftwaffe. Auch Jagdgeschwader von de Gaulles „Freies Frankreich“ setzten den Jäger erfolgreich ein. Erfolgreichster Pilot auf der D.520 war Pierre Le Gloan, der 18 deutsche, italienische und britische Flugzeuge – je nach politischer Lage – abschoss.

JULI

3. Juli: Die Erprobung der Nurflüglers Northrop N1M beginnt.

6. Juli: Die RAF setzt erstmals Wasserbomben gegen U-Boote ein.

8. Juli: Die Boeing 307 Stratocruiser, erstes Passagierflugzeug mit Druckkabine, nimmt den Flugbetrieb bei TWA auf.

22. Juli: Mit Hilfe des Bordradars schießt ein britischer Blenheim-Nachtjäger eine Dornier Do 17 ab.

Der französische Hauptmann Pierre Le Gloan – hier in einer Dewoitine D.520 – kämpfte 1940 gegen die deutsche und 1941 in Syrien gegen die britische Luftwaffe.

Um den Defiziten in der einheimischen Jäger- und Bomberproduktion noch vor Kriegsbeginn zu begegnen, wandte sich die französische Regierung auch an die USA. Daraufhin lieferte Curtiss eine große Anzahl Hawk 75 – später auch P-40. Von Douglas und Martin trafen Bomber ein.

Die Curtiss Hawk war ein Eindecker und schloss sich an die in den 1920er- und frühen 1930er-Jahren erfolgreiche Reihe von der P-1 zur P-6E (Air Corps) bzw. F-6C (Navy) an. Mit Ausnahme ihres Namens hatte sie aber mit ihren Vorgängern nichts gemein. 1934 hatte auch die Firma Curtiss erkannt, dass das zukünftige Jagdflugzeug als Eindecker mit einziehbarem Fahrwerk konzipiert werden muss. Daraufhin entwarf Don Berlin einen modernen freitragenden Eindecker in Metallbauweise mit bespannten Steuerflächen sowie einem 670-kW-Sternmotor Wright R-1670. Das Modell 75 wurde als P-36 vom Air Corps in Dienst gestellt, wobei sich die Motorleistung ständig erhöhte. Am Ende stand die P-36C mit dem Sternmotor Pratt & Whitney R-1830-17, der 1215 PS abgab. Während die erste Version zwei oberhalb des Motors im Rumpf integrierte Maschinengewehre besaß, war die letzte Version mit vier Tragflächen-MGs etwas stärker bewaffnet.

Frankreich bestellte 300 Stück unter der Bezeichnung Hawk 75A, die im Wesentlichen auf den Versionen P-36A und P-36C beruhte. 1940 schlug sich die

1940

AUGUST

Erstflug des Zweiblatthubschraubers Focke-Achgelis Fa 223 Drache. Es handelt sich um den meist gebauten Drehflügler im Zweiten Weltkrieg.

10. August: Erstflug der italienischen Macchi MC.202 Folgore (Donnerkeil).

28. August: Mit einer von einem Kolbenmotor angetriebenen Turbine im Rumpfinneren absolviert die Caproni-Campini N1 ihren Erstflug.

Hawk gegen die deutsche Luftwaffe recht ordentlich. Der französische Jagdflieger Marin La Meslée will mit ihr 20 Abschüsse erzielt haben. Wie bei vielen anderen Flugzeugtypen war auch die Lieferung der Hawk noch nicht abgeschlossen, als Frankreichs Niederlage bereits feststand. Alle bis dahin noch beim Hersteller befindlichen Exemplare wurden daraufhin nach Großbritannien umgeleitet, von der RAF als Mohawk übernommen und später der südafrikanischen Luftwaffe zur Verfügung gestellt bzw. nach Indien geschickt. Darüber hinaus erwarben Norwegen, die Niederlande, Thailand, Argentinien und China verschiedene Versionen der Hawk aus den USA.

Im Dezember 1941 waren die bei den US-Streitkräften eingesetzten P-36 technisch überholt, obwohl sich einige dieser Maschinen beim japanischen Angriff auf Pearl Harbor noch auf Hawaii befanden. Zwei von ihnen konnten sogar noch aufsteigen und jeweils einen japanischen Sturzkampfbomber abschießen. Alle anderen P-36 wurden am Boden zerstört.

Die Jagdflugzeuge der USAAF

Nachfolger der P-36 wurde die ebenfalls von Curtiss entwickelte P-40 unter den Bezeichnungen Tomahawk und Warhawk (Kriegsbeil). Beide Namen wurden übrigens wie so oft von der britischen RAF vergeben. Am bekanntesten wurde die P-40 aber als Kittyhawk.

13.738 Jäger Curtiss P-40 wurden in den USA bis Dezember 1944 hergestellt. Darunter befanden sich 1300 P-40K mit vergrößerter Ruderfläche, 700 P-40L und 4219 P-40N (Foto).

Korrekterweise steht diese Bezeichnung nur für jene späten Versionen der P-40, die im britischen Commonwealth eingesetzt waren.

Das Leistungspotenzial der Hawk 75/P-36 blieb durch den zu schwachen Sternmotor begrenzt. Aus diesem Grund wurde im Juli 1937 eine P-36A unter der Bezeichnung XP-37 mit einem 12-Zylinder-Reihenmotor Allison V-1710 mit Turbolader erprobt.

Eine weitere Version ohne Turbolader und mit unter den Tragflächen eingebautem Kühler startete am 14. Oktober 1938 als XP-40 (Modell 75P) zum Erstflug. Später wurde der Kühler unterhalb des Rumpfbugs verlegt. Die inzwischen als US Army Air Corps bezeichneten Luftstreitkräfte bestellten im April 1938 über 500 P-40 (Modell 81). Die Auslieferung begann ein Jahr später.

OKTOBER

12. Oktober: Erstflug der sowjetischen Iljuschin Il-2. Es handelt sich um das erste mit Luft-Boden-Raketen bewaffnete Flugzeug.

26. Oktober: Erstflug der North American NA73, die später in P-51 Mustang umbenannt wird.

NOVEMBER

25. November: Erstflug der DH. 98, Prototyp der de Havilland Mosquito.

Hinter dem Brandschott entsprach die P-40 im Wesentlichen den frühen Baureihen der Hawk 75, zeichnete sich allerdings durch deutlich höhere Leistungen und einen besseren Bedienkomfort aus. Anfänglich bestand die Bewaffnung ebenfalls nur aus zwei Bug-MGs, die aber nach den Baureihen P-40B und C durch vier Flügelwaffen ersetzt wurden.

Neben der RAF stellten während des Kriegs auch andere Luftwaffen des Commonwealth alle Versionen der P-40 in Dienst. Einige Lieferungen gingen überdies an Frankreich.

Die erste von der RAF eingesetzte Version trug die Bezeichnung Tomahawk IIA.

Die von Ende 1941 bis Mitte 1942 in Burma und China gegen die Japaner kämpfenden amerikanischen Freiwilligen (American Volunteers Group, „Flying Tigers“) flogen zunächst die Hawk 81A-2 und griffen wenig später auf die P-40E zurück. Fast 40 „Fliegende Tiger“ erreichten mehr als fünf Luftsiege, bevor ihre Einheit in die 23rd Fighter Group der US Army Air Forces (USAAF) aufging.

Bis Dezember 1944 wurden 13.739 P-40 in drei Werken gebaut. Obwohl der Jäger angenehm zu fliegen war, galt er beim Eintreffen an der Front bereits wieder als veraltet. Daher wurde eine von dem späteren Präsidenten Harry S. Truman geleitete Kommission eingesetzt, nachdem die USAAF eine weitere Bestellung einer geringfügig verbesserten Version ausgelöst hatte. Im Ergebnis der Untersuchung wurde der Vorwurf erhoben, dass die US-Armee an der P-40 festhalte und nicht auf höheren Leistungsparametern bestehe, obwohl bereits überlegene Konkurrenzmuster zur Verfügung stünden. Als haltlos erwies sich jedoch der Verdacht, dass die USAAF die Firma Curtiss begünstigte.

Die P-40E Kittyhawk diente in der australischen und neuseeländischen Luftwaffe.

Ungeachtet ihrer Schwächen leistete die P-40 einen wichtigen Beitrag auf dem nordafrikanischen und südpazifischen Kriegsschauplatz und fand auch als Trainer ein breites Beschäftigungsfeld, ehe sie auch hier durch modernere Typen abgelöst wurde.

Zur Erweiterung des Einsatzspektrums der P-40 hatte die US Army bereits vor dem Krieg eine zweimotorige Doppelrumpf-Ausführung unter der Bezeichnung P-38 Lightning in ihre Bedarfsplanung aufgenommen. Für einen Einsitzer stellte die P-38 eine völlig neue Konfiguration dar. Zwischen dem Gabelschwanz befand sich eine Rumpfgondel mit dem Cockpit und einer starken Bewaffnung, zumeist bestehend aus einer 20-mm-Kanone und vier Maschinengewehren. Das freie Schussfeld und die eng beieinander liegenden „Rohre“ machten das aufwändige Synchronisiergetriebe zur Verhinderung von Propellerdurchschüssen und die Punkt-Justierung der Bordwaffen überflüssig. Trotzdem war die P-38 das bis dahin teuerste und am weitesten ausgetüftelte amerikanische Jagdflugzeug, weshalb zunächst nur die RAF eine nennenswerte Bestellung tätigte. Im Dezember 1941 standen nur 50 P-38 im Dienst der amerikanischen Streitkräfte. Doch nach dem Überfall auf Pearl Harbor schnellten die Produktionszahlen in die Höhe. Ab

1940

DECEMBER

18. Dezember: Mit der Henschel Hs 293A beginnt die Erprobung einer der ersten per Funk steuerbaren Gleitbomben mit Raketenantrieb. Der erste Fronteinsatz erfolgt im August 1943.

23. Dezember: United Airlines eröffnet den Frachtverkehr.

1941

JANUAR

29. Januar: Erstflug des sowjetischen zweimotorigen Bombers Tupolew Tu-2.

FEBRUAR

11. Februar: Der erste viermotorige RAF-Bomber Short Stirling macht über Rotterdam sein Kampfdebüt.

Mitte 1942 spielte die P-38 eine gewichtige Rolle als Begleitjäger für die schweren Bomber der 8. US-Luftflotte bei deren Angriffen auf Ziele in Deutschland. Die F-Version der Lightning konnte erstmals abwerfbare Zusatztanks mitführen. Damit ließen sich Bomber bis zu einer Entfernung von 720 km eskortierten, wobei noch immer genügend Reserve für Luftkampfmanöver bestand.

Lockheed P-38 Lightning bei einem Angriff auf feindliche Ankerplätze im Pazifik.

Die P-38 hatte aber auch ihre Schwachstellen. Dazu gehörten die unzureichende Cockpitheizung, der störanfällige Höhenlader und der Umstand, dass sie zuweilen bei hohen Geschwindigkeiten Teile verlor. Mit dem Erscheinen der einmotorigen Langstreckenjäger P-47 und P-51 wurde die P-38 vom europäischen Kriegsschauplatz zurückgezogen.

Ungebrochen blieb ihre Rolle im Pazifikkrieg. Einer ihrer Piloten war Richard Bong bei der in Neu-Guinea stationierten 39th Fighter Squadron. Auf verschiedenen Versionen der P-38 erreichte Bong 40 Luftsiege über japanische Flugzeuge und ist der bis heute erfolgreichste amerikanische Jagdflieger. Auch der in der ewigen US-Bestenliste an zweiter Stelle liegende Thomas McGuire (38 Abschüsse) flog die P-38 Lightning.

Ihre große Reichweite machte die P-38 zu einem idealen Kampfflugzeug für den pazifischen Kriegsschauplatz.

Zero und Oscar

1941 wurde den Alliierten klar, dass der Bau moderner Jagdflugzeuge keineswegs nur auf die USA und Europa beschränkt war. Wenige Jahre zuvor schien es nämlich noch, dass Japan die Entwicklung verschlafen hatte. Armee und Marine hatten 1937 und 1938 die Nakajima Ki-27 (Typ 97 Jagdflugzeug) bzw. Mitsubishi A5M (Typ 96 Trägerjagdflugzeug) in den Truppendienst eingeführt. Die beiden äußerlich ähnlichen Eindecker wurden von einem Sternmotor angetrieben und besaßen ein starres Fahrgestell mit großen Radverkleidungen. Die A5M – besser bekannt unter dem US-Codenamen Claude – hatte ebenso wie einige der Ki-27 (Nate) ein offenes Cockpit. Im Grunde stellten beide Modelle Nachbauten weniger gelungener amerikanischer Entwürfe dar, wiesen allerdings einige durch-

APRIL

2. April: Das erste zweistrahlige Kampfflugzeug Heinkel He 280 fliegt. Es wird jedoch nicht in Serie produziert.

18. April: Erstflug der Me 262V1 unter Fritz Wendel. Im Gegensatz zu der späteren Serienausführung besaß sie ein Spornrad und einen zusätzlichen Kolbenmotor in der Rumpfnase.

Wichtigster Jäger der japanischen Armeeflieger in der frühen Kriegsphase im Pazifik und in Burma war die Nakajima Ki-43 (Oscar).

aus fortschrittliche Komponenten auf. Absolute Priorität besaß eine große Manövrierfähigkeit, was sich während der Kampfhandlungen in China gegen sowjetische Doppeldecker auch bezahlt machte.

Doch kurz nach Einführung der A5M und der Ki-27 hatten die japanischen Streitkräfte bereits deren Nachfolger ausgeschrieben. Die Marine legte für ihren trägergestützten Jäger einen strengen Forderungskatalog mit den Schwerpunkten Einziehfahrwerk, geschlossenes Cockpit und komplette Funkausrüstung auf den Tisch. Auf dieser Grundlage begann der Mitsubishi-Konstrukteur Jiro Horikoshi mit der Arbeit, wobei er sich an den im Weltmaßstab modernsten Technologien orientierte. Sein Entwurf der A6M entsprach dann auch dem aktuellen Entwicklungsstand im Flugzeugbau. Reichweite und Manövrierfähigkeit waren miteinander abgewogen und eine neue Aluminiumlegierung sorgte für die geforderte Leichtbauweise.

Ohne zunächst auf die später bei den Trägerlandungen zu erwartenden Probleme Rücksicht zu nehmen, hatte Horikoshi nur ein Ziel im Auge: das optimale Jagdflugzeug. Auf diese Weise entstand das erste Marine-Jagdflugzeug, welches den landgestützten Jägern der Armee überlegen war.

Den Jungfernstart machte das neue Flugzeug im März 1939. Eilig wurde eine Vorserie im Juli 1940 zur Kampferprobung nach China entsandt. Als Typ 0 Trägerjagdflugzeug – nach dem japanischen Kalender war das Einführungsjahr 2600, daher die Null (Zero) – nahm es wenig später den Truppendienst auf. Die Alliierten gaben ihr den Codenamen Zeke.

Amerikanische Beobachter in China waren von den Leistungen beeindruckt und warnten ihre Regierung – offenbar vergeblich – vor der neuen japanischen Jägergeneration. Als die Zero im Dezember 1941 als Begleitjäger über Pearl Harbor erschien, waren Armee und Marine völlig unvorbereitet. Kaum ein Verantwortlicher hatte davon Kenntnis, dass die bis dahin eher gering bewertete japanische Flugzeugindustrie zu einem solchen Spitzenprodukt in der Lage war.

1941

MAI

6. Mai: Erstflug der Republic XP-4B. Die Thunderbolt wurde zum schwersten einsitzigen Kampfflugzeug im Zweiten Weltkrieg.

10. Mai: Nach vorhergehenden Gleitflügen startet die Messerschmitt Me 163A erstmals mit Raketenantrieb.

15. Mai: Mit der Gloster E28/29 – auch als Gloster Whittle bezeichnet – startet das erste britische Düsenflugzeug.

Die A6M wurde in vielen Versionen hergestellt, die sich vor allem hinsichtlich Bewaffnung und Motorleistung unterschieden. Sie prägte entscheidend den Pazifikkrieg und nahm an allen großen Kampfhandlungen als träger- und landgestütztes Jagdflugzeug teil. Ihr Niedergang begann mit dem Verlust der großen Flugzeugträger, dem Mangel an qualifizierten Piloten und der Entwicklung eines zuverlässigen Nachfolgemodells. Ab 1944 wurde die Zeke daher überwiegend in Selbstopfereinsätzen gegen amerikanische und britische Schiffe verbraucht.

Die A6M zeichnete sich vor allem durch ihre große Reichweite und Manövrierfähigkeit aus, welche allerdings nur auf Kosten einer schwachen Panzerung erreicht wurde. Der Jäger hinterließ bei den alliierten Soldaten und Matrosen einen derart nachhaltigen Eindruck, dass nahezu jedes japanische Jagdflugzeug als „Zero" angesprochen wurde.

Ihr Gegenstück in den ersten Kriegsjahren bei den Kaiserlichen Armeefliegern – eine japanische Luftwaffe als eigenständige Teilstreitkraft gab es im Zweiten Weltkrieg nicht – war die Nakajima Ki-43 Hayabusa (Wanderfalke), die allerdings in einer deutlich kleineren Stückzahl zum Einsatz gelangte. Im Gegensatz zur Marine hatte die Armee bei der Suche nach einem Nachfolger für die Ki-27 weniger Ehrgeiz nach Neuerungen gezeigt und lediglich eine etwas höhere Geschwindigkeit verlangt; eine Forderung, die sich bereits durch ein einziehbares Fahrwerk erfüllen ließ.

Hideo Itokawa und Yasumi Koyoma von Nakajima übernahmen daraufhin die besten Eigenschaften der Ki-27, entwarfen einen neuen Rumpf mit geschlossenem Cockpit und bauten in ihren Entwurf den neuen 14-Zylinder-Reihenmotor Ha-25 mit 1000 PS ein. Die vergleichsweise schwache Motorleistung sollte durch eine kompromisslose Leichtbauweise, den Verzicht auf Panzerung und lediglich zwei Maschinengewehre kompensiert werden. Wie die Zero erwies sich auch die Ki-43 als sehr wendig. Die mit dem alliierten Codenamen Oscar versehene Maschine absolvierte im Januar 1939 ihren Erstflug. Vorwiegend in China und Burma eingesetzt, kam die Oscar gegen die RAF und USAAF aber nicht so recht zum Zug. Vor allem die zu geringe Geschwindigkeit und ihre Beschussempfindlichkeit wurden von der

Die japanische Marine besaß seit Juli 1940 mit der Mitsubishi A6M Rei-sen (Zero) eines der besten Jagdflugzeuge des Zweiten Weltkriegs. Der Prototyp hatte seinen Erstflug am 1. April 1939 absolviert.

JUNI

22. Juni: Die deutsche Luftwaffe zerstört nach dem Angriff auf die Sowjetunion in wenigen Tagen über 1800 Flugzeuge, die meisten davon am Boden.

AUGUST

1. August: Zwei von einem sowjetischen Bomber TB-3M-34R ausgeklinkte leichte Sturzkampfbomber I-16SPB (Sostawnoi Pikirujuschtschi Bombardirowschtschik) greifen Hafenanlagen in Constanza (Rumänien) an.

Gegenseite rasch erkannt und ausgenutzt. Die japanische Armee brachte daraufhin die verbesserten Ki-84 Hayate (Frank) und Ki-61 Hien (Tony) an die Front, vermochte es aber nicht mehr, eine ausreichend große Stückzahl bereitzustellen.

Republics „Donnerkeil“

Just als die neue japanische Jagdflugzeuggeneration an der Front erschien, befand sich auch bei der in New York ansässigen Republic Company ein neues Produkt auf dem Reißbrett. Der aus Russland emigrierte Alexander Kartveli hatte zunächst einen vergrößerten Entwurf der Seversky P-35 zur P-43 Lancer und schließlich zur P-47B Thunderbolt weiterentwickelt. Die Thunderbolt flog erstmals im Mai 1941 und wurde im Zweiten Weltkrieg das einsitzige Jagdflugzeug mit der größten Reichweite. Bemerkenswert ist, dass die US Army noch vor Aufnahme der Flugerprobung eine Bestellung über 800 Stück auslöste. Mit ihrem 2025 PS starken Sternmotor Pratt & Whitney R-2800 und acht 12,7-mm-Maschinengewehren war der „Donnerkeil“ das bis dahin stärkste und am schwersten bewaffnete Jagdflugzeug. Abmessungen und Masse – die P-47 war fast doppelt so schwer wie die Bf 109E – verdankte sie ihren Spitznamen „Jug“ für Juggernaut (Moloch), der zugleich aber auch für die Ähnlichkeit der P-47 mit einem Milchcontainer herhalten musste.

Die P-47B wurde Mitte 1942 bei der 56th Fighter Group für die Heimatverteidigung in Dienst gestellt. Anfang 1943 verlegte die Einheit auf den europäischen Kriegsschauplatz und übernahm den Begleitschutz für die 8. US-Luftflotte. Nach anfänglichen Schwierigkeiten mit dem Höhenlader und dem feuchtkalten britischen Winter zeigte die P-47, was in ihr steckte. Mit Zusatztanks konnte die Thunderbolt die ihr anvertrauten Bomber bis weit ins deutsche Hinterland begleiten. Nach der Landung alliierter Truppen in der Normandie bewährten sich P-47 der 8. und 9. US-Luftflotte bei Bodenangriffen und der Panzerbekämpfung. Die neue Rolle wurde umso bestimmender, je mehr die Begleitschutzaufgabe wegfiel. Von nun an gehörten Flugplätze, Truppentransporte und Eisenbahnzüge zu den bevorzugten Angriffszielen. Viele P-47 schafften es wegen ihrer soliden Bauweise und der starken Panzerung trotz starker Beschussschäden noch zu den eigenen Linien.

Der Einsatz der P-47 beschränkte sich nicht nur auf Europa. Einschließlich ihrer Verwendung im Pazifik sowie in China und Burma sind ihren Piloten über 3000 Luftsiege und ebenso viele zerstörte Flugzeuge am Boden zuerkannt worden. Francis Gabreski und Robert Johnson von der 56th Fighter Group erzielten auf der P-47 jeweils 28 Abschüsse. Übrigens weigerte sich die 56th Fighter Group bis Kriegsende, auf die P-51 Mustang umzurüsten.

Bodenpersonal bereitet eine Republic P-47 Thunderbolt für den nächsten Einsatz vor.

1941

SEPTEMBER

14. September: Bei einem Angriff auf die sowjetische Insel Saaremaa in der Ostsee setzt die deutsche Luftwaffe erstmals schwere Lastensegler ein.

OKTOBER

2. Oktober: Heini Dittmar stellt in einer Me 163A mit 1003 km/h einen inoffiziellen Geschwindigkeitsrekord auf.

DEZEMBER

7. Dezember: Beim Angriff japanischer Trägerflugzeuge auf den US-Flottenstützpunkt Pearl Harbor auf Hawaii werden sechs Schlachtschiffe versenkt oder schwer beschädigt. Die USA treten daraufhin in den Krieg ein.

1942

JANUAR

An der Ostfront versorgt die deutsche Luftwaffe im Kessel von Cholm abgeschnittene Truppen mit Lastenseglern.

Von der P-47 verließen 15.660 Exemplare die Produktionsstätten, mehr als jedes andere amerikanische Jagdflugzeug. Am häufigsten wurde die P-47D – sowohl als „Razorback" als auch als „Bubbletop" – gebaut. Letztere besaß einen abgesenkten Hinterrumpf und eine vollverglaste Kabinenhaube, was einen Rundumblick möglich machte.

Die P-51 Mustang

Die legendäre P-51 Mustang geht kurioserweise auf eine britische Forderung aus dem Jahr 1939 nach einer forcierten Auslieferung der P-40 zurück. Die Beschaffungsabteilung der britischen Regierung hatte sich nämlich an die kalifornische North American Aviation (NAA) mit der Bitte gewandt, eine eigene Fertigungsstraße für einige der von der RAF bei Curtiss bestellten 2000 P-40 einzurichten, um Engpässe abzubauen. „Dutch" Kindelberger, Chef der NAA, reagierte darauf mit der kühnen Behauptung, dass sein Unternehmen ein besseres Jagdflugzeug herzustellen in der Lage sei, obwohl seine Firma bisher nur Bomber und Trainer gebaut hatte.

Daraufhin machten sich die Konstrukteure Raymond Rice und Edgar Schmued sowie der Aerodynamiker Ed Horkey ans Werk. Der britische Auftraggeber gab ihnen 120 Tage Zeit, um den Prototyp NA-73X fertig zu stellen. Dies gelang auch, allerdings traf der Allison-Motor zu spät ein, so dass der Jungfernflug erst am 26. Oktober 1940 stattfinden konnte. Im Mai 1941 erhielt die RAF die ersten 340 Stück und gab ihnen die Bezeichnung Mustang Mk I.

Bei Vergleichsflügen gegen die Spitfire V erwies sich die Mustang als schneller und verfügte über eine größere Reichweite. Dafür stieg die Spitfire besser und überbot die Flugleistungen der Mustang in großen Höhen. Da die RAF ihre Neuanschaffung aber vorwiegend zur Bekämpfung von Bodenzielen und zur Aufklärung einsetzen wollte, fielen diese Nachteile kaum ins Gewicht. Die Mk I verfügte über sechs 7,7-mm-Maschinengewehre in den Tragflächen und zwei 12,7-mm-MGs im Bug. Die Version IA war mit vier 20-mm-Kanonen in den Tragflächen ausgerüstet.

Auch die USAAF wurde auf die Mustang aufmerksam und führte mit einigen Prototypen Testflüge durch. Anschließend orderte sie 150 mit Kanonen bewaffnete P-51 und 310 P-51A mit vier 12,7-mm-MGs. Weitere ursprünglich für die RAF vorgesehene Maschinen wurden nach dem Überfall auf Pearl Harbor zurückgehalten.

Kernstück der bulligen Thunderbolt war der knapp 2040 PS starke Sternmotor Pratt & Whitney Double Wasp.

13. Januar: Rudolf Schenk, Versuchspilot der Argus Motoren GmbH, rettet sich als erster Mensch aus dem noch motorlosen Prototyp der Heinkel He 280V-1 mit einem Schleudersitz.

14. Januar: Erstflug des Hubschraubers Sikorsky XR-4. Bis Kriegsende werden 400 Stück gefertigt.

FEBRUAR

21. Februar: Mit der Messerschmitt Me 321 Gigant startet das größte und schwerste Segelflugzeug der Welt zum Erstflug.

MÄRZ

5. März: Erstflug der Gloster F.9/40. Der später als Meteor bezeichnete Jäger wird das erste einsatzbereite Düsenkampfflugzeug der Alliierten.

Das Geheimnis ihrer hohen Geschwindigkeit waren die Laminarflügel mit einer maximalen Profiltiefe von 50 Prozent gegenüber dem bisher üblichen Maß – nicht in der Nähe der Profilnase wie bei den meisten Flugzeugen – und einer recht großen Wölbung an der Unterseite. Die Luft umströmte in einem sehr geringen Abstand die Tragfläche und riss nicht ab, was den Luftwiderstand erhöht hätte. Zur Beherrschung der Laminarströmung musste die Oberfläche der Tragfläche so glatt wie möglich sein. Daher war die Mustang ein sehr sorgfältig gefertigtes Flugzeug mit versenkten Nieten und Verschlüssen. Der Pilot war durch eine Panzerplatte geschützt, die Kraftstofftanks waren selbstabdichtend.

Mit dem Einbau des Motors Rolls-Royce Merlin 60 und dessen zweistufigem Höhenlader wurde aus dem Bodenangriffsflugzeug und Aufklärer ein Langstreckenbegleitjäger. Der Merlin 60 wurde von den Briten erstmals im April 1942 eingebaut. Die neue Version erhielt die Bezeichnung Mustang Mk X. Am Jahresende entwarf die NAA eine eigene Ausführung mit dem gleichen Motor, jedoch in einer etwas besseren Linienführung. Eine nochmals verfeinerte Version mit dem von Packard in Lizenz gefertigten Merlin-Motor erhielt die Bezeichnung XP-51B. Die Serienauslieferung der P-51B mit dem Merlin V-1650-3 (1540 PS) lief Ende 1943 an und im März 1944 erschienen die ersten Mustang als Begleitschutz der B-17 über Berlin.

Eine North American P-51 Mustang der 354th Fighter Squadron/355th Fighter Group der USAAF. Die Einheit lag vom Sommer 1943 bis Kriegsende in Steeple Morden bei Cambridge in Großbritannien.

1942

APRIL

18. April: Bodenlauf des ersten amerikanischen Strahltriebwerks General Electric GE 1-A.

MAI

7./8. Mai: Die Seeschlacht im Gebiet der Coral Sea nordöstlich von Australien ist die erste große maritime Kampfhandlung, bei der sich beide Seiten außerhalb der Sichtweite gegenüberstehen. Die USA und Japan verlieren jeweils einen Flugzeugträger.

21. Mai: Erstflug der Northrop XP-61 Black Widow. Sie ist der erste reine Nachtjäger.

Die Mustang trat auf jedem Kriegsschauplatz in Erscheinung.

Die leistungsstärkste Version war die P-51D mit sechs Maschinengewehren in den Tragflächen, einer höheren Zuladung an den Aufhängungen und einem abgesenkten Hinterrumpf mit einem Rundumsicht-cockpit. Das neue Reflexvisier K-14 war das modernste seiner Zeit. Im Juni 1944 – kurz nach dem „D-Day" – erschien die P-51D zum ersten Mal an der Front.

Auf dem pazifischen Kriegsschauplatz waren die Mustangs in der Lage, die Bomber B-29 von ihren Inselplätzen bis nach Japan und zurück zu begleiten. Auch die Luftwaffen von Südafrika, Kanada, Australien, China, Schweden und der Niederlande – für die Kolonie Ostindien – stellten die Mustang in Dienst. Selbst nach dem Zweiten Weltkrieg gehörte der überragende Jäger noch in 20 Ländern zum Waffenarsenal.

Im Koreakrieg fand die Mustang nochmals breite Verwendung bei der amerikanischen, südkoreanischen und südafrikanischen Luftwaffe. Zumeist für Bodenangriffe eingesetzt, erlitt sie durch Abwehrfeuer hohe Verluste, vor allem bedingt durch Treffer in ihr verwundbares Kühlungssystem.

Da erst mit dem Einsatz der Mustang als Begleitjäger die amerikanischen Bomber weitgehend ungehindert bis tief nach Deutschland eindringen konnten, wird sie zuweilen auch als „das Jagdflugzeug, welches den Krieg entschied" bezeichnet. Dies ist sicherlich eine etwas überzogene Bewertung, wenngleich die Mustang über die Hälfte aller von der 8. US-Luftflotte gemeldeten Luftsiege verbuchen konnte. Von dem zu einem Klassiker gewordenen Jagdflugzeug befinden sich heute noch über 100 flugfähige Exemplare in Privatbesitz.

Wildcat, Hellcat und Corsair

Die US Navy besaß die erfolgreichsten Trägerkampfflugzeuge des Zweiten Weltkriegs. Regelmäßig trafen verbesserte Versionen bei den Verbänden ein. Industrie und viele Flugschulen sorgten dafür, dass die nach Pearl Harbor gebauten großen Flugzeugträger stets volle Decks hatten.

Das erste als Eindecker 1940 in Dienst gestellte Jagdflugzeug der US Navy war die Brewster F3A Buffalo. Doch bereits Ende 1941 war ihre Karriere auf den Flugzeugträgern wieder beendet. Da die US Navy auch für die technische Versorgung des US Marine Corps (USMC) zuständig war, überließ sie ihre gebrauchten oder nicht mehr benötigten Buffalos dem Waffenbruder. Darüber hinaus setzten britische und holländische Staffeln die F3A kurzzeitig – und verlustreich – in Asien ein. Ihre größten Erfolge feierte die Buffalo in finnischen Diensten im Kampf gegen die sowjetischen Luftstreitkräfte.

Die von Grumman vor dem Krieg als Jagdflugzeug in Serie gebauten Doppeldecker – die 1931 entstandene FF-1 („Fifi") und die vier Jahre später gefertigte F3F – stellten in den letzten Friedensjahren den größten Anteil auf den noch relativ kleinen amerikanischen Flugzeugträgern. Die wegen ihres bulligen Aussehens als „fliegendes Fass" bezeichneten Jäger führten auch bei der US Navy Einziehfahrwerk und geschlossenes Cockpit ein. Beim Überfall auf Pearl Harbor standen einige Maschinen noch im Dienst des USMC.

1936 begann Grumman unter der Bezeichnung XF4F-1 mit der Entwicklung eines verkleinerten Doppeldeckers, wandelte den Entwurf aber wenig später in einen Eindecker mit der Bezeichnung XF4F-2 um. Beide Versionen waren einander sehr ähnlich und be-

30./31. Mai: Beim „1000-Bomber-Angriff" der britischen Luftwaffe auf die offene Stadt Köln kommen 1046 Flugzeuge zum Einsatz.

JULI

10. Juli: Erstflug der Douglas A-26 Invader. Spätere Versionen stehen bis 1972 im Dienst der amerikanischen Luftwaffe.

saßen ein Fahrgestell, welches per Hand in den Rumpf eingekurbelt werden konnte. 1937 unternahm die XF4F-2 ihren Erstflug, unterlag aber bei der Ausschreibung der US Navy gegen die Buffalo.

Daraufhin baute Grumman den stärkeren Motor Pratt & Whitney Twin Wasp (1215 PS) ein und nannte die Maschine XF4F-3. Nach dem Erstflug im Februar 1939 gab die US Navy zunächst nur 50 Stück in Auftrag.

Größere Bestellungen trafen hingegen aus Großbritannien und Frankreich ein. Doch nur die britische Marine stellte die F4F unter dem Namen Martlet in Dienst. Später wurde der Name in Wildcat umgewandelt.

Mit der Version F4F-4 mit faltbaren Tragflächen bot sich eine völlig neue Einsatzoption an. Jetzt konnten Jagdflugzeuge auch auf den kleinen amerikanischen und britischen Begleitträgern mitgeführt werden. Das patentierte Faltsystem der Tragflächen fand anschließend bei der TBF Avenger und der F6F Hellcat Verwendung. Das mit Hilfe gebogener Büroklammern und einem Radiergummi entwickelte Schema ermöglichte es, die Tragflächen zu verdrehen und längs des Flugzeugrumpfes anzulegen. Fortan räumten alle F4F-3 zugunsten der F4F-4 die Trägerdecks und zogen auf Landbasen um.

Bewaffnet war die F4F-4 mit sechs 12,7-mm-MGs. Neben einem selbstabdichtenden Kraftstofftank erhielt sie auch Aufhängungen zur Mitnahme abwerfbarer Zusatzbehälter.

Während der großen See-Luftschlachten bei Coral Sea und Midway im Jahr 1942 war die Wildcat das einzige Trägerjagdflugzeug der US Navy. Gegen unbegleitete japanische Horizontal- und Sturzkampfbomber konnte sie bestehen, gegen die A6M Zero hatten aber nur überdurchschnittlich gute Piloten eine Chance.

Bald reichten die Kapazitäten von Grumman nicht mehr aus, um alle von den amerikanischen Streitkräften und ihren Verbündeten bestellten Flugzeuge zu produzieren. Daher wurde die Fertigung der Wildcat zu General Motors ausgelagert, deren Eastern Aircraft Division eine große Anzahl als FM-1 und FM-2 – letztere mit einer größeren Schwanzflosse – baute.

Ausgehend von der erfolglosen F4F-2 gingen die Grumman-Ingenieure jetzt daran, mit der F6F Hellcat

Bis zur Ankunft besserer Jäger hielt die Grumman F4F Wildcat die Stellung im Pazifik.

1942

SEPTEMBER

9. September: Eine von einem japanischen U-Boot gestartete Yokosuka E14Y (Glen) wirft über dem US-Bundesstaat Oregon Bomben in ein Waldgebiet, um dieses in Brand zu setzen. Dieser und eine weitere Attacke am 29. September bleiben die einzigen Luftangriffe auf das Festland der USA während des Zweiten Weltkriegs.

21. September: Erstflug der Boeing XB-29 Superfortress.

OKTOBER

1. Oktober: Mit der XP-59A Airacomet hebt das erste US-amerikanische Düsenkampfflugzeug ab.

3. Oktober: Erfolgreicher Probestart der deutschen ballistischen Rakete A 4 (V 2) bei der Heeres-Versuchsanstalt Peenemünde (HVA).

3. Oktober: Erstflug des Marinejägers Grumman XF6F-1 Hellcat.

einen Nachfolger für die Wildcat zu entwerfen. Trotz ihrer äußerlichen Ähnlichkeit stellte die im Oktober 1942 zum Erstflug abgehobene Hellcat ein komplett neues Flugzeug dar. Sie besaß die größte Flügelfläche aller jemals in den USA gebauten einsitzigen Jagdflugzeuge und konnte neben ihren sechs Maschinengewehren noch Bomben und Raketen mitführen. Einige Versionen trugen an einer Tragfläche einen Radarbehälter für die Nachtjagd.

Die trägergestützte Hellcat war für drei Viertel aller Luftsiege der US Navy im Zweiten Weltkrieg verantwortlich; insgesamt fielen ihr 4947 japanische Flugzeuge zum Opfer. An der Spitze der US Navy – und an dritter Stelle aller amerikanischen Jagdflieger im Zweiten Weltkrieg – lag David McCampbell mit 34 Abschüssen, die er alle auf einer Hellcat erzielte. 307 Piloten erreichten auf der F6F mehr als fünf Luftsiege.

Die Vought F4U Corsair (Korsar) wurde praktisch um den neuen Sternmotor Pratt & Whitney R-2800 Double Wasp herumgebaut. Um den mächtigen Dreiblattpropeller nicht mit dem Boden in Berührung zu bringen, erhielt die Corsair einen bespannten Knickflügel, in dem sich sechs Maschinengewehre verbargen. Zwar absolvierte die F4U-1 ihren Erstflug bereits im Mai 1940, jedoch erwies sich während der im September 1942 durchgeführten Trägerversuche bei den Landungen die Sicht nach vorn aus der „Vogelkäfigkanzel“ als völlig unzureichend. Außerdem offenbarte das Fahrwerk eine viel zu starke Federwirkung. Aus diesem Grund begann die Corsair ihren Fronteinsatz bei landgestützten Staffeln des US Marine Corps auf Guadalcanal.

Die wohl bekannteste Staffel des USMC war die von Gregory Boyington – mit 24 Luftsiegen der erfolgreichste Corsair-Pilot – geführte VMF-214 „Blacksheep“. Auch die F4U der US Navy konnten schließlich von Flugzeugträgern aus eingesetzt werden und beeindruckten durch eine Abschussrate von 11:1. Die wachsende Nachfrage führte zur Ausweitung der Produktion auf drei Werke. Von der Corsair – ein Vorläufer des Jagdbombers – wurden bis 1952 über 12.500 Stück gebaut.

Die Grumman F6F Hellcat führte die Wende im pazifischen Luftkrieg herbei.

DEZEMBER

24. Dezember: Erstflug der unbemannten deutschen Flügelbombe Fieseler Fi 103 (V 1).

1943

JANUAR

9. Januar: Erstflug des Verkehrsflugzeugs Lockheed L-049 Constellation. Die ersten Exemplare werden von dem USAAC als C-97 übernommen.

Jagdbomber Vought F4U Corsair auf dem Deck eines amerikanischen Flugzeugträgers.

Die amerikanischen Bomber

Nur die USA und Großbritannien schufen im Zweiten Weltkrieg eine strategische Bomberflotte, die Jahr für Jahr an Umfang zunahm. Üblich war die Unterteilung in mittlere und schwere Bomber, wobei sich letztere durch vier Motoren, eine große Reichweite und eine große Bombenlast definierten.

Japan, Frankreich und Italien konzentrierten sich im Wesentlichen auf den Bau von zwei- oder dreimotorigen Kampfflugzeugen. Die Sowjetunion baute zwar ebenfalls schwere Bomber wie die Petljakow Pe-8, allerdings nur in geringer Stückzahl. Die deutsche Heinkel He 177 Greif wurde erst im Krieg als Antwort auf die alliierten Bombenangriffe entwickelt und zeichnete sich durch die Besonderheit aus, dass ihre vier Motoren Daimler-Benz DB 605 nur auf zwei Luftschrauben wirkten. Die ungewöhnliche Auslegung führte zu einer Rekordzahl von Motorbränden. Dennoch sind über 1700 He 177 gebaut worden, von denen aber nur ein Dutzend zu geschlossenen Kampfeinsätzen gelangte. Der Greif kam zu spät und konnte den Kriegsverlauf nicht mehr beeinflussen.

Als erstes Land brachten die USA einen modernen schweren Bomber zur Serienreife, wenngleich erst nach diversen aufwändigen Nacharbeiten. Die 1935

1943

MAI

12. Mai: Ein von einer britischen Liberator abgeworfener akustisch gelenkter Torpedo versenkt das deutsche U-Boot U-456.

16./17. Mai: Lancaster der No 617 Squadron zerstören mit speziell entwickelten Rollbomben zwei Staudämme im Ruhrtal.

JUNI

15. Juni: Mit der Arado Ar 234 fliegt erstmals ein zweistrahliger Düsenbomber und -aufklärer.

Die Boeing B-17D Flying Fortress war die letzte Ausführung mit dieser Leitwerkskonfiguration und wurde überwiegend im Pazifik eingesetzt. Mit der B-17E erhielt der Bomber ein neues Seitenruder.

erstmals geflogene Boeing 299 ging 1938 als B-17B in den Dienst der US Army. Die RAF erwarb 20 B-17C als ihren ersten Viermot-Bomber, aber die als Fortress I bezeichnete Maschine konnte weder hinsichtlich ihrer Leistungen noch ihrer schwachen Bewaffnung überzeugen. Zudem erwies sich das Sauerstoffsystem als sehr störanfällig. Nach einigen Tagesmissionen im Jahr 1941 wurde die B-17C wieder aus dem Einsatz genommen. Die dabei gesammelten Erfahrungen nutzte Boeing zu Verbesserungen. Das Ergebnis war die B-17E mit größeren Rudern und veränderten Waffenständen. Im August 1942 nahm sie von Stützpunkten in England Angriffsflüge gegen das deutsche Hinterland auf. Die auch weiterhin laufend gesammelten Erkenntnisse führten schließlich zur B-17G, welche mit 12,7-mm-Maschinengewehren, einem zusätzlichen Bugstand zur Abwehr frontal angreifender Jäger und einer stärkeren Panzerung versehen wurde.

Mit der Consolidated B-24 Liberator rückte bald ein zweiter schwerer Bomber ins Waffenarsenal der USAAF, welcher seinen Erstflug im März 1939 absolvierte. Der Beinahe-Schulterdecker mit seinen schlanken Tragflächen war etwas schneller als die B-17 und konnte weiter fliegen, dies allerdings mit einer etwas geringeren Bombenlast. Nach den ersten Einsatzerfahrungen erhielt auch die B-24 eine verstärkte Eigenbewaffnung durch MG-Stände in Bug und Heck. Die Liberator wurde mit 18.188 Stück das bis dahin am

JULI

24./25. Juli: Bei einem britischen Luftangriff auf Hamburg werden erstmals Düppelstreifen („Window") abgeworfen, um das deutsche Radar zu stören.

29. Juli: Fesselflug des Hubschraubers Bell 47.

AUGUST

17. August: Bei einem Angriff der 8. US-Luftflotte auf Schweinfurt und Regensburg werden 60 Bomber B-17 abgeschossen. Dies ist der höchste Tagesverlust im gesamten Krieg.

Consolidated B-24 Liberator beim Angriff auf rumänische Ölförderanlagen.

häufigsten gebaute amerikanische Kampfflugzeug. Ihre große Reichweite verschaffte ihr auf dem pazifischen Kriegsschauplatz ein weites Betätigungsfeld. B-17 und B-24 ergänzten sich auch von 1942 bis 1945 im Verband der 8. US-Luftflotte während der Bomberoffensive gegen Deutschland. An manchen Tagen brachte die 8. Luftflotte über 1000 Bomber und 1000 Begleitjäger in die Luft. Die höchsten Verluste lagen bei 60 Bombern während eines Einsatzes, was auf die Dauer nicht durchzuhalten gewesen wäre. Aber auch die deutschen Jäger mussten schwere Verluste hinnehmen, die zudem viel schwerer auszugleichen waren.

Bereits vor Kriegsbeginn begannen Überlegungen zum Bau eines noch schwereren Nachfolgers der B-17 und B-24 mit Druckkabine. Die hohen technischen Ansprüche verzögerten das Projekt, so dass die später als Boeing B-29 Superfortress bezeichnete Maschine erst im September 1942 abhob und erst ab Mai 1944 gegen Japan zum Einsatz gelangte. Der Rumpf der B-29 bestand aus einer druckbelüfteten Röhre, die flach gehaltenen MG-Stände wurden fernbedient. Gegenüber der B-17 konnte fast die doppelte Bombenlast mitgeführt werden. Ein großer Vorteil lag in der Gipfelhöhe, denn die B-29 konnte von ihren Basen in Indien aus das Himalaja-Gebirge in Richtung Japan überfliegen. Mit der B-29 verbinden sich aber auch untrennbar die beiden Atombombenabwürfe auf Hiroshima und Nagasaki im August 1945. Kein anderes Flugzeug war zu jener Zeit in der Lage, die im Rahmen des geheimen Projektes „Manhattan" entwickelten schrecklichen Waffen zu transportieren.

Mit der Boeing B-29 Superfortress wurde der strategische Bombenkrieg nach Japan getragen.

1943

SEPTEMBER

9. September: Die von einem deutschen Kampfflugzeug ausgelöste nachsteuerbare Freifallbombe X 1 (Fritz X) zerstört durch einen Volltreffer das italienische Schlachtschiff „Roma" bei dem Versuch, zu den Alliierten überzulaufen.

16. September: Erster Einsatz der britischen Bombe „Tallboy" (5440 kg) gegen den Dortmund-Ems-Kanal.

30. September: Erstflug des britischen Düsenjägers de Havilland Vampire („Spidercrab").

1944

FEBRUAR

28. Februar: In Deutschland wird die gelenkte Flugabwehrrakete C 2 Wasserfall erprobt.

MÄRZ

25. März: Die 15. US-Luftflotte setzt in Italien die erste lenkbare amerikanische Bombe VB1 Azon ein.

Die wichtigsten mittleren amerikanischen Bomber des Zweiten Weltkriegs waren die North American B-25 Mitchell, Douglas A-20 Havoc und Martin B-26 Marauder, welche vorwiegend taktische Einsätze gegen Truppenansammlungen, Verkehrsknotenpunkte, Brücken oder Flugplätze unternahmen. Vor allem durch den sogenannten „Doolittle Raid" erlangte die B-25 Mitchell Berühmtheit, als im April 1942 von Bord des Flugzeugträgers „Hornet" 16 Maschinen zu einem – vor allem moralischen – Vergeltungsangriff für Pearl Harbor in Richtung Tokio aufstiegen.

Im weiteren Kriegsverlauf übernahm die B-25 vor allem die Bekämpfung von Boden- und Seezielen. Dazu erhielt sie mehrere nach vorn ausgerichtete Maschinengewehre. Die Ausführungen B-25G und H besaßen sogar eine 75-mm-Kanone im Bug, die per Hand nachgeladen werden musste und einen enormen Rückstoß verursachte. Dementsprechend niedrig war die Schusskadenz. Die Mitchell erwies sich als Exportschlager, und vor allem die RAF setzte sie in großem Umfang ab Sommer 1944 über Frankreich ein.

Die etwas leichtere A-20 war weniger als Bomber denn als Erdkampfflugzeug entwickelt worden. Vor allem im Pazifik fand die Havoc bei der Bekämpfung von Bodenzielen ein reichhaltiges Betätigungsfeld. Die RAF verwendete einige A-20 für die Nachtjagd und installierte zu diesem Zweck in der Nase einen großen Suchscheinwerfer. Die damit ausgerüsteten „Turbinlite" sollten Hurricane an die deutschen Bomber heranführen. Mit der Einführung des Bordradars verschwand diese Behelfslösung bald wieder.

Die USAAF modifizierte einige A-20 als radargeführte Nachtjäger unter der Bezeichnung P-70 und setzte sie gegen Japan ein. Ein von Douglas weiterentwickeltes Konzept der A-20 erschien mit stärkeren Motoren und einer verbesserten Aerodynamik als A-26 Invader. Das Bemerkenswerte an diesem Modell ist seine Langlebigkeit. Nach Einsätzen im Korea- und Vietnamkrieg ging dieses Muster erst 1972 aufs Altenteil.

Die häufig mit der Douglas A-26 Invader verwechselte Martin B-26 Marauder erwarb sich anfänglich einen schlechten Ruf. Im Juni 1942 ging die Hälfte des in der Schlacht bei Midway eingesetzten Kampfbestands verloren. Auch die Ausbildungsverluste waren überdurchschnittlich hoch. Erst nach Verbesserungen am Leitwerk und den Tragflächen gingen die Unfälle zurück. Mehr noch: Die Marauder wies von den in Europa eingesetzten US-Bombern die niedrigste Verlustrate auf. Eine B-26 brachte es auf über 200 Kampfeinsätze.

Eine B-25 Mitchell hat soeben ein japanisches Torpedoboot unter Beschuss genommen.

APRIL

25. April: Die US Army setzt Hubschrauber R-4 zur Rettung in Burma abgeschossener Piloten ein.

JUNI

5. Juni: Von indischen Basen aus beginnt der Kampfeinsatz des Bombers B-29.

13. Juni: Von einer Rampe in Frankreich aus wird erstmals eine Flügelbombe Fieseler Fi 103 (V 1) gegen England abgefeuert.

Martin B-26 Marauder der 449th Squadron/322nd Bomb Group der US Army Air Force.

Die britischen Bomber

Bei Kriegsausbruch befanden sich mehrere Bombertypen im Bestand der RAF. Mit Ausnahme der Fairey Battle, die nach schweren Verlusten bei den Kämpfen 1940 in Frankreich aus der ersten Linie genommen werden musste, handelte es sich um zweimotorige Maschinen wie Handley Page Hampden, Armstrong-Whitworth Whitley, Bristol Blenheim und Vickers Wellington die bis 1941 für Tageseinsätze Verwendung fanden. Nach schweren Verlusten durch deutsche Jäger war die RAF gezwungen, ihre Bombenflüge in die Nacht zu verlegen, was zugleich das Karriereende der vordem genannten Zweimots zur Folge hatte.

Der erste schwere Bomber der RAF war die Short Stirling, die im April 1941 den Flugbetrieb aufnahm und eine große Waffenladung mitzuführen in der Lage war. Die gut gepanzerte Maschine litt allerdings unter einer zu geringen Flügelspannweite, da mehr als 31 Meter nicht in die üblichen Hangars passten, und einer unzureichenden Gipfelhöhe. Die Handley Page Halifax erschien nahezu zeitgleich und wurde in vielen Varianten gebaut, musste aber anfänglich ebenfalls hohe Verluste in Kauf nehmen.

Mit ähnlichen Abmessungen wie die Stirling und die Halifax entstand in einer späteren Phase die Avro 679 Manchester. Da ihre beiden Motoren Rolls-Royce Vulture durch eine geringe Zuverlässigkeit auffielen, wurden sie durch vier Merlin-Antriebe ersetzt. Damit

1944

JULI

5. Juli: Das erste US-amerikanische Raketenflugzeug Northrop MX-324 macht seinen Jungfernflug.

12. Juli: Die Gloster Meteor wird bei der No 616 Squadron der RAF in Dienst gestellt.

25. Juli: Erstmals ist ein Düsenjäger an einem Luftkampf beteiligt, als eine Me 262 eine britische Mosquito angreift.

war die Avro 683 Lancaster als bester britischer Bomber des Zweiten Weltkriegs geboren. Der große Waffenschacht erlaubte die Mitnahme von 6350 kg Standardbomben, ermöglichte aber auch die Unterbringung solch spezieller Abwurfkörper wie „Tallboy“ und „Grand Slam“, die es auf fast zehn Tonnen brachten.

Eine der markantesten Luftoperationen im Zweiten Weltkrieg war der mit Lancaster der No 617 Squadron ausgeführte Tiefangriff auf die Ruhr-Möhnesee-Staubecken im Mai 1943. Dabei kamen die bereits erwähnten von Barnes Wallis entwickelten Rollbomben zum Einsatz. Zwei Staudämme wurden zerstört, weitere beschädigt.

Ein völlig anderes Konzept verkörperte die zweisitzige de Havilland DH.98 Mosquito, die über keinerlei Defensivbewaffnung verfügte. Die leichte und schnelle „Mossie“ entstand als private Initiative in Holzbauweise. Gewöhnlich führte sie nur vier 227-kg-Bomben mit, brachte diese allerdings sehr präzise ins Ziel, ohne dass deutsche Jäger dies verhindern konnten. Eine Version mit einem nach außen gewölbten Waffenschacht konnte auch die 1815 kg schwere dünnwandige Hochleistungsbombe „Cookie“ aufnehmen. Wieder andere Varianten verfügten über Bordwaffen oder Luftbildkameras. Die Mosquito erwarb sich ihren nachhaltigen Ruf vor allem durch Präzisionsangriffe, darunter auf Gestapo-Hauptquartiere in verschiedenen besetzten Ländern und das Gefängnis in Amiens, wonach dort inhaftierten Angehörigen der französischen Widerstandsbewegung die Flucht gelang.

Eine erbeutete Heinkel He 177 Greif in den Farben der RAF bei einem vom Enemy Aircraft Flight (EAF) in Farnborough durchgeführten Testflug. Die zu keinem Zeitpunkt beherrschten Probleme mit den gekoppelten Triebwerken (je zwei Motoren trieben eine Luftschraube an) verhinderten einen Erfolg der He 177.

Die Handley Page Hampden war zwar sehr manövrierfähig und führte bei Kriegsbeginn einige spektakuläre Angriffsflüge durch, erwies sich aber im Luftkampf als zu verwundbar.

AUGUST

4. August: Erster Luftsieg eines Düsenjägers. Eine deutsche Flügelbombe V 1 wird von einer britischen Meteor durch Antippen mit der Tragflächenspitze auf den Rücken gedreht.

16. August: Erster Abfangeinsatz des Raketenjägers Me 163B gegen amerikanische B-17.

SEPTEMBER

8. September: Erster Einschlag einer A 4 (V 2) in London.

Obwohl die Bristol Blenheim durch ihre große Geschwindigkeit den meisten gegnerischen Jagdflugzeugen entkommen konnte, erlitt sie im Zweiten Weltkrieg hohe Verluste.

Der erste neue Viermot-Bomber der RAF war die Short Stirling. Da sie aber nicht in die damaligen Hangars passte, musste die Spannweite verringert werden. Dies wiederum hatte nur mäßige Höhenleistungen zur Folge.

1944

OKTOBER

23. Oktober: Beim ersten Einsatz japanischer Selbstopferpiloten (Kamikaze) in der Schlacht im Golf von Leyte wird der US-Träger „St Lo" versenkt.

NOVEMBER

3. November: In Japan werden die ersten Ballonbomben zum Aufstieg gebracht. Sie sollen von der Luftströmung bis in die USA fliegen und die Wälder entzünden.

DEZEMBER

6. Dezember: Erstflug des „Volksjägers" Heinkel He 162.

Serienfertigung der Vickers Wellington. Auf dieser Aufnahme ist gut die von Barnes Wallis entwickelte „geodätische" Gitterkonstruktion der Zelle zu erkennen.

Diese Besatzung einer Halifax hatte das Glück auf ihrer Seite. Die Bombe einer höher gestaffelten Maschine durchschlug während eines Nachtangriffs glatt den Rumpf. Trotzdem schaffte es die Halifax bis nach Hause.

Eine große Vielseitigkeit vom Nachtjäger bis zum Höhenaufklärer zeichnete die de Havilland Mosquito aus. Hier die Bomberversion B Mk IV mit verglaster Bugnase für den Bombenschützen.

7. Dezember: In Chicago wird das Abkommen über die internationale Zivilluftfahrt unterzeichnet, welches zur Gründung der ICAO (International Civil Aviation Organization, deutsch: Internationale Zivilluftfahrt-Organisation) führt.

18. Dezember: Erprobungsbeginn des bemannten Raketenabfangjägers Bachem Ba 349 Natter.

1945

Erstmals wird mit der amerikanischen Pitts S-1 Special ein Flugzeug von vornherein nur für den Kunstflug entwickelt.

JANUAR

8. Januar: Erstflug der Lockheed XP-80 „Lulu Belle". Der Shooting Star wird das erste einsatzbereite Düsenkampfflugzeug der amerikanischen Luftwaffe.

Die deutsche Luftwaffe

Wie die britische verfügte auch die deutsche Luftwaffe bei Kriegsbeginn über lediglich drei mittlere Bombertypen. Die Dornier Do 17 war der älteste davon und besaß zugleich die schwächste Defensivbewaffnung. 1942 wurde sie aus dem Einsatz genommen. Die Heinkel He 111 mit ihrer markanten Glasnase flog als Bomber bis Ende 1943, danach fast nur noch als Transporter. Der leistungsfähigste der drei Typen war die Junkers Ju 88, die sich als Tag- und Nachtbomber, Torpedobomber, Schiffsbekämpfer sowie Langstrecken- und Nachtjäger bewährte. Über 15.000 Exemplare wurden bis Kriegsende gebaut.

Ebenfalls aus dem Hause Junkers kam der Sturzkampfbomber (Stuka) Ju 87. Bei den Feldzügen gegen Polen und Frankreich überzeugte der Stuka durch mit hoher Präzision ausgeführte Punktangriffe, wobei zuweilen eine durch den Luftstrom angetriebene Sirene viel Schrecken auslöste. Als aber die Ju 87 in der Luftschlacht über England auf eine starke Jagdabwehr traf, erwies sie sich als zu verwundbar. Nur dort, wo die eigene Luftüberlegenheit noch gewährleistet war, wie beispielsweise bis weit in das Jahr 1943 hinein über der Sowjetunion, fand der Stuka auch weiterhin ein Betätigungsfeld. Eine spezielle Version mit einer 37-mm-Bugkanone erwies sich als äußerst erfolgreiches Mittel zur Bekämpfung sowjetischer Panzer. Hans Ulrich Rudel erzielte auf diese Weise über 500 Abschüsse.

Eine Heinkel He 111F mit der für die frühe Produktionsserie typischen Nase.

1945

FEBRUAR

2. Februar: Offizieller Erstflug des düsengetriebenen Nurflügel-Jagdeinsitzers Horten H IX mit Erwin Ziller.

28. Februar: Der bemannte Erstflug der Bachem Ba 349 Natter endet mit Absturz und dem Tod des Piloten Lothar Sieber.

MÄRZ

8. März: Die US Navy schießt von einem Catalina-Flugboot zu Testzwecken die Luft-Luft-Rakete Gorgon ab. Es kommt nicht zur Serienproduktion.

14. März: Über einer Eisenbahnbrücke in Bielefeld wirft die RAF die schwerste im Zweiten Weltkrieg jemals zum Einsatz gekommene konventionelle Bombe ab. Die „Grand Slam“ wiegt 9980 kg.

Dieser schmutzig wirkende Sichtschutzanstrich der Stuka Ju 87 deutet auf einen Einsatz an der winterlichen Ostfront hin.

Den bedeutendsten deutschen Beitrag bei der Entwicklung der Bomberwaffe im Zweiten Weltkrieg stellt die Arado Ar 234 dar. Der weltweit erste Bomber und Aufklärer mit Strahlantrieb absolvierte im Juni 1943 seinen Erstflug und begann den operativen Einsatz 1944 mit Aufklärungsflügen über den alliierten Brückenköpfen am Strand der Normandie. Als Bomber fand der zweistrahlige Jet ab Dezember 1944 Verwendung, allerdings nur in einer sehr bescheidenen Stückzahl. Dies lag auch an den durch alliierte Bomben mittlerweile weitgehend zerstörten Flugplätzen und der zusammengebrochenen Öl- und Treibstoffindustrie.

Strahlflugzeuge

Der Bau der ersten Flugzeuge mit Düsenantrieb wird gemeinhin als die größte technische Errungenschaft der Kriegsjahre angesehen. Dies ist allerdings nicht ganz korrekt, denn die ersten Turbinen wurden in Deutschland und Großbritannien bereits 1937 entwickelt und das erste Düsenflugzeug Heinkel He 178 flog ab August 1939. Der historischen Gerechtigkeit halber ist an dieser Stelle zu erwähnen, dass der Rumäne Henry Coandă bereits 1910 das erste Flugzeug mit einem Reaktionstriebwerk (ohne Propeller) baute, was aber vermutlich nicht flog und die weitere Entwicklung kaum beeinflusste. Voneinander unabhängig hatten in den 1930er-Jahren der Deutsche Hans Pabst von Ohain und der Brite Frank Whittle

21. März: Erstflug der japanischen Selbstopferwaffe Yokosuka Ohka.

APRIL

10. April: Me 262 schießen bei ihrem erfolgreichsten Kampfeinsatz 19 amerikanische Bomber und acht Jäger ab.

JULI

25. Juli: Eine B-25 Mitchell schlägt im New Yorker Empire State Building ein und tötet 19 Menschen.

Der jetgetriebene Aufklärer Arado Ar 234 lässt gut die Einstiegsluke erkennen. Neben dem Aufklärer war auch die Bomberversion in den letzten Kriegswochen häufig im Einsatz.

erfolgreich am neuen Antriebskonzept gearbeitet, wobei der Entwurf Ohains der deutlich fortgeschrittenere war. Beide scheiterten lange Zeit an der Bürokratie ihrer Länder. Zudem fehlte der äußere Druck zu Innovationen, denn die deutschen Anfangserfolge gegen eine schwache Rote Armee führten zu einer Vernachlässigung neuer Technologien. Darunter litt auch die Entwicklung eines Düsenjägers.

Zwar hatte der erste zunächst für die Serienproduktion vorgesehene Kampfjet, die Heinkel He 280, bereits im März 1941 seinen Erstflug gemacht, doch dauerte es ein weiteres Jahr, bevor die Messerschmitt Me 262 abhob. Das Programm verzögerte sich immer wieder durch Schwierigkeiten mit der Turbine und durch die Forderung Hitlers, die Me 262 als „Schnellbomber" zu konfigurieren. Im April 1944 wurde der erste Verband mit der Me 262 aufgestellt, doch es dauerte noch bis Januar 1945, bis der Düsenjäger zu großen Erfolgen gegen amerikanische Bomber kam. So wurden bei einem Einsatz zwölf Bomber bei drei Eigenverlusten abgeschossen. Die große Schwachstelle der Me 262 war ihre Verwundbarkeit bei Start und Landung, was sich alliierte Jäger zunutze machten und die Betonpisten permanent überwachten. Die Verluste an wertvollen Flugzeugen und erfahrenem Personal wogen schwer. Überdies verhinderten die geringe Lebensdauer des Triebwerks Jumo 004 und die zur Neige gehenden Kraftstoffvorräte – vor allem

1945

AUGUST

6. August: Die B-29 „Enola Gay" der 509th Composite Group wirft über Hiroshima eine Atombombe ab. 70.000 Menschen sterben sofort.

9. August: Die B-29 „Bock's Car" wirft eine zweite Atombombe auf Nagasaki. Es werden am ersten Tag über 25.000 Tote gezählt.

SEPTEMBER

Eine erbeutete Focke-Achgelis Fa 223 wird zu Testzwecken nach Großbritannien gebracht. Damit überfliegt erstmals ein Hubschrauber den Ärmelkanal.

Die Messerschmitt Me 262 stellte für die amerikanischen Tagbomber eine große Gefahr dar. Ihr Einsatz kam aber zu spät, um noch kriegsentscheidend zu sein.

Die Gloster Meteor – hier die Version F Mk 3 – war der weltweit erste einsatzbereite Düsenjäger.

auch für die Versorgungsfahrzeuge – häufigere Einsätze. Einen tatsächlichen Einfluss auf den Kriegsausgang hatte der erste im Kampfeinsatz verwandte Düsenjäger daher nicht.

Kurz vor der Me 262 war von der RAF die Gloster Meteor in Dienst gestellt worden.

Die in konservativer Bauweise mit dicken ungepfeilten Tragflächen versehene Maschine war zunächst nicht schneller als die Spitfire. Erst weiterentwickelte Turbinen verschafften ihr einen deutlichen Geschwindigkeitsvorteil. Die Me 262 und die Meteor trafen nie im Kampf aufeinander, jedoch zerstörten Meteor über England eine Anzahl deutscher Flügelbomben V 1, bevor sie in den letzten Kriegswochen auf das Festland verlegt und vorrangig für Bodenangriffe eingesetzt wurden. Spätere Versionen der Meteor bildeten bis Mitte der 1950er-Jahre das Rückgrat der RAF-Jägerverbände und wurden in viele Länder exportiert.

20. September: Der erste Turbopropantrieb, ein Rolls-Royce Trent, wird in einer Meteor erprobt.

OKTOBER

Die Douglas DC-4 nimmt bei den American Overseas Airlines den Transatlantikbetrieb auf.

Die Geburt des Hubschraubers

Die Grundsteine für den Hubschrauberflug wurden vor allem in Frankreich, Russland, Österreich-Ungarn und Deutschland gelegt. Die Franzosen Paul Cornu (1881-1944) und die Brüder Louis (1880-1955) und Jacques Bréguet bauten zwischen 1900 und 1907 Fluggeräte, die sich vertikal bis zu 1,5 Meter vom Boden abhoben. 1930 brachten die Brüder Bréguet zusammen mit René Dorand einen flug- und steuerfähigen Hubschrauber heraus, bei dem ein 350-PS-Sternmotor zwei gegenläufige Luftschrauben antrieb. Diese und andere Konstruktionen aus jener Zeit – darunter auch solche in der Sowjetunion – besaßen jedoch schwere Mängel in der Flugstabilität und Steuerbarkeit und konnten nur von erfahrenen Piloten unter Aufbietung aller Aufmerksamkeit in der Luft gehalten werden. Eine Wende brachten erst die Entwürfe des Deutschen Henrich Focke (1890-1979). Focke hatte sich zuvor mit Entenflugzeug und Tragschrauber beschäftigt, bevor er 1934 zu intensiven Forschungen auf dem Gebiet des Vertikalflugs überging. Heraus kam ein geradezu sensationeller Erfolg. Zunächst ließ Focke ein knapp fünf kg schweres Modell bauen, welches im freien Flug eine Höhe von 18 Metern erreichte. Parallel dazu wurden Schraubenversuche im Windkanal durchgeführt. Der Einfachheit halber wurde der Rumpf des Sportflugzeugs Fw 44 Stieglitz übernommen. Der 160 PS starke Sternmotor blieb in der Rumpfspitze, die Kraftübertragung erfolgte über

Im Jahre 1941 absolvierte der vom deutschen Luftfahrtkonstrukteur Anton Flettner entwickelte Fl 282 Kolibri seinen Erstflug.

1945

NOVEMBER

6. November: Eine Ryan FR 1 Fireball, die sowohl über einen Kolbenmotor als auch über eine Strahlturbine verfügt, landet nur mit dem Jetantrieb auf einem Flugzeugträger.

7. November: Eine Gloster Meteor IV stellt mit 975 km/h einen neuen Geschwindigkeitsrekord auf.

7. November: Bell teilt mit, dass eine P-59 mittels Fernsteuerung geflogen sei. Eine Kamera übertrug die Anzeigen der Cockpitinstrumente.

Als erster tatsächlich verwendbarer Hubschrauber in der Geschichte der Luftfahrt sicherte er sich Ende der 1930er-Jahre sämtliche Weltrekorde: der FW 61.

Sie ist der Vorläufer der legendären Bell 47, des ersten Hubschraubers mit ziviler Zulassung:

ein Verteilergetriebe und Kardanwellen auf die seitlichen Rotoren. Letztere sorgten für Vortrieb und Steuerung, für die Stabilität war ein kleines Höhen- und Seitenleitwerk angebracht. Der erste Freiflug im Jahr 1937 dauerte 28 Sekunden, der vierte bereits 16 Minuten. Das erfolgreiche Funktionieren der Autorotation nahm dem möglichen Motorversagen den Schrecken. Die Fw 61 war der erste wirklich verwendbare Hubschrauber in der Geschichte der Luftfahrt und eroberte sämtliche Weltrekorde seiner Gattung. Unter den staunenden Experten aus aller Welt, die nach Deutschland kamen, um sich die Fw 61 anzusehen, befand sich auch der 1919 in die USA emigrierte und bereits erwähnte Russe Igor Sikorskij (Sikorsky). Die überzeugenden Leistungen der Fw 61 animierten ihn, sich nach vorhergegangenen Fehlversuchen wieder ernsthaft mit der Konstruktion von Hubschraubern zu beschäftigen. Einen weiteren Maßstab setzte der von Focke konstruierte Focke-Achgelis Fa 223 Drache, dessen Serienbau vor Kriegsende noch anlief. Auch der von Anton Flettner gebaute Bordhubschrauber Fl 282 Kolibri, der 1941 erstmals flog, stellt eine große Pionierleistung dar. Flettner setzte seine Arbeiten nach 1945 als Chefkonstrukteur von Kaman in den USA fort. Dort hatten Sikorsky und die Bell Aircraft Corporation noch während des Zweiten Weltkriegs die R-4 bzw. die Bell 30 zum Fliegen gebracht. Während die R-4 sofort in Serie ging und im Pazifikkrieg noch zum Einsatz kam, erhielt die aus der Bell 30 entwickelte Bell 47 im Jahr 1946 weltweit als erster Hubschrauber eine zivile Zulassung.

29. November: Mit einer Sikorsky R-5 führt erstmals ein Hubschrauber eine Seenotrettungsaktion durch.

DEZEMBER

22. Dezember: Die Beechcraft Bonanza, eines der ersten Reiseflugzeuge nach dem Zweiten Weltkrieg, absolviert ihren Erstflug.

Auf der Jagd nach Rekorden

Die letzten Kriegsjahre brachten eine Vielzahl technischer Neuerungen in der Luftfahrt und auf anderen Gebieten hervor. Vor allem der Bau der Atombombe stellte eine große Zäsur dar. Käme es erneut zu einem Weltkrieg, würden Düsenflugzeuge, Raketen und Kernwaffen die bestimmende Rolle übernehmen.

Der Koreakrieg von 1950 bis 1953 war die letzte militärische Auseinandersetzung, die sich hinsichtlich der Kampfweise am Boden und in der Luft noch mit dem Zweiten Weltkrieg vergleichen ließ. Danach machte die Entwicklung neuer Technologien rasante Fortschritte. Ursache ist die zwischen der Sowjetunion und ihren Satellitenstaaten auf der einen und den USA mit ihren Verbündeten auf der anderen Seite ausgebrochene Eiszeit, für die sich der Begriff „Kalter Krieg" eingebürgert hat.

Auch die Zivilluftfahrt profitierte vom Wirtschaftsaufschwung der 1950er-Jahre. Das weltweite Passagieraufkommen wuchs sprunghaft, und Strahlturbinen ersetzten bei den Verkehrsflugzeugen die Kolbentriebwerke.

Sowohl die westliche als auch die sowjetische Luftfahrtindustrie zog überdies einen großen Nutzen aus erbeuteten deutschen Forschungsunterlagen, die in vielerlei Hinsicht die Weltspitze verkörperten. Ab 1943 konnte – bedingt durch die Kriegslage – nur ein Bruchteil dieses Wissens in die Praxis überführt werden, doch immerhin nahm die Deutsche Luftwaffe drei verschiedene Düsenkampfflugzeuge und zwei Raketenjäger, zwei Hub-

Links: Neil Armstrong – 1969 erster Mensch auf dem Mond – als Testpilot im Cockpit einer North American X-15.
Rechts: Als erstes Flugzeug durchbrach die Bell X-1 die Schallmauer.

schrauber sowie ungelenkte Luft-Luft-, gelenkte Luft-See- und Flügelraketen in ihre Bewaffnung auf. Boden-Luft- und gelenkte Luftkampfraketen befanden sich im Erprobungsstadium.

Im Frühjahr 1945 begann der Wettlauf zwischen den USA, Großbritannien, Frankreich und der Sowjetunion um hochwertiges deutsches Militärgerät und die besten Wissenschaftler und Ingenieure. Im Rahmen der Operation „Paperclip“ (Büroklammer) verschafften die USA hochqualifizierten deutschen Experten ungeachtet ihrer politischen Vergangenheit ein Einreisevisum. Die Sowjetunion verfuhr noch rigoroser und verfrachtete die in ihrer Beatzungszone erfassten Spezialisten in Nacht- und Nebelaktionen mitsamt Familien gen Osten.

Der auf diese Weise auch weiterhin nutzbar gemachte deutsche Forschungsstand und die aus den erbeuteten Flugzeugen gewonnenen Erkenntnisse leiteten eine der ergiebigsten Phasen in der Luftfahrtgeschichte ein. In den USA steht für diese Ära vor allem die Ende der 1940er-Jahre in der kalifornischen Wüste angelaufene Versuchsreihe der X-Flugzeuge.

Schon vor dem Ende des Zweiten Weltkriegs befand sich das erste X-Flugzeug auf dem Reißbrett. Die als Bell XS-1 – das „S“ steht für sonic (Überschall), verschwand aber bald aus der Bezeichnung – flog ab Januar 1946. Ihre Entwicklung beruhte – mit Ausnahme der analog der Me 163 Komet mit Flüssigtreibstoff versorgten Raketenturbine – nicht unmittelbar auf deutschen Beuteunterlagen. Die Rumpfform lehnte sich an die amerikanische 12,7-mm-Patrone (0.50 Zoll) an, da diese problemlos Überschallgeschwindigkeit erreichte. Darüber hinaus steuerte das National Advisory Commitee for Aeronautics (NACA) – Vorgänger der NASA – wesentliche Konstruktionselemente bei. Das Geld stellte die USAAF – aus der im September 1947 die selbständige Teilstreitkraft US Air Force (USAF) wurde – zur Verfügung.

Die X-1war zwar eigenstartfähig, wurde aber in der Regel von einer modifizierten B-29 auf Höhe geschleppt, um über genügend Treibstoffreserven für die eigentlichen Hochgeschwindigkeitsversuche zu verfügen. Das Raketenflugzeug hatte mit verschiedenen Piloten von Bell, des NACA und der USAAF bereits mehr als 50 Missionen, darunter auch antriebslose, auf dem Buckel, als die große Stunde schlug. Am 14. Oktober 1947 kletterte der USAF-Testpilot Charles „Chuck“ Yeager vom Mutterflugzeug B-29 in die X-1. Was nur er selbst wusste: Bei einem kurz zuvor erlittenen Reitunfall hatte er sich einige Rippen gebrochen, dies jedoch den Flugärzten verheimlicht!

Wie eine große orangefarbene Bombe wurde die X-1 über der Mojawe-Wüste ausgeklinkt. Nach ein paar Sekunden zündete Yeager das Raketentriebwerk und schoss davon. Er erreichte eine Gipfelhöhe von 13.700 Metern und Mach 1,06. Damit war er nach offizieller Lesart der erste Mensch, der die Schallmauer durchbrach. Ob dies tatsächlich so war, wird immer wieder angezweifelt. Neben einem deutschen Me-262-Piloten im Zweiten Weltkrieg will auch der USAF-Pilot George Welch nur eine Woche vor Yeagers Rekord mit einem Prototyp der F-86 Sabre (Säbel) im Sturzflug aus 10.600 Metern Höhe Mach 1 überschritten haben. Da das NACA und die USAF ihre Testreihen monatelang vor der Öffentlichkeit verbargen, blühten die Spekulatio-

Charles E. „Chuck“ Yeager ist der erste Pilot, der offiziell mehr als Mach 1 erreichte.

1946

JANUAR

19. Januar: Erster Gleitflug der Bell XS-1 (X-1).

23. Januar: Jungfernstart des Nurflüglers Northrop XB-35.

26. Januar: Eine P-80 stellt zwischen Los Angeles und New York mit vier Stunden und 13 Minuten einen neuen Streckenrekord auf.

APRIL

24. April: Der erste sowjetische Düsenjäger MiG-9 startet zum Erstflug. Das Triebwerk ist britischen Ursprungs.

MAI

31. Mai: Eröffnung des Flughafens London-Heathrow.

JULI

1. Juli: Auf dem Bikini-Atoll im Pazifik führen die USA die ersten Atombombenversuche seit Kriegsende durch.

21. Juli: Als erstes reines Düsenflugzeug startet und landet eine McDonnell XFD-1 Phantom auf einem Trägerdeck.

SEPTEMBER

7. September: Eine Meteor IV der britischen Luftwaffe holt sich mit 990 km/h den Geschwindigkeitsweltrekord.

29. September: Eine Lockheed P2V Neptune stellt auf der Strecke Columbus (Ohio) – Perth (Australien) mit 18.081 km einen neuen Reichweitenrekord auf.

Dank ihrer Pfeilflügel erreichte die North American F-86 Sabre im Sturzflug Überschallgeschwindigkeit.

nen. Erst nach deren Offenlegung traten Yeager und die X-1 ins Rampenlicht. Der USAF war wahrscheinlich mehr daran gelegen, ihren finanziellen Anteil am Programm hervorzuheben und nicht so sehr die militärisch bedeutsame Tatsache in den Vordergrund zu rücken, dass sie faktisch über ein – allerdings nur begrenzt – überschallschnelles Fluggerät verfügte.

Der Erfolg der X-1 gebar eine große Anzahl Nachfolger – Flugzeuge und Raketen – die ausschließlich als Technologieträger dienten und nicht für die Serienproduktion ausgelegt waren. Das X-1-Programm endete 1951 nach dem Bau von zwei weiteren Maschinen, als sich bereits andere Experimentalflugzeuge in den Vordergrund geschoben hatten.

Kaum bekannt ist zudem die Tatsache, dass auch die britische Luftfahrtindustrie kurz vor einem Mach-1-Flug stand. Das kleine Forschungsflugzeug Miles M.52 hatte ebenfalls die Form eines Geschosses und sollte von einem Trägerflugzeug abgesetzt werden. Das Triebwerk verfügte über einen Nachbrenner, der Pilot saß in einem Bugkegel oberhalb des Lufteinlasses. Der Prototyp war Ende August 1945 zur Hälfte fertiggestellt, als übereifrige Behörden zu der Einschätzung gelangten, dass Flugversuche zu gefährlich waren und das Projekt stoppten. Nahezu alle bis zu diesem Zeitpunkt gewonnenen Erkenntnisse einschließlich des anspruchsvollen beweglichen Leitwerks wurden den

	1947				
NOVEMBER	**JANUAR**	**APRIL**	**AUGUST**	**SEPTEMBER**	**OKTOBER**
13. November: In Massachusetts wird erstmals versucht, das Wetter durch das chemische Besprühen von Wolken zu beeinflussen.	19. Januar: Albert Boyd holt mit einer Lockheed P-80R den absoluten Geschwindigkeitsrekord wieder in die USA. Die Bestleistung steht jetzt bei 1003 km/h.	27. April: Bei American Airlines nimmt die Douglas DC-6 den Flugbetrieb auf.	31. August: Erstflug der Antonow An-2 (Colt), von der über 20.000 Stück gebaut wurden. Möglicherweise wird der größte einmotorige Doppeldecker der Welt noch immer in China produziert. 31. August: In einer de Havilland DH.100 Vampire stellt John Cunningham mit 798 km/h einen neuen Geschwindigkeitsrekord auf einem geschlossenen 100-km-Kreis auf.	18. September: Die United States Air Force werden eine selbständige Teilstreitkraft.	1. Oktober: Erstflug der North American XP-86 (F-86), des ersten amerikanischen Düsenflugzeugs mit Pfeilflügeln. 1. Oktober: George Welch durchbricht in einer F-86 Sabre die Schallmauer, ohne dass dies jedoch offiziell anerkannt wird. 14. Oktober: Hauptmann Charles Yeager fliegt als erster Mensch über Mach 1. Mit dem Raketenflugzeug Bell X-1 erreicht er 1078 km/h. 21. Oktober: Erstflug der YB-49. Es handelt sich dabei um eine düsengetriebene Version des Nurflüglers B-35.

Der erste einsatzbereite Düsenjäger der USA war die Lockheed F-80 Shooting Star. Im Koreakrieg bewährte sich der Jet aber vor allem als Jagdbomber.

Die 1945 entwickelte Douglas D-558 Skystreak gehörte zu den ersten experimentellen Überschallflugzeugen. Es wurden drei Stück erprobt.

USA überlassen und fanden sofort Verwendung beim Bau der X-1. Im Oktober 1948, jenem Monat, als sich die X-1 in die Geschichtsbücher eintrug, wurde die M.52 als verkleinertes Modell mit Raketenantrieb getestet. Mit anderthalbfacher Schallgeschwindigkeit verlor sich ihre Spur in Richtung Atlantik.

Großbritannien leistete auch einen wesentlichen Beitrag bei der Entwicklung der sowjetischen Flugzeugindustrie. Dem Verbündeten aus dem Zweiten Weltkrieg wurden als freundschaftliche Geste mehrere Triebwerke Rolls-Royce Nene übergeben. Doch dann kam das böse Erwachen, als im Koreakrieg die MiG-15 auf den Plan trat. Deren Triebwerk Klimow WK-1 war nämlich ein fast exakter Nachbau der Nene-Turbine. Die MiG-15 war wie die als Antwort entwickelte F-86 ein Pfeilflügler mit einem Lufteinlass im Bug und einer Rundumsichtkabine. Auf große Entfernung waren beide Flugzeuge nur schwer zu unterscheiden, sieht man einmal vom höher angebrachten Leitwerk der F-86 ab. MiG-15 und F-86 hatten sowohl Stärken und Schwächen, waren unter dem Strich aber nahezu gleichwertig. Vor allem die im Durchschnitt gründlicher ausgebildeten US-Piloten dürften für eine letztendlich bessere Luftkampfbilanz gesorgt haben. Dennoch verfehlten die partiell auch ernüchternden Erfahrungen aus dem Koreakrieg keineswegs ihre Wirkungen auf die amerikanische

1947

NOVEMBER

2. November: Mit Howard Hughes am Steuer macht das Flugboot Hughes HK-1 „Spruce Goose“ seinen ersten und einzigen Flug. Es ist das bis dahin größte Flugzeug.

DEZEMBER

17. Dezember: Jungfernflug der Boeing XB-47 Stratojet, erster Düsenbomber mit Pfeilflügeln.

30. Dezember: Erstflug der MiG-15.

1948

FEBRUAR

6. Februar: Eine Gloster Meteor IV erreicht mit 872 km/h einen neuen Geschwindigkeitsrekord auf einem geschlossenen 100-km-Kreis.

MÄRZ

23. März: John Cunningham stellt mit einer de Havilland DH.100 Vampire einen neuen Höhenrekord von 18.119 Metern auf.

Luftkriegstaktik. Offenkundig hatte der potenzielle Gegner eines möglichen Dritten Weltkriegs technologisch Schritt gehalten und ließ sich nur mit Hilfe einer beharrlichen Innovationswelle überflügeln.

Die Entwicklung immer schnellerer Kampfflugzeuge wurde damit zu einer nationalen Prestigefrage. Wenige Monate nach Beendigung der Feindseligkeiten in Europa war vor allem die RAF intensiv darum bemüht, den ersten offiziellen Geschwindigkeitsrekord auf einem Strahlflugzeug aufzustellen. Am 7. November 1945 durchflog H. J. Wilson auf einer Meteor F.4 eine Messstrecke mit 976 km/h. Ein anderer Meteor-Pilot kam auf 990 km/h. Nur wenige Stunden später erreichte der Prototyp der XP-84 Thunderjet in Kalifornien 983 km/h. Zwar wurde damit die Bestleistung knapp verfehlt, doch deutete sich damit an, dass sich die USA auf die Überholspur begeben hatten. Ein trockengelegter Salzsee auf der Edwards Air Force Base in Kalifornien wurde für die kommenden sechs Jahre zum Ausgangspunkt mehrerer Geschwindigkeitsrekorde. Im Juni 1947 überbot eine modifizierte F-80 Shooting Star die bisherige Bestleitung. Dann trat mit der Douglas D-558-1 Skystreak ein von der US Navy in Auftrag gegebenes Versuchsflugzeug auf den Plan und setzte bis zum Jahresende mit 1048 km/h eine neue Höchstmarke.

Nachdem sich bis September 1953 eine Version der F-86 an der Spitze behauptet hatte, holte Neville

Kurzzeitig holte die Hawker Hunter den Geschwindigkeitsweltrekord nach Großbritannien. Erflogen hat ihn der Testpilot Neville Duke auf einer Messstrecke vor der englischen Südküste.

APRIL

1. April: Erstflug des ersten Deltajägers Convair XF-92 in Muroc (Kalifornien).

MAI

5. Mai: Die US Navy stattet ihre erste Düsenstaffel mit McDonell FH-1 Phantom aus.

JULI

12. bis 14. Juli: Sechs de Havilland Vampire der britischen No 54 Squadron überfliegen als erste Düsenflugzeuge den Atlantik.

16. Juli: Mit der Vickers Viscount absolviert das weltweit erste Turboprop-Verkehrsflugzeug seinen Erstflug.

SEPTEMBER

Erstflug des ersten in großer Stückzahl gebauten sowjetischen Hubschraubers Mil Mi-1.

6. September: Das Versuchsflugzeug de Havilland DH.108 durchbricht mit John Derry am Steuer als erstes europäisches Flugzeug die Schallmauer.

Duke mit einer Hawker Hunter (waidmännisch: Jäger) den Titel wieder zurück nach Großbritannien, nur um von einer Douglas F4D Skyray der US Navy und einer YF-100 Super Sabre der US Air Force erneut überboten zu werden. In diesem ereignisreichen Jahr wechselte der Geschwindigkeitsrekord fünf Mal den Inhaber.

Die Bedingungen für einen Geschwindigkeitsrekord im Geradeausflug waren streng reglementiert. Innerhalb eines vorgegebenen Zeitrahmens musste die Distanz einmal in jeder Richtung durchflogen werden, um eine Beeinflussung durch Rückenwind auszuschließen. Außerdem durfte eine Flughöhe von 30 Metern nicht überschritten werden, was enorme Anforderun-

Der als SR-71 bekannt gewordene Aufklärer hätte eigentlich korrekt RS-71 heißen müssen, wobei RS für Reconnaissance System steht.

Die Lockheed YF-12A war die strategische Abfangjägerversion der A-12. Es wurden allerdings nur zwei Prototypen gebaut.

1949					
FEBRUAR	APRIL	MAI	JULI	AUGUST	SEPTEMBER
26. Februar bis 2. März: Die Boeing B-50 „Lucky Lady II" fliegt als erstes Flugzeug nonstop einmal um den Globus. Nach 94 Stunden und einer Minute erreicht es wieder seinen Abflugort. Viermal wurde „Lucky Lady II" in der Luft nachbetankt.	4. April: In Großbritannien beginnen Versuche mit einem aus Sonde und Trichter bestehenden Luftbetankungssystem. 26. April: Zwei Piloten stellen in einem Leichtflugzeug Aeronca Chief einen Dauerflugrekord von 1008 Stunden (sechs Wochen) auf. Kraftstoff und Nahrungsmittel werden von einem auf der Startbahn positionierten Jeep mittels Schlauchleitungen übernommen.	21. Mai: Eine Sikorsky S-52 stellt mit 6468 Metern einen neuen Höhenrekord für Hubschrauber auf.	27. Juli: John Cunningham führt den Premierenflug des ersten Düsenverkehrsflugzeugs de Havilland DH.1006 Comet durch.	10. August: Der zweite düsengetriebene Verkehrsflugzeug Avro Canada C.102 Jetliner startet zum Erstflug.	23. September: Die Sowjetunion bringt als zweites Land eine Atombombe zur Explosion. 29. September: Erstflug der Douglas DC-7. 30. September: Nach 15 Monaten endet die Berliner Luftbrücke. Insgesamt wurden 2,25 Millionen Tonnen Versorgungsgüter nach West-Berlin geflogen.

Das Raketenflugzeug North American X-15 schloss die Lücke zwischen dem bemannten Flug innerhalb der Atmosphäre und der Raumfahrt.

gen an eine präzise Flugweise stellte. Aus Sicherheitsgründen wurden diese Vorgaben schließlich fallen gelassen, was den ersten Überschallflug überhaupt erst möglich machte. Im August 1955 schraubte Horace Hanes mit einer F-100C den Rekord auf 1323 km/h und überbot damit die vorherige Bestmarke um 108 km/h. Den bisher größten Sprung schaffte Peter Twiss im März 1956 auf dem Forschungsflugzeug Fairey Delta 2 mit einem Zuwachs von 499 km/h. Seine Tachonadel blieb bei 1822 km/h stehen.

Im Oktober 1959 traten erstmals sowjetische Rekordflieger in Erscheinung. Unter der Bezeichnung E-66 schaffte eine modifizierte MiG-21 mit Hilfsraketen 2388 km/h. Doch dieser Rekord hielt nur sechs Wochen, um von einer Convair F-106 überboten zu werden. Im Juli 1962 holte sich mit der zweistrahligen E-166 – ebenfalls eine modifizierte MiG-21 – der sowjetische Pilot Georgi Mossolow die Bestmarke von einer McDonnell F-4 Phantom II zurück. Mossolow war 1959 auch Pilot der E-66 gewesen. Erst mit der bemerkenswerten Lockheed Blackbird wurde ein vorläufiger Endpunkt gesetzt. Im März 1965 erreichte die als Abfangjäger konzipierte Version YF-12A 3331 km/h und am 28. Juli 1976 setzten Eldon Joersz und George Morgan in der Aufklärerversion SR-71A mit 3529 km/h die bis heute bestehende Bestmarke für ein mit eigener Kraft startendes Flugzeug.

Die Nachkriegsjahre waren aber auch von anderen Rekorddisziplinen geprägt. Steigzeiten und Höchstgeschwindigkeiten in geschlossenen Rundkursen von 100 oder 500 km blieben eine Domäne der sowjetischen MiG-25 (Foxbat), die 2009 nach 40 Jahren in den Ruhestand geht. Auch Reichweiten- und Nutzlastrekorde sind zu einem großen Teil in sowjetischen bzw. russischen Händen.

Aus der amerikanischen X-Serie ragt neben der erwähnten X-1 besonders die X-15 heraus. Sie stand mit ihren neun Jahren länger im Dienst als andere X-Flugzeuge und steht für bemannte Flüge von Mach 2 bis Mach 6. Wie die X-1 besaß auch die X-15 einen Raketenantrieb und konnte nur von einem Trägerflugzeug – in diesem Fall eine modifizierte B-52 – starten. Die Landung erfolgte auf einem Kufenfahrgestell auf einem ausgetrockneten Salzsee. Nach ihrem Erstflug im Jahr

1950

FEBRUAR

1. Februar: Grumman F9F Panther landen erstmals nachts auf einem Flugzeugträger („USS Valley Forge").

JUNI

28. Juni: Ein Aufklärer Lockheed RF-80A unternimmt den ersten US-Kampfeinsatz über Nordkorea.

SEPTEMBER

22. September: Eine Republic F-84E Thunderjet fliegt als erster Düsenjet nonstop und mit Luftbetankung über den Atlantik. Eine zweite F-84 verunglückt in Neufundland.

28. September: Der erste strahlgetriebene Nachtjäger Northrop F-89 Scorpion wird an die US Air Force ausgeliefert.

NOVEMBER

8. November: Nach US-Angaben gelingt Russell Brown mit einer F-80C der erste Luftsieg im Kampf Jet gegen Jet. Ihm wird der Abschuss einer MiG-15 über Nordkorea zuerkannt. Russische Quellen bestätigen dies nicht. Demnach gebührt diese Ehre einem sowjetischen MiG-15-Piloten, ebenfalls über Nordkorea.

Die zweite von drei gebauten X-15A wurde nach einem Landeunfall wieder aufgebaut und als X-15A-2 bezeichnet. Sie war das schnellste Flugzeug aller Zeiten. Die dritte X-15 ging durch Absturz verloren.

1959 absolvierten die drei Exemplare mit über einem Dutzend verschiedener Piloten 199 Missionen. Auch Neil Armstrong, erster Mensch auf dem Mond, und der Space-Shuttle-Pilot Joe Engle flogen die X-15.

Zweck der X-15-Missionen war der Erkenntnisgewinn über das Flugverhalten in der oberen Atmosphäre. Der Übergang von der Atmosphäre in den Weltraum liegt in einer Höhe von ca. 80 km. Bei 13 Einsätzen überschritt die X-15 diese Grenze, so dass den betreffenden Piloten auch die Astronautenschwinge verliehen wurde.

Obwohl diese Einsätze ein wenig im Schatten der zeitgleich stattfindenden Mercury-Raumflüge standen, erreichten die X-15 häufig einen höheren Scheitelpunkt als die Raumkapseln und blieben im Unterschied zu diesen steuerbar. Zu diesem Zweck waren an den Außenpunkten des Raketenflugzeugs kleine Düsen angebracht, wie sie später auch beim Space Shuttle zum Einsatz gelangten.

Am 3. Oktober 1967 löste sich der USAF-Pilot William Knight mit der X-15A-2 zur bisher denkwürdigsten Rekordmission von seinem Mutterflugzeug. Er erreichte 7274 km/h (Mach 6,06) bei einer Gipfelhöhe von 56.550 Metern. Flüge jenseits von Mach 5,0 werden als hypersonisch bezeichnet. Die X-15-Piloten der USAF und NASA haben damit stets getreu dem Leitspruch des Air Force Flight Test Centers „Auf dem Weg ins Unbekannte“ ihren Job bestens verrichtet.

Verkehrsflugzeuge zum Zweiten

Die Zivilluftfahrt zog aus dem Zweiten Weltkrieg verständlicherweise weniger Nutzen als die Militärluftfahrt. Dennoch profitierte auch sie von den Entwicklungen der Transportfliegerei, neuer Navigationsverfahren und dem Bau neuer Fluglätze. Vor allem die durch die unterschiedlichen Kriegsschauplätze bedingten langen Transportwege und Flugzeiten bewiesen die Zuverlässigkeit von Material und Streckenführung. Viele der kurz nach Kriegsende in Dienst gestellten Verkehrsflugzeuge waren daher umgebaute Militärtransporter. Vom Ende der 1940er- bis weit in die 1950er-Jahre gehörte die Douglas DC-4 zu den wichtigsten Vertretern ihrer Klasse. Sie bediente neben den meisten amerikanischen Inlandsstrecken u.a. auch Ziele in Europa. Entwickelt wurde die DC-4 aus der 1939 erstmals geflogenen DC-4E, einem etwas größeren Prototypen mit Druckkabine. Die Version war jedoch zu komplex und zu teuer. Als im Februar 1942 die abgespeckte DC-4 die Flugerprobung auf-

1951

MAI

18. Mai: Jungfernflug des ersten der drei britischen V-Bomber Vickers Valiant

29. Mai: Charles Blair überquert als erster Mensch im Alleinflug den Nordpol. Er startet mit einer P-51C Mustang in Norwegen und landet in Alaska.

JULI

27. Juli: Als erstes Flugzeug der Welt verändert die Bell X-5 im Flug die Tragflächengeometrie.

AUGUST

7. August: Bill Bridgeman erreicht mit einer Douglas D-558-2 Skyrocket mit 1992 km/h einen neuen Geschwindigkeitsrekord für nicht eigenstartfähige Flugzeuge.

15. August: Die D-558-2 stellt mit 22.706 Meter einen neuen Höhenrekord auf.

NOVEMBER

2. November: Eine F3D Skyknight des US Marine Corps schießt im ersten Nachtluftkampf Jet gegen Jet über Nordkorea eine MiG-15 ab.

19. November: Eine F-86D Sabre stellt mit 1123 km/h einen neuen absoluten Geschwindigkeitsrekord auf.

nahm, befanden sich die USA mitten im Krieg, und aus dem ursprünglich als Verkehrsflugzeug konzipierten Modell wurde der Truppentransporter C-54 Skymaster. Das Militär löste Bestellungen über insgesamt 1160 Stück aus. Nach dem Krieg gelangten weitere 78 DC-4 in der ursprünglichen Zivilversion in die Auftragsbücher von Douglas. Auch die meisten jetzt nicht mehr benötigten C-54 wurden zu Passagierflugzeugen umgebaut. Auf Wunsch der USAAF entstand die etwas vergrößerte Version YC-112, doch

In den ersten Nachkriegsjahren fand die viermotorige Douglas DC-4 als Verkehrsflugzeug eine weite Verbreitung.

Über viele Jahre bildete die Douglas C-54 Skymaster das wichtigste Transportmittel der amerikanischen Luftwaffe und ermöglichte Einsätze rund um den Globus.

1952

APRIL

15. April: Erstflug der YB-52 Stratofortress.

27. April: Erstflug des sowjetischen strategischen Bombers Tupolew Tu-16 (Badger).

MAI

2. Mai: Eine de Havilland Comet der BOAC eröffnet das Düsenzeitalter im kommerziellen Passagierverkehr mit einem Flug von London nach Johannesburg.

29. Mai: Erste Luftbetankung unter Kampfbedingungen. Über Nordkorea versorgt ein KB-29 Jagdbomber eine F-84 Thunderjet mit Treibstoff.

JULI

15. bis 31. Juli: Zwei Sikorsky S-55 (H-19) Chicksaw der US Air Force überfliegen als erste Hubschrauber in sieben Etappen den Atlantik. Sie benötigen 45 Stunden und 55 Minuten.

AUGUST

30. August: Erstflug der Avro 698 Vulcan. Der Bomber steht bis 1983 im Dienst der RAF.

SEPTEMBER

10. September: TWA bietet mit der Lockheed Constellation die erste Nonstopverbindung zwischen Los Angeles und New York an.

Passagiere beim Besteigen einer Douglas DC-6 der Pan American World Airways.

Flugaufnahme des Prototyps der Douglas DC-7. Diese Version ging auf ein Anliegen von American Airlines zurück, welche eine verlängerte Version der DC-6B wünschten.

wurden unmittelbar nach dem Erstflug 1946 die Mittel gestrichen. Daraufhin entwickelte Douglas den Prototyp zur DC-6 weiter, aus der das erfolgreichste viermotorige Kolbenmotor-Verkehrsflugzeug der Firmengeschichte werden sollte. Die DC-6 nahm 1947 den Linienbetrieb auf. Die Militärversion C-118 kam im Koreakrieg zum Einsatz. Analog zur DC-4 stehen heute weltweit auch noch einige DC-6 im Frachtdienst.

Neu an der DC-4 war u. a. ihre Rumpfsektion mit gleichbleibendem Durchmesser. Dadurch ließ sich die Grundausführung ohne Probleme „strecken". Auf die DC-6 folgte die DC-7 mit noch längerem Rumpf und

1952

OKTOBER

2./3. Oktober: Großbritannien zündet auf der pazifischen Inselgruppe Monte Bello seine erste Atombombe.

28. Oktober: Erstflug der Douglas XA3D-1 Skywarrior. Die Skywarrior ist bis dahin das schwerste auf einem Flugzeugträger regulär Dienst tuende Flugzeug.

NOVEMBER

12. November: Erstflug des sowjetischen strategischen Bombers Tupolew Tu-95 (Bear).

DEZEMBER

24. Dezember: Mit der Handley Page Victor startet der letzte V-Bomber zum Erstflug.

1953

JANUAR

3. Januar: British European Airlines (BEA) stellt den ersten Turboprop-liner Vickers Viscount in Dienst.

APRIL

9. April: Der seestartfähige Überschalldeltajäger Convair XF2Y-1 macht seinen Erstflug.

MAI

18. Mai: Jacqueline Cochran durchbricht als erste Frau mit einer F-86 Sabre die Schallmauer.

25. Mai: Erstflug der North American YF-100 Super Sabre. Die F-100 ist das erste für den Überschallbereich ausgelegte Jagdflugzeug der US Air Force.

Motoren des Typs Wright Turbo Compound, bei denen die Leistung einer von den Abgasen angetriebenen Turbine wieder auf die Kurbelwelle des Propellers übertragen wurde. Der große Kraftstoffvorrat machte die Flugreise von New York nach London ohne Zwischenstopp auf Neufundland oder Grönland möglich. Bekannt wurde vor allem die ab 1955 von der Pan Am eingesetzte Baureihe DC-7C – bei welcher aus dem phonetischen 7C das Wortspiel „Seven Seas" aufkam –, mit der auch der Rückflug trotz der stärkeren Gegenwinde nonstop bewältigt werden konnte. Die Tage der Kolbenmotorflugzeuge waren aber bereits gezählt, so dass die DC-7C nicht mehr die Fertigungszahlen ihrer Vorläufer erreichte.

Lockheeds „Conny"

Auch Lockheed hatte sich voll auf die Kriegsproduktion umstellen müssen, konnte aber 1945 auf einen bereits bewährten Entwurf zurückgreifen, der für Langstreckenflüge bestens geeignet schien. Dabei handelte es sich um die viermotorige L-1049 Constellation mit Druckkabine, eleganter Linienführung und einem dreifachen Seitenruder. Die „Connie" ging auf die 1937/38 konstruierte Excalibur zurück, welche aber vergrößert wurde, um den Forderungen der TWA – später Transcontinental and Western Air – zu entsprechen. TWA suchte nach einem Flugzeug,

Die Lockheed Constellation und deren Modifikationen setzten im zivilen Luftverkehr neue Maßstäbe auf der Langstrecke.

das die amerikanische Ost- und Westküste ohne viele Zwischenstopps verband, wie dies noch bei der DC-3 der Fall war. Howard Hughes als Haupteigentümer von TWA nahm zwar Einfluss auf den Entwurf und die Cockpitgestaltung, ist jedoch nicht, wie manchmal behauptet, Konstrukteur der Constellation.

Wie die DC-4 ging auch die Constellation unmittelbar nach ihrer Fertigstellung im Januar 1943 als C-69 zunächst in militärische Dienste. Ihr Kriegseinsatz blieb allerdings auf den amerikanischen Kontinent beschränkt. Auch die ersten zehn von TWA georderten Maschinen mussten zunächst der USAAF überlassen werden, wurden aber nach dem Waffenstillstand dem Unternehmen wieder zur Verfügung gestellt. Da es Hughes und die TWA-Geschäftsführung geschickt verstanden hatten, die im Krieg mit der C-69 gesammelten Streckenerfahrungen auszunutzen, konnte sich die TWA bei der Wiederbelebung des zivilen Linienverkehrs innerhalb der USA einen Vorteil gegenüber der Konkurrenz verschaffen.

Hughes, der manchmal selbst am Steuer einer „Connie" saß, stellte im April 1944 mit einem Schwarm Filmstars an Bord einen Streckenrekord zwischen Los Angeles und Washington D.C. auf. Da die Maschine bei dieser Gelegenheit in den Markierungen von TWA unterwegs war, profitierten Hersteller und Fluglinie gemeinsam von der öffentlichen Aufmerksamkeit.

Die Übergabe einer C-69 an die USAAF in Dayton im Jahre 1944 nutzte auch Orville Wright für einen

JUNI

18. Juni: Beim Absturz einer Douglas C-124 Globemaster II der US Air Force in Japan verlieren erstmals bei einem Flugzeugunglück mehr als 100 Menschen ihr Leben.

JULI

8. Juli: Das belgische Luftverkehrsunternehmen Sabena eröffnet eine mit Hubschraubern betriebene Linienverbindung zwischen Belgien, Frankreich und den Niederlanden.

AUGUST

31. August: Die D-558-2 Skyrocket erreicht eine Gipfelhöhe von 25.380 Metern.

OKTOBER

3. Oktober: Der Geschwindigkeitsrekord geht mit 1211 km/h an eine Douglas F4D-1 Skyray der US Navy.

24. Oktober: Erstflug der Convair YF-102. Da die Schallmauer nicht durchbrochen wird, muss der Prototyp gemäß der Flächenregel stark überarbeitet werden.

29. Oktober: Innerhalb von zwölf Monaten wechselt der Geschwindigkeitsrekord zum fünften Mal den Inhaber. Er steht jetzt bei 1215 km/h, erflogen von einer YF-100 Super Sabre.

NOVEMBER

20. November: Scott Crossfield erreicht als erster Mensch doppelte Schallgeschwindigkeit. Nach der Auslösung von einem Mutterflugzeug erreicht seine D-558-2 Skyrocket 2135 km/h.

29. November: American Airlines nimmt die Douglas DC-7 in den Flottenbestand auf.

DEZEMBER

12. Dezember: Charles Yeager erreicht in der nicht selbststartfähigen Bell X-1A eine Geschwindigkeit von 2655 km/h und eine Gipfelhöhe von 21.340 Metern.

seiner wenigen öffentlichen Auftritte, wobei er für kurze Zeit zum letzten Mal das Steuer eines Flugzeugs übernahm.

Im Februar 1946 setzte gleichzeitig in den USA und in Europa der zivile Linienbetrieb wieder ein. Neue Flugzeuge und ihre Betreiber machten sich einen Namen. Französische, holländische, indische, australische und brasilianische Luftverkehrsunternehmen stellten die ersten Constellation L-049 in Dienst und verlangten bald nach größeren Versionen. Diese erschienen als L-649 und L-749 auf dem Markt, wurden jedoch 1951 von der L-1049 Super Constellation in den Schatten gestellt. Mit einer Passagierkapazität von 109 Plätzen war die L-1049 das erste wirkliche transatlantische Verkehrsflugzeug. Druckkabine und Wetterradar machten sie von klimatischen Einflüssen weitgehend unabhängig. Von der „Super Connie" sind über 500 Stück produziert worden, darunter auch viele als militärische Frühwarnaufklärer. Die letzte zivile Ausführung war die L-1649 Starliner, die 1957 als Konkurrenzmuster zur DC-7C entstand. Sie teilte aber auch angesichts des nahenden Jetzeitalters deren Schicksal und wurde in nur 43 Exemplaren gebaut. Alles in allem wurden 856 Constellation ausgeliefert.

Die Super Constellation – hier der Prototyp – war vielleicht das optisch schönste Verkehrsflugzeug ihrer Zeit.

1954

APRIL

1. April: Über Malaya fliegt eine Spitfire der RAF den letzten Kampfeinsatz dieses Musters.

JUNI

22. Juni: Erstflug der Douglas XF4D-1 Skyhawk. Der Jagdbomber wird bis 1979 produziert und beendet seinen Dienst 2003.

29. Juni: Die Boeing B-52 nimmt beim Strategischen Bomberkommando der US Air Force den Flugbetrieb auf.

JULI

15. Juli: Erstflug der Boeing 387-80 (Dash 80), Prototyp der 707 und der Tankerversion KC-135. Auf Basis der Zelle der 707 werden noch bis in die 1990er-Jahre Flugzeuge produziert.

AUGUST

3. August: Erster Senkrechtstart der von Rolls-Royce entwickelten Schubmesszelle „Flying Bedstead" (Fliegendes Bettgestell).

20. August: Eine F-100C der US Air Force fliegt mit 1323 km/h einen neuen Geschwindigkeitsrekord.

23. August: Erstflug der C-130 Hercules, die mehr als 50 Jahre lang produziert wird.

26. August: Eine X-1A erreicht nach dem Start vom Trägerflugzeug eine Gipfelhöhe von 27.432 Meter.

Die Boeing Stratocruiser war eine zivile Ableitung des Militärtransporters C-97, welcher wiederum dem Bomber B-29 entstammt.

Der dritte US-Wettbewerber Boeing versuchte mit dem Modell 377 Stratocruiser auf dem immer lukrativer werdenden Langstreckensegment Fuß zu fassen. Es verwundert kaum, dass auch der Stratocruiser auf einem militärischen Entwurf beruht. Das als Frachter konstruierte Modell 367 trug die USAAF-Bezeichnung C-97 und besaß Tragflächen und Heck des aus der B-29 abgeleiteten Bombers B-50. Neu war der doppelbödige Rumpf. Für den Zweiten Weltkrieg kam die Stratocruiser ebenfalls zu spät, fand jedoch bis teilweise in die 1970er-Jahre hinein eine breite Verwendung als Tanker KC-97 und als Frachter, wenngleich ihr die fehlende Heckluke gegenüber vergleichbaren Mustern Nachteile verschaffte. Dafür setzte der Doppelstockrumpf neue Maßstäbe für großzügiges Volumen und Komfort. Vor allem Pan Am betrieb die „Strat" auf langen Überseestrecken und bot neben einer bequemen Bestuhlung und Schlafkabinen im Untergeschoss sogar eine Bar und eine Lounge an, was ihr den Spitznamen „Stratoboozer" (Stratosphärenkneipe) einbrachte. Die vergleichsweise hohen Betriebskosten hielten den Absatz der 377 allerdings in Grenzen. Nur 56 zivile Versionen wurden in das US-Luftfahrtregister eingetragen.

Der britische Weg

Auch in Großbritannien griffen zivile Unternehmen zunächst vor allem auf militärische Entwürfe wie die Avro 691 Lancastrian und York C.1 – die beide aus der Lancaster entstanden waren – und die aus der Handley Page Halifax abgeleitete Hermes zurück.

Der Übergang zu einer zivilen Luftfahrtindustrie nach dem Krieg war jedoch bereits 1943 mit dem sogenannten Brabazon-Bericht in die Wege geleitet worden. Die Kommission sollte untersuchen, wie die Zukunft einer zivilen englischen Luftfahrt nach dem Zweiten Weltkrieg aussehen könnte. Vier Anforderungsprofile wurden definiert:

Typ 1: Ein luxuriöses Transatlantikflugzeug für Verbindungen zwischen London und New York.
Typ 2: Ein Kurzstrecken-Zubringerflugzeug als Nachfolger der DC-3.
Typ 3: Ein Mittelstreckenflugzeug für Verbindungen innerhalb des britischen Empire.
Typ 4: Ein Mittelstreckenflugzeug mit Strahltriebwerken.

Alle vier Vorschläge sind nach 1945 mit unterschiedlichem Erfolg auch verwirklicht worden.

Das Transatlantikflugzeug baute die Bristol Aircraft Company und benannte es brav nach John Moore-Brabazon, der die besagte Arbeitsgruppe geleitet hatte. Es war das damals größte Flugzeug der Welt, nicht viel kleiner als die Boeing 747. Ungeachtet seiner Abmessungen waren aber nur 80 Plätze vorge-

29. August: Eine English Electric Canberra B2 stellt mit 20.832 Meter einen neuen Höhenrekord auf.

SEPTEMBER

29. September: Erstflug des Abfangjägers McDonnell F-101 Voodoo.

OKTOBER

17. Oktober: Eine Sikorsky XH-39 stellt mit 7468 Meter einen neuen Höhenrekord für Hubschrauber auf.

DEZEMBER

19. Dezember: Erstflug der F-102A Delta Dagger.

1955

FEBRUAR

14. Februar: Erstflug der E-2, Prototyp der MiG-21 (Fishbed). Die MiG-21 wird das weltweit am häufigsten eingesetzte Düsenjagdflugzeug.

APRIL

1. April: Die (westdeutsche) Lufthansa nimmt den Betrieb wieder auf.

Das strahlgetriebene Verkehrsflugzeug de Havilland Comet I hatte das Zeug zum Welterfolg. Nach einer Absturzserie mit vielen Opfern – bei denen z. T. Materialermüdung eine Rolle spielte – wurde die Comet I stillgelegt.

sehen, die dafür umso luxuriöser ausgeführt waren. Der Entwurf erwies sich als völliger Fehlschlag. Nur ein Prototyp wurde gebaut, der 1949 erstmals flog und bereits 1953 wieder verschrottet wurde.

Das Mittelklasseflugzeug Typ 3 war die Bristol Britannia, die im Wesentlichen auf die mit der Brabazon gesammelten Erfahrungen zurückging. Aber auch die Britannia war angesichts der aufkommenden Strahlflugzeuge nicht mehr so recht an den Kunden zu bringen und wurde nur in 85 Exemplaren gebaut. Erfolgreichste der vier Konstruktionen war die als Typ 2 konzipierte Vickers Viscount. Sie war bei ihrer Indienststellung 1953 das erste Turboprop-Verkehrsflugzeug der Welt. Im Unterschied zu den bisher üblichen Kolbenmotoren werden hier die Propeller über ein Getriebe von einer Turbine bewegt. Der wirtschaftliche Erfolg konnte sich mit 445 verkauften Exemplaren sehen lassen. Unter den Abnehmern befanden sich die USA – keineswegs selbstverständlich für britische Luftfahrterzeugnisse – und solch unterschiedliche Länder wie Pakistan und Neuseeland.

Comet – Aufbruch ins Jetzeitalter

Zum wichtigsten „Brabazon"-Flugzeug wurde die strahlgetriebene de Havilland DH.106 Comet (Typ 4). Mit ihrem Erstflug im Juli 1949 – Pilot war der bekannte Nachtjäger John Cunningham – gelang der britischen Flugzeugindustrie ein Quantensprung gegenüber den USA, wo noch mehrere Jahre an Kolbenmotorflugzeugen festgehalten wurde. Nach ausgiebigen Tests nahm die Comet 1 im Januar 1952 bei der BOAC den Liniendienst auf und bediente bald solch weit entfernte Ziele wie Johannesburg in Südafrika. Ihre Abmessungen entsprachen der Boeing 737, die Passagierkapazität blieb jedoch auf 36 bis 44 Plätze beschränkt.

Bis Oktober 1952 verlief der Flugbetrieb der Comet in normalen Bahnen. Dann verunglückte eine Comet in Rom, wobei es noch keine Toten gab. Weniger glimpflich verlief ein Unfall einer Comet der Canadian

1955

MAI

27. Mai: Erstflug der Sud-Est Caravelle, erstes zweistrahliges Verkehrsflugzeug

JUNI

28. Juni: Ein Hubschrauber Bell 47 landet auf dem Gipfel des Mont Blanc in 4807 Meter Höhe.

17. Juni: Das erste sowjetische strahlgetriebene Verkehrsflugzeug Tupolew Tu-104 startet zum Erstflug. Es handelt sich dabei um eine Ableitung aus dem Bomber Tu-16.

OKTOBER

22. Oktober: Erstflug der YF-105 Thunderchief.

NOVEMBER

24. November: Das holländische Turboprop-Verkehrsflugzeug Fokker F27 absolviert seinen Jungfernflug.

1956

MÄRZ

10. März: Das britische Delta-Forschungsflugzeug Fairey Delta 2 schraubt den Geschwindigkeitsrekord auf 1703 km/h.

JUNI

1. Juni: Bei der Pan Am nimmt die Douglas DC-7C „Seven Seas" den Flugbetrieb auf.

Pazific im März 1953 in Karatschi, bei der alle elf an Bord befindlichen Menschen ums Leben kamen. Beide Abstürze waren auf die schlechten Strömungseigenschaften der Tragflächen zurückzuführen, worauf die Vorderkanten überarbeitet wurden. Zwischenzeitlich setzte sich die Unglücksserie fort. Am 2. Mai 1953 brach eine Comet über Kalkutta auseinander und riss alle 46 Insassen in den Tod. Die Katastrophe ließ sich noch durch das beim Start herrschende Gewitter erklären. Erst zwei weitere zunächst unerklärliche Totalverluste über dem Mittelmeer am 10. Januar und 8. April 1954 bei normalen Wetterbedingungen sorgten endlich für ein Flugverbot der Comet.

Die Ursachenanalyse besiegelte zwar letztendlich das Schicksal der Comet, lieferte aber gleichzeitig entscheidende Erkenntnisse zur Erhöhung der Sicherheit im Flugzeugbau.

Gezeigt hatte sich nämlich, dass in den frühen 1950er-Jahren das Problem der Materialermüdung noch nicht ausreichend erforscht war. Das Ausdehnen und Zusammenziehen der Druckkabine beim Höhenwechsel der Maschine führte zu starker Materialermüdung im Bereich der eckigen Ausschitte von Türen und Fenstern. Nach einer bestimmten Anzahl von Flugstunden kam es hier aufgrund von Haarrissen zum plötzlichen Versagen der Struktur, die zu einem explosionsartigen Druckverlust und damit zum Totalverlust der Flugzeuge führte. Die tatsächliche Lebensdauer der Rumpfstruktur erreichte nicht einmal ein Drittel des Sollmaßes. Festgestellt wurde die Unfallursache durch ein bis dahin einmaliges Experiment. Mit einer Comet wurden in einem großen Tauchbecken verschiedene Flugsituationen und Druckwechsel so lange simuliert, bis das Material nachgab. Umgehend wurden alle noch fliegenden Comet 1 stillgelegt.

Eine modifizierte Comet 2 wurde nur von der RAF übernommen. Die Comet 3 war lediglich ein Prototyp, führte aber zur verbesserten Comet 4. Sie besaß

Die Comet 4 war eine in vielerlei Hinsicht verbesserte und verlängerte Ausführung ihrer Vorgängerin. Obwohl bei den Fluggesellschaften durchaus beliebt, konnte sie die inzwischen von der Boeing 707 besetzten Marktanteile nicht zurückerobern.

JULI

4. Juli: Erstmals überfliegt ein US-Spionageflugzeug Lockheed U-2 mit Hervey Stockman im Cockpit die Sowjetunion.

SEPTEMBER

7. September: Die X-2 erreicht eine Gipfelhöhe von 38.466 Meter.

OKTOBER

20. Oktober: Erstflug des Hubschraubers Bell XHU-1. Von der später als UH-1 Iroquois bezeichneten Serienausführung wurden mehr Exemplare gebaut als von jedem anderen Hubschrauber.

30. Oktober: In einem Horten-Segelflugzeug überfliegt der Deutsche Heinz Scheidhauer als erster Mensch die Anden.

31. Oktober: Die Douglas R4D-5 Super Dakota „Que Sera Sera“ landet als erstes Flugzeug am Südpol.

NOVEMBER

Erstflug der Cessna 172. Mit über 45.000 Stück wird es das meistgebaute Flugzeug aller Zeiten.

12. November: Eine Sikorsky S-56 (CH-37) des US Marine Corps stellt mit 261 km/h einen Geschwindigkeitsrekord für Hubschrauber auf.

11. November: Erstflug des Überschallbombers Convair B-58 Hustler.

18. November: Erstflug der Dassault Mirage III.

Ein anderer Passagierjet der ersten Generation war die Avro Canada C-102, die zwei Wochen nach der Comet zum Erstflug startete. Die Produktion wurde gestoppt, da sich die kanadische Flugzeugindustrie auf militärische Projekte umstellte.

Mit der Tupolew Tu-104 nahm die Sowjetunion als zweites Land den Passagierverkehr mit Strahlflugzeugen auf.

die heute überall üblichen kleinen und abgerundeten Fenster, „vorgespannte" größere Tragflächen und Rolls-Royce-Triebwerke Avon 524, die doppelt so stark waren wie die zuvor verwendeten Ghost-Turbinen. Das Flugzeug bot Platz für 81 Passagiere.

Auch die Erfindung des Flugschreibers geht auf die Unfallserie der Comet zurück. 1958 begann die Comet 4 den regulären Flugbetrieb und wurde zum ersten Jet-Airliner, der nach einem regelmäßigen Zeit-

1956	1957				
DEZEMBER	JANUAR	APRIL	MAI	JULI	AUGUST
26. Dezember: Erstflug der YF-106 Delta Dart.	18. Januar: Drei B-52 fliegen als erste strahlgetriebene Flugzeuge ohne Zwischenstop in 45 Stunden und 19 Minuten um den Globus. Sie werden dabei in der Luft nachbetankt.	4. April: Erstflug der Electric P.1B, Vorläufer des Mach-2-Jägers Lightning. 11. April: Der Heckstarter Ryan X-13 Vertijet geht als erstes Düsenflugzeug vom Vertikal- zum Horizontalflug über und landet wieder senkrecht.	15. Mai: Eine Valiant der RAF wirft über Christmas Island die erste britische Thermonuklearbombe ab.	Eine von John Glenn geflogene F8U-1 Crusader stellt mit drei Stunden und 23 Minuten einen neuen Streckenrekord zwischen Los Angeles und New York auf. 4. Juli: Erstflug des sowjetischen Turboprop-Verkehrsflugzeugs Iljuschin Il-18. 19. Juli: Eine F-89 Scorpion feuert über Nevada die erste – und bisher einzige – scharfe nukleare Luft-Luft-Rakete ab.	28. August: Eine britische Canberra mit zusätzlichem Raketenantrieb stellt mit 21.430 Metern einen neuen Höhenrekord auf.

plan die Nordatlantikroute bediente. Doch das Vertrauen in die Comet war unwiederbringlich verloren und nur 76 Stück fanden einen Käufer. In den wenigen Einsatzwochen drängten bereits amerikanische Verkehrsflugzeuge mit größerer Passagierkapazität und Reichweite auf den Markt und dominierten 15 Jahre lang die westliche Luftfahrtindustrie.

Neben der Comet gab es zwei weitere Modelle, die die Ära der strahlgetriebenen Verkehrsflugzeuge eröffneten. Da war zum einen die inzwischen fast vergessene kanadische Avro Canada C.102 Jetliner, die ihren Erstflug am 16. August 1949 unternahm und als erstes Düsenverkehrsflugzeug eine Ländergrenze überquerte, um in den USA auf Verkaufstour zu gehen. Zugleich war sie das erste turbinengetriebene Verkehrsflugzeug, welches Luftpost beförderte. Die C.102 fand zunächst eine Nische im Regionalverkehr an der hochfrequentierten amerikanischen Ostküste, wurde aber 1951 bei Ausbruch des Koreakriegs von dem für die Flugzeugindustrie zuständigen kanadischen Minister aus dem Programm genommen, da die Produktionskapazitäten zur Herstellung des Jagdflugzeugs CF-100 benötigt wurden. Alle von Avro Canadair gebauten Jetliner wurden verschrottet, nur eine Bugsektion blieb der Nachwelt erhalten.

Schließlich hatte auch die Sowjetunion den Schritt in die moderne zivile Luftfahrt erfolgreich gemeistert. Die von Andrej Tupolew entworfene Tu-104 flog weltweit als drittes Düsenverkehrsflugzeug, nahm als zweites den Liniendienst auf und war das erste zweistrahlige Passagierflugzeug. Wie bei der

Die Boeing B-47 verkörpert eine radikale Abkehr von den bisherigen Konstruktionsprinzipien. Ihre dünnen und flexiblen Tragflächen – die zurückgingen auf Forschungsergebnisse aus dem Zweiten Weltkrieg – waren um 35 Grad gepfeilt und trugen an unteren Aufhängungen sechs Turbinen.

OKTOBER

4. Oktober: Die Sowjetunion bringt mit Sputnik 1 erstmals einen Satelliten in eine Erdumlaufbahn.

NOVEMBER

3. November: Die Sowjetunion schießt mit dem Hund „Laika“ erstmals ein Lebewesen in eine Erdumlaufbahn. Eine Rückkehr ist nicht vorgesehen.

DEZEMBER

6. Dezember: Erstflug der Lockheed Electra 188.

12. Dezember: Eine McDonnell F-101A Voodoo stellt mit 1943 km/h einen neuen Geschwindigkeitsrekord auf.

20. Dezember: Erstflug der Boeing 707.

1958

MAI

7. Mai: Eine Lockheed F-104A Starfighter der US Air Force erfliegt mit 27.811 Metern einen neuen Höhenrekord.

Comet waren die Turbinen in die Flügelwurzeln integriert. Tragflächen, Heck und Triebwerke der Tu-104 waren dem Bomber Tu-16 (Badger) entnommen. Nur der Rumpf stellte eine Neuentwicklung dar und bot in der Standardausführung 50 Passagieren Platz. Nach dem Erstflug im November 1955 ging die Tu-104 im September bei der staatlichen Aeroflot in Dienst. Auch die Tu-104 war von diversen Unfällen betroffen, allerdings unter Ausschluss der Öffentlichkeit. Da sie den wirtschaftlichen Ansprüchen im Westen nicht genügte, fand sie neben der Aeroflot nur bei der tschechoslowakischen Staatsfluglinie CSA Verwendung. Bis 1960 wurden etwa 200 Stück hergestellt.

Boeing, Douglas und Convair

Während die Comet in Schwierigkeiten steckte, waren die amerikanischen Flugzeugfirmen alles andere als untätig. Auch sie hatten inzwischen begriffen, dass die Zukunft im Düsentriebwerk lag. Boeing hatte einen Auftrag des Strategic Air Command (SAC) zum Bau eines Tankers für den sechsstrahligen Pfeilflügelbomber B-47 Stratojet erhalten, da die KC-97 zu langsam war.

Zwei Jahre vor Projektbeginn war das Demonstrationsmodell 367-80 vorgestellt worden. Es wurde als

Fluggäste einer Douglas DC-8 genießen die an Bord angebotene Mahlzeit. Der hohe Passagierkomfort ist unübersehbar.

1958

MAI

16. Mai: Eine F-104A Starfighter mit Walter Irwin erreicht als erstes Flugzeug eine Geschwindigkeit von über 2000 km/h (2259 km/h).

27. Mai: Erstflug der XF4H-1, Prototyp der F-4 Phantom II. Die Phantom ist das am häufigsten gebaute Kampfflugzeug der westlichen Welt.

30. Mai: Erstflug der Douglas DC-8.

AUGUST

31. August: Erstflug des trägergestützten Atombombers YA3J-1 Vigilante.

OKTOBER

4. Oktober: Eine Comet 4 der BOAC nimmt als erstes Düsenflugzeug den transatlantischen Passagierdienst auf.

26. Oktober: Pan Am nimmt mit einer Boeing 707-121 zwischen New York und Paris den planmäßigen Transatlantikverkehr auf.

DEZEMBER

4. Dezember: Erstflug der Baade 152. Das erste und einzige in der DDR entwickelte und gebaute strahlgetriebene Verkehrsflugzeug stürzt wenig später ab. Die Produktion wird mangels Marktchancen eingestellt.

In den frühen 1950er-Jahren zog Boeing aus den mit den Bombern B-47 und B-52 gesammelten Erfahrungen die richtigen Schlüsse und schuf mit der 707 ein marktbeherrschendes Passagierflugzeug. Der Erstflug datiert vom Juli 1954.

Dash 80 bekannt und hatte mit der 367 Stratofighter kaum noch etwas gemein. Der zylinderförmige Rumpf und vier Triebwerke in Einzelaufhängung kündigten ein völlig neues Design an. Nach Versuchen mit Passagiersitzen, Frachtluken und Luftbetankungsstutzen fanden sowohl die US Air Force als auch zivile Fluggesellschaften Gefallen an dem Entwurf.

Die USAF wünschte einen größeren Frachtraum, um Standardpaletten transportieren zu können. Daraus wurde die C-135 mit einer Innenraumbreite von 355 cm und einem um 20 cm höheren Frachtraum gegenüber der Dash 80, welcher der C-97 entlehnt wurde.

Während sich auch die zivile Version als Boeing 707 in der Endphase befand, trat Douglas auf den Plan und bot die DC-8 mit einem um 7,5 cm breiteren Frachtraum an. Die Antwort von Boeing ließ nicht lange auf sich warten. Mit einer nochmaligen Frachtraumerweiterung um 2,5 cm wurde über die ganze Flugzeuglänge ein komfortables Kabinenvolumen angeboten. Diese 2,5 cm entschieden über einen Großauftrag der American Airlines und sicherten Boeing schließlich den Löwenanteil des neuen Marktsegments. Die Dash 80 gilt zwar als Vorgänger der 707- und C-135-Familie, unterschied sich allerdings durch einen völlig anderen Rumpf.

Die erste reine 707 machte ihren Erstflug im Dezember 1957 noch vor der DC-8, aber später als die Convair CV-880. Dennoch war es die 707, welche als erstes der drei Konkurrenzmuster im Oktober 1958 bei Pan Am den regulären Linienverkehr auf der lukrativen Verbindung New York – London aufnahm. Die Düsenjets verursachten vier Mal soviel Kosten wie die letzten Kolbenmotormaschinen, boten aber einen deutlich ruhigeren Flugverlauf und verkürzten die Reisezeit beträchtlich. Statt in siebeneinhalb gelangte man jetzt in viereinhalb Stunden von New York nach Los Angeles. Tankstopps auf der Nordat-

1959

MÄRZ	JUNI	SEPTEMBER	OKTOBER	DEZEMBER
11. März: Erstflug der Sikorsky S-61, Prototyp der YHSS-2 und späteren H-3 Sea King.	17. Juni: Erstflug der Dassault Mirage IV. Der Überschallbomber bleibt bis 2005 im Dienst. 28. Juni: Eine Tu-114 der sowjetischen Staatslinie Aeroflot fliegt in elf Stunden und sechs Minuten nonstop von Moskau nach New York.	7. September: Erstflug der Tupolew S-105, Prototyp des Überschallbombers Tu-22 (Blinder) 18. September: Die DC-8 nimmt bei Pan Am den Flugbetrieb auf.	31. Oktober: Georgi Mossolow stellt auf einer E-66 (eine Ableitung der MiG-21) mit 2681 km/h einen neuen Geschwindigkeitsrekord auf.	6. Dezember: Eine F-4 Phantom II erreicht mit 30.040 Meter einen neuen Höhenweltrekord. 9. Dezember: Eine Kaman H-43B Husky stellt mit 9097 Metern Gipfelhöhe eine neue Bestleistung für Hubschrauber auf. 14. Dezember: Mit einer F-104C Starfighter wird eine Gipfelhöhe von 31.513 Metern erreicht.

lantikroute gehörten vor allem bei geringem Gegenwind der Vergangenheit an.

Ende der 1950er-Jahre waren Verkehrsflüge noch immer ein Privileg wohlbegüterter Kunden, und Bordservice war nur gegen Aufpreis zu haben. Touristenpreise nach Europa waren von der obskuren Bedingung abhängig, wonach der Aufenthalt mindestens drei Wochen betragen musste. Nicht jedermann konnte sich daher ein Ticket im neuen „Jet-set" leisten. Erst als die ersten Düsenverkehrsflugzeuge nach einigen Jahren Liniendienst zum Verkauf anstanden und von Chartergesellschaften übernommen wurden, konnten komplette Reisegruppen preisgünstig an ein bestimmtes Urlaubsziel befördert werden. Damit war der Massentourismus geboren.

Die im Frühjahr 1956 angekündigte Convair 880 hatte gegenüber ihren beiden Konkurrenten Boeing 707 und Douglas DC-8 weniger Sitzplätze, verfügte jedoch über eine höhere Geschwindigkeit. Die Version 22 wurde zum Standardliner auf dem US-amerikanischen Inlandsnetz.

Douglas kam mit seiner DC-8 ein wenig später als Boeing zum Zuge und litt vor allem unter dem Nachteil, dass man keine militärische Tanker- und Militärtransporterversion anbot und daher auf Großaufträge des Pentagons verzichten musste. Trotzdem hat sich die etwas teurere DC-8 bis Ende 1958 fast so häufig verkauft wie die Boeing 707. In der Gesamtbilanz überstieg der Absatz der B 707 jenen der DC-8 dann aber doch um mehr als das Doppelte, obwohl die Triebwerke der DC-8 oft modifiziert wurden. Ihre starken Turbofans mit einem hohen Nebenstromverhältnis machten sie nämlich zu einer interessanten Alternative auf dem Frachtsektor. Heute stehen noch mehr DC-8 im Dienst als 707.

Das dritte amerikanische Düsenverkehrsflugzeug der ersten Generation war die Convair CV-880. Hinter ihrer Entwicklung stand einmal mehr Howard Hughes, doch diesmal war sein Wirken wenig hilfreich. Er bestand auf fünf nebeneinander liegenden Sitzen und verlangte, dass das Flugzeug nicht an einen Konkurrenten der TWA verkauft wurde. Damit war er mit dafür verantwortlich, dass zwischen 1959 und 1962 lediglich 65 CV-880 einen Abnehmer fanden, obwohl

1960

APRIL

19. April: Erstflug der Grumman A2F-1, Prototyp der A-6 Intruder.

MAI

1. Mai: Eine vom CIA eingesetzte U-2 wird über der Sowjetunion abgeschossen. Pilot Francis Powers gerät in Gefangenschaft.

JUNI

24. Juni: Erstflug des Turbopropliners Avro (später Hawker Siddeley) 748.

AUGUST

16. August: Der amerikanische Testpilot Hauptmann Joseph Kittinger springt aus 31.332 Metern Höhe aus einem Ballon ab und stellt dabei vier noch heute gültige Weltrekorde auf: höchste Ballonfahrt mit offener Gondel, höchste Geschwindigkeit eines Menschen ohne besondere Schutzhülle, längster freier Fall und längster Fallschirmsprung.

1961

APRIL

12. April: Juri Gagarin umkreist als erster Mensch in einer Wostok-Raumkapsel die Erde.

28. April: Eine Mikojan E-66A steigt bis in die Rekordhöhe von 34.714 Metern.

MAI

5. Mai: Der US-Amerikaner Alan Shepard wird von einer Mercury-Redstone-Rakete zu einem ballistischen Flug in den Weltraum befördert.

JULI

9. Juli: Erstflug des Mil Mi-8, erfolgreichster sowjetischer/russischer Hubschrauber.

SEPTEMBER

21. September: Erstflug der YCH-47, Prototyp des Tandemhubschraubers CH-47 Chinook.

sie mit 1006 km/h schneller als ihre beiden Mitbewerber war. Noch schneller und größer war die CV-990, die aber mit lediglich 37 verkauften Exemplaren für rote Zahlen in den Geschäftsbüchern sorgte.

1962 hatten Düsenverkehrsflugzeuge endgültig den Langstreckenmarkt erobert. Ihr Erscheinen verdrängte nicht nur die Kolbenmotormaschinen, sondern auch die Passagierdampfer. 1958, im ersten Jahr des düsengetriebenen Flugverkehrs, benutzten auf der Transatlantikroute erstmals mehr Passagiere das Flugzeug als das Schiff. 1965 verschwand die „Queen Mary" der Cunard Line aus dem Nordatlantikfahrplan, während ihre vorgesehene Nachfolgerin „Queen Elizabeth 2" als Kreuzfahrtschiff umgebaut wurde. Mit Ausnahme kurzer Linienverbindungen und dem Kreuzfahrt-Tourismus war damit das Ende der Massenseereisen gekommen.

Auch auf der Kurzstrecke nahte mit dem Aufkommen der Boeing 727 das Aus kolbenmotorgetriebener Verkehrsflugzeuge. Am Ende des Jahrzehnts revolutionierten Flugzeuge wie die Boeing 747 und die Concorde ein weiteres Mal den kommerziellen Luftverkehr.

Ohne dass es zuvor einen Prototyp gab, absolvierte die erste Convair 990 am 24. Januar 1961 ihren Erstflug.

OKTOBER

30. Oktober: Eine Tu-95A wirft über der Insel Nowaja Semlja eine 50-Megatonnen-Wasserstoffbombe ab. Es ist die stärkste bis dahin weltweit getestete Waffe.

NOVEMBER

22. November: Eine modifizierte F-4H-1F Phantom II stellt mit 2585 km/h einen neuen Geschwindigkeitsrekord auf.

1962

JANUAR

9. Januar: Erstflug der Hawker Siddeley Trident, erster sogenannter „Tri-jet".

APRIL

24. April: Erstflug des Mach-3-Aufklärers Lockheed A-12.

JUNI

27. Juni: Die Mikojan E-166 holt mit 2681 km/h den Geschwindigkeitsrekord wieder in die Sowjetunion.

29. Juni: Erstflug des Verkehrsflugzeugs Vickers VC10. Einige Exemplare bleiben als Tanker im Dienst der britischen Luftwaffe.

JULI

17. Juli: Robert White erreicht auf einer X-15A mit 95.936 Metern einen neuen Höhenrekord für nicht eigenstartfähige Flugzeuge und erhält die Astronauten-Schwingen.

DEZEMBER

31. Dezember: Die US Navy stellt ihr letztes Luftschiff außer Dienst.

CHINA
LAKE
7680
147680
NAVY

Der Kalte Krieg

In den 1960er-Jahren hielt der Kalte Krieg die Welt fest im Griff. Seit dem 13. August 1961 trennte die Mauer West-Berlin vom Rest der Stadt und dem natürlichen Umfeld ab. Im Oktober 1962 folgte die Raketenkrise auf Kuba, die die Menschheit an den Rand eines dritten Weltkriegs brachte.

Im Juni 1963 besuchte der amerikanische Präsident John F. Kennedy West-Berlin und erklärte sich mit den Einwohnern solidarisch. Mit scharfen Atomwaffen beladene Bomber befanden sich rund um die Uhr in der Luft. Die französischen Truppen hatten mittlerweile Indochina verlassen, welches in Nord- und Südvietnam zerfiel. Durch die häufigen Vorstöße aus dem Norden wurden die im Süden stationierten US-„Berater" zunehmend in Kampfhandlungen verwickelt.

Im September 1962 hatten die amerikanischen Streitkräfte ihr Flugzeug-Bezeichnungssystem umgestellt. Das Schema der Luftwaffe wurde zum Standard erklärt. Damit ließ sich ein Flugzeug hinsichtlich seiner Kategorie, seines Typs, seiner Herstellernummer und seiner Modifikation beschreiben. Auch die Marine, die bisher das Bezeichnungssystem des jeweiligen Herstellers übernommen hatte, passte sich der neuen Nomenklatur an. Beispielsweise wurde aus der A4D-2N Skyhawk (Himmelsfalke) – das zweite Modell des vierten von Douglas gebauten Angriffsflugzeugs in der Modifikation für Nacht/Allwettereinsätze – die A 4C, das bedeutete drittes Modell des vierten Douglas-Angriffsflugzeugs in der aktuellen Konfiguration. Das führte zu Unmut bei denjenigen, die das ältere System wegen der besseren Transparenz bevorzugten. Die neue Kennzeichnung war jedoch einfacher und setzte sich spätestens mit der Einführung neuer Typen und der Fusion einiger Firmen durch.

Links: Eine Douglas A4 Skyhawk beim Test einer Anti-Radar-Rakete Shrike bei der Naval Air Weapons Station in China Lake. Dies ist der mitten in der Wüste gelegene Standort der Naval Air Warfare Center Weapons Division, der Waffenschule der US-Marineflieger.
Rechts: Eine Douglas A4C.

Die sowjetische Luftmacht

Potenzielle Gegner der USA und ihrer NATO-Verbündeten waren die mächtigen Luftstreitkräfte der Union der Sozialistischen Sowjetrepubliken (UdSSR). Luftstreitkräfte als Plural, weil die UdSSR verschiedene

Bei der MiG-17 handelt es sich um einen stark verbesserten Nachfolger der MiG-15. Der Jäger befand sich in großer Stückzahl bei den Luftstreitkräften des Ostblocks im Einsatz und erwies sich im Vietnamkrieg für die amerikanischen Bomber als gefährlicher Gegner.

Start einer North American F-86 Sabre.

voneinander unabhängige Befehlsebenen unterhielt. Da waren zunächst die Luftverteidigung (Protiwo-Wosdushnaja Oborona, PWO) mit Raketen, Radarstationen und Abfangjägern, die eigentlichen Luftstreitkräfte (Wojennije-Wosdushnije Sily, WWS), die sich wiederum in Strategische, Taktische (Front-) und Transportfliegerkräfte unterteilten sowie die Fliegerverbände der Seekriegsflotte, deren Stützpunkte sich jedoch überwiegend an Land befanden.

Der Sowjetunion ist oft der Vorwurf gemacht worden, westliche Konstruktionen zu kopieren. Kritiker verweisen immer wieder auf die äußerlichen Ähnlichkeiten zwischen den Jägern MiG-17/F-86 und Su-27/F-15, den Bombern Su-24/F-111 oder den Transportern Il-76/C-141.

Aber keineswegs alle sowjetischen Flugzeuge waren mit ihren westlichen Gegenstücken vergleichbar. Treffliches Beispiel sind die Tupolew Tu-95 und ihre maritime Variante Tu-142, der weltweit einzige noch in Dienst stehende strategische Bomber mit Turbopropantrieb. Die seit 1956 produzierte Maschine – und ihre zivile Ableitung Tu-114 – stellt eine beachtliche technologische Errungenschaft dar, ohne dass es dazu im Westen ein Vorbild gab. Hier waren nur wenige Turboprop-Angriffsflugzeuge gebaut worden, die aber wie die Douglas Skyshark und die nur geringfügig bessere Westland Wyvern erfolglos blieben. Nur die westlichen Langstrecken-Seeaufklärer besaßen meistens Turboprop-Antriebe, da diese einen niedrigeren Kraftstoffverbrauch aufwiesen. Bei Bombern kam es nach westlicher Auffassung viel mehr auf Geschwindigkeit und Gipfelhöhe an, was nur durch Strahlantrieb zu erreichen war. Im Übrigen wurde die Kombination von Pfeilflügel und Turboprop als viel zu kompliziert

1963

JANUAR

9. Januar: Erstflug des sowjetischen Senkrechtstarters Jakowlew Jak-36.

FEBRUAR

9. Februar: Erstflug der Boeing 727. Bis 1984 werden über 1800 Stück gebaut.

25. Februar: Erstflug des französisch-deutschen Militärtransporters C 160 Transall.

APRIL

20. April: In Deutschland nimmt der überschallschnelle Senkrechtstarter EWR VJ 101 C-X1 – zunächst auf einer Pendelsäule – die Flugerprobung auf.

MAI

1. Mai: Auf einer F-104 stellt Jacqueline Cochran mit 1937 km/h einen neuen Geschwindigkeitsrekord für Frauen auf.

Der zweisitzige Kampftrainer Suchoj Su-27IB (Flanker) wurde Ausgangsmuster für den Jagdbomber Su-34.

Die zunächst als FX bezeichnete F-15 Eagle starte erstmals am 27. Juli 1972.

angesehen. Das Konstruktionsbüro Tupolew hatte dieses Problem aber offenbar in den Griff bekommen. Die Tu-95/142 verfügte über vier mächtige Triebwerke vom Typ Kusnezow NK-12MW, von denen jedes 11.033 kW leistete und jeweils zwei große gegenläufige Propeller antrieb. Die damit erreichbare Höchstgeschwindigkeit von 925 km/h war nur wenig geringer als die des zur gleichen Zeit in Dienst gegangenen US-Düsenbombers B-47 und sogar höher als jene des britischen Gegenstücks Vickers Valiant.

Die Tu-95 entstand in vielen Versionen. Die Luftstreitkräfte setzten die Tu-95S – im Westen manchmal falsch mit Tu-20S bezeichnet – als Bomber, Raketenträger, Flugzeug für elektronische Kriegsführung und Aufklärer ein, die Seekriegsflotte die Tu-142 als weitreichenden Aufklärer, U-Boot-Jäger und fliegende Relaisstation.

Die im NATO-Code als Bear bezeichnete Maschine ruft bis heute über der Ost- und Nordsee häufig den Einsatz westlicher Abfangjäger auf den Plan. Dabei testen die Tu-95 entweder das gegnerische Verteidigungssystem oder simulieren den Abschuss von Lenkflugkörpern auf Großbritannien. Gelegentlich flogen Tu-95 vom Norden der UdSSR direkt nach Kuba.

4. Mai: Jungfernflug der Mystère 10, erstes von Dassault entwickeltes Geschäftsreiseflugzeug.

JUNI

16. Juni: Die sowjetische Kosmonautin Walentina Tereschkowa ist die erste Frau im All.

JULI

31. Juli: Erstflug der Northrop YF-5A Freedom Fighter. Das Jagdflugzeug wird in über 25 Länder exportiert.

AUGUST

20. August: Erstflug des zweistrahligen Kurzstreckenliners BAC-111.

OKTOBER

7. Oktober: Erstflug des Gates Learjet 23. Der Learjet verkörpert den Ursprungstyp strahlgetriebener Geschäftsreiseflugzeuge und wird heute von Bombardier hergestellt.

NOVEMBER

20. November: Die US Air Force stellt die F-4C Phantom II in Dienst.

NATO-Piloten berichten immer wieder von dem enormen Lärm der Triebwerke, der trotz Druckkabine und Helm zu ihnen durchdrang. Obwohl mit der Tu-22 (Blinder), Tu-22M (Backfire) und Tu-160 (Blackjack) längst auch in der Sowjetunion strategische Düsenbomber entwickelt waren, steht die altmodisch wirkende und bis in die 1990er-Jahre gebaute Tu-95 noch immer in beachtlicher Stückzahl im Dienst der russischen Fernfliegerkräfte.

Der Prototyp des mit veränderbarer Tragflächengeometrie versehenen schweren Jagdbombers F-111A Aardvark (Ameisenbär) flog zum ersten Mal am 21. Dezember 1964. Die nächste in den Truppendienst übernommene Variante war die F-111E.

Nach ihrem Erstflug im Jahr 1970 begann die Auslieferung der Su-24A (Fencer) vier Jahre später. Sie gilt als sowjetisches Gegenstück zur F-111.

Die Bomber der RAF

1963 leistete sich die britische Luftwaffe gleich drei schwere Bombertypen, die alle auf einer Ausschreibung aus dem Jahr 1947 basierten: Vickers Valiant (Mutiger), Handley Page Victor (Sieger) und Avro Vulcan (Vulkan).

Ältester der drei V-Bomber war die Vickers 667 Valiant in einer noch sehr konservativen Auslegung. Sie gelangte nur deswegen in Dienst, weil die beiden anderen Typen nicht rechtzeitig fertig wurden. Inzwischen ist so gut wie vergessen, dass die Valiant als erster V-Bomber an einem Kampfeinsatz teilnahm und

1963	1964				
DEZEMBER	JANUAR	FEBRUAR	MÄRZ		APRIL
17. Dezember: Erstflug der C-141 Starlifter, erster Militärtransporter der US Air Force mit Strahlantrieb	20. Januar: Erstflug des später überaus erfolgreichen Turboprop-Geschäftsreiseflugzeugs Beech King 90.	1. Februar: Die Boeing 727 nimmt bei Eastern Air Lines den Liniendienst auf.	19. März bis 17. April: Die Amerikanerin Jerrie Mock fliegt in einer einmotorigen Cessna 180 in 29 Tagen, elf Stunden und 59 Minuten mit 21 Zwischenlandungen solo um die Welt.	24. März: Die Mittel für einen Überschalltransporter (SST) werden in den USA gestrichen. Nur ein maßstabgetreues Mock-up wird fertiggestellt.	9. April: Erstflug des STOL-Transporters de Havilland Canada DHC-5 Buffalo.

Eine offenkundig zufriedene sowjetische Besatzung nach einem Testflug mit einer Iljuschin Il-76 (Candid).

im Oktober 1956 während des Suezkriegs ägyptische Flugplätze bombardierte. Im gleichen Monat warf die Valiant über der südaustralischen Wüste als erster britischer Bomber eine Atombombe zu Testzwecken ab. Nachdem die beiden anderen V-Bomber voll einsatzbereit waren, wurde die Valiant für taktische Tiefangriffe umgerüstet. Für diesen anspruchsvollen Einsatzzweck war die Struktur allerdings nicht ausgelegt. Nach einer Reihe von Abstürzen wurden in den meisten Tragflächenholmen Ermüdungserscheinungen festgestellt und die Valiant Ende 1964 aus dem Flugbetrieb genommen.

Die Handley Page HP. 80 Victor zeichnete sich durch eine aerodynamisch deutlich fortschrittlichere Konzeption aus. Der freitragende Mitteldecker wirkte ziemlich futuristisch und besaß Sichelflügel mit einer

Der Jungfernstart der C-141A Starlifter datiert vom 17. Dezember 1963.

JULI

29. Juli: Als erster Senkrechtstarter erreicht die deutsche VJ 101 mit Mach 1,04 Überschallgeschwindigkeit.

31. Juli: Der Amerikaner Alvin Parker bezwingt als Erster mit einem Segelflugzeug Sisu-1A die 1000-km-Distanz.

SEPTEMBER

21. September: Der für dreifache Schallgeschwindigkeit ausgelegte Bomber North American XB-70A Valkyrie startet zum Erstflug. Der erste Mach-3-Flug findet am 14. Oktober 1965 statt.

OKTOBER

14. Oktober: Erstflug der Sikorsky YCH-53 (S-65), Prototyp der CH-53 Sea Stallion. Bis heute ist die CH-53 der schwerste amerikanische Hubschrauber.

16. Oktober: China testet seine erste Atombombe.

DEZEMBER

21. Dezember: Erstflug der General Dynamics F-111A. Es handelt sich um einen zweisitzigen Bomber mit variabler Tragflächengeometrie („swing wing“).

22. Dezember: Erstflug des Mach-3-Aufklärers SR-71.

Oben: Zum ersten Mal erschien die Tupolew Tu-22 (Blinder) 1961 während der Luftparade in Tuschino in der Öffentlichkeit.

Oben: Die Tu-95 (Bear) steht seit 50 Jahren als strategischer Langstreckenbomber und Seeaufklärer im Dienst.

Rechts: Der strategische Überschallbomber Tu-160 fliegt seit dem 19. Dezember 1981.

1965

FEBRUAR

12. Februar: Erster Schwebeversuch der Mirage IIIV. Mit im Jahr 1966 erreichten Mach 2,04 ist das der schnellste jemals gebaute Senkrechtstarter.

25. Februar: Erstflug der Douglas DC-9. Die Produktion wird unter den Bezeichnungen MD-80/90 und später Boeing 717 bis Anfang 2000 fortgeführt.

MÄRZ

6. März: Eine SH-3A Sea King startet von einem Träger an der Westküste der USA und landet auf einem ebensolchen an der Ostküste.

18. März: Der sowjetische Kosmonaut Alexej Leonow macht den ersten „Weltraumspaziergang“.

APRIL

15. April: Erstflug der Aérospatiale SA.330, Prototyp des Puma, in Frankreich.

MAI

1. Mai: Eine YF-12A stellt mit 3331 km/h einen neuen Weltrekord auf.

JUNI

4. Juni: Erstflug der Nanchang Q-5 (Fantan), einer verbesserten Variante der sowjetischen MiG-19, in China.

dreifach abgestuften Pfeilung und Profiltiefe, eine spitz zulaufende Nase und bündig in die Bugnase eingepasste Cockpitscheiben. Nur ein einziges Mal in ihrer Karriere warfen zwei B.1A Victor während der Kämpfe gegen kommunistische Rebellen in Malaya Anfang der 1962er-Jahre scharfe Bomben auf ein reales Ziel ab. Die Verwendung strategischer Bomber gegen kleine und noch dazu im Dschungel gut verborgene Kampfgruppen gehörte eigentlich nicht zu den Einsatzszenarien der RAF, obwohl eine Victor gleichzeitig 35 konventionelle 454-kg-Bomben abzuwerfen in der Lage war. Nur wenige Jahre später sah sich aber auch die USAF in Vietnam zu großflächigen Bombardements gegen hartnäckige Guerilla-Gruppen gezwungen.

Anfänglich als Höhenbomber mit nuklearen und konventionellen Freifallbomben entwickelt, wurde die Victor bald als Träger der thermonuklearen Mittelstrecken-Flügelrakete Blue Steel umgerüstet. Der hohe Gefährdungsgrad durch radargelenkte sowjetische Boden-Luft-Raketen und die begrenzte Reichweite von Blue Steel von nur 90 km machten außerdem den Wechsel zu Tiefangriffsverfahren und dem damit einhergehenden Austausch der grau-weißen Anti-Reflexions-Bemalung durch einen grünen Sichtschutzanstrich erforderlich. Mit Indienststellung der Victor wurden einige Valiant zu Tankern umgebaut. Deren Rolle übernahmen nach der Aussonderung entsprechend umgerüstete Victor.

Als nuklearwaffenfähiges Angriffsflugzeug stand die Victor B.2 bis 1975 im Dienst. Die Tankerversion K.2 schied erst 1993 aus dem Bestand der RAF, nachdem sie im Falklandkrieg 1982 und im Golfkrieg 1991 eine bedeutsame Rolle gespielt hatte.

Der erste der sogenannten V-Bomber der RAF war die Vickers Valiant.

Als letzter der drei V-Bomber flog die Vulcan. Sie wurde aber noch vor der Victor 1956 in Dienst gestellt und avancierte zum bekanntesten Vertreter des Trios. Die Vulcan war ein schwanzloser Deltaflügler mit vier in den Tragflächenwurzeln untergebrachten Triebwerken. Letzteres war ein Merkmal aller drei V-Bomber. Wie die Victor durchlebte auch die Vulcan diverse Modifizierungen vom Höhenbomber über einen Raketenträger zum Tiefangriffsflugzeug und – in geringer Stückzahl – zum Tanker.

Ursprünglich war die Vulcan zur Mitnahme der amerikanischen Luft-Boden-Rakete AGM-48 Skybolt als Ersatz der Blue Steel vorgesehen. Die Skybolt verfügte über eine größere Reichweite und musste nicht mit spitzen Fingern wie die Blue Steel mit ihrem hochexplosiven, auf der Basis von Wasserstoffperoxid hergestellten Treibstoff angefasst werden.

Allerdings strich die US-Regierung die Skybolt Ende 1962 wieder aus dem Rüstungsprogramm. Als nukleare Option verblieben der britischen Regierung nach Aussonderung der Blue Steel Ende 1971 nur noch die Polaris-Raketen ihrer U-Boote.

10. Juni: Automatische Landung einer Trident in Heathrow.

JULI

Genaues Datum nicht bekannt: Öffentliche Vorführung des bisher größten Flugzeugs der Welt, die An-22 Antäus in Paris.

23. Juli: Erstmals wird über Nordvietnam ein Flugzeug durch eine Boden-Luft-Rakete abgeschossen. Das Opfer ist eine F-4C Phantom II der US Air Force.

SEPTEMBER

7. September: Der Prototyp der Serie AH-1 Cobra fliegt. Es ist der erste reine Kampfhubschrauber.

27. September: Erstflug des trägergestützten Bombers A-7 Corsair II.

NOVEMBER

15. November: Eine Boeing 707 der Gesellschaft Flying Tiger Line überquert erstmals bei einer Weltumrundung beide Polkappen.

Als letzter einer langen Serie von Handley Page gebauter Bomber entstand die HP.80 Victor. Hier der Prototyp, welcher erstmals am 24. Dezember 1952 abhob.

Auch die Vulcan musste sich nur ein einziges Mal als Bomber im scharfen Einsatz betätigen. Als im Mai 1982 der Falklandkrieg ausbrach, starteten von dem winzigen britischen Außenposten Ascension Island mitten im Südatlantik drei Vulcan B.2 im Rahmen der Operation „Black Buck" (Schwarzer Peter) zu sieben Angriffen gegen Flugplätze und Radareinrichtungen rund um Stanley. Um eine einzige Vulcan in Zielnähe und zurück zu bringen, waren elf Tanker Victor K.2 notwendig! Weitere Tanker wurden in Reserve gehalten oder mussten andere „durstige" Tanker auf den Rückflügen versorgen. „Black Buck" verursachte zwar nur geringe Materialschäden, hielt die argentinischen Kampfjets aber von Starts und Landungen auf den Falklandinseln ab und zwang sie zum Schutz des Luftraums von Buenos Aires. Die Angriffe der Vulcan auf Stanley hatten nämlich deutlich gemacht, dass sich auch die argentinische Hauptstadt in ihrer Reichweite befand.

Mittlere Bomber

Die britische V-Bomber-Reihe wurde nach unten durch die zweistrahlige English Electric Canberra abgerundet, welche im Mai 1949 als erster westeuropäischer Jetbomber nach dem Zweiten Weltkrieg – die deutsche Junkers Ju 287V1 flog bereits im August 1944 – abhob. Die ziemlich althergebrachte Konstruktion löste die Avro 694 Lincoln ab, die seit 1951 im Dienst der RAF stand. Einige Canberra sollten im Ernstfall von westdeutschen Basen taktische Atomangriffe unternehmen. Von ihrer ursprünglichen Konzeption her war die Canberra aber als konventioneller mittlerer Tagbomber ausgelegt. In dieser Rolle setzte sie die britische Luftwaffe im Suezkrieg 1956 und in Malaya und in Borneo ein. Schließlich entpuppte sich die Canberra auch als Exportschlager und war bald aus den Luftwaffen von Indien, Argentinien, Chile, Venezuela, Peru, Australien, Neuseeland und Südafrika über einen langen Zeitraum nicht mehr wegzudenken. Selbst die ansonsten so restriktive US Air Force wusste den Kampfwert der Canberra zu schätzen und übernahm sie als bei Martin in Lizenz gebaute B-57 in den Bestand. Im Vietnamkrieg erschien eine Version der B-57 für nächtliche taktische Angriffsmissionen. Vor allem jedoch die Fotoaufklärerversion PR.9 verschaffte der Canberra einen exzellenten Ruf. Vor ihrer endgültigen Aussonderung im Juli 2006 nach 40 Dienstjahren bei der RAF

1965

DEZEMBER

2. Dezember: Mit dem amerikanischen Flugzeugträger „Enterprise" greift erstmals ein Schiff mit Nuklearantrieb in Kampfhandlungen (Vietnamkrieg) ein.

17. Dezember: Die US Air Force erprobt mit CH-3 und KC-130 die Luftbetankung von Hubschraubern.

1966

JANUAR

7. Januar: Die SR-71 Blackbird wird von der US Air Force in Dienst gestellt.

10. Januar: Erstflug der Bell 206A, einer zivilen Version der H-58 Kiowa. Als Jet Ranger erlangt der leichte Hubschrauber eine große Verbreitung.

17. Januar: Bei der Kollision einer B-52 und einer KC-135 über Spanien gehen über Land und See mehrere Atombomben verloren.

FEBRUAR

23. Februar: Erstflug der Dornier Do 28.

JULI

12. Juli: Erster Probeflug des experimentellen Gleitkörpers Northrop/NASA M2F2 („Lifting Body").

bewährte sie sich erst kürzlich noch über Irak, Afghanistan und dem Horn von Afrika.

Das bereits 1948 zum Erstflug gestartete sowjetische Äquivalent hieß Iljuschin Il-28 (Beagle). Ihr Entwurf – noch deutlicher als ihr nicht in die Serie übernommener Vorgänger Il-22 aus dem Jahr 1947 – geht unübersehbar auf deutsche Junkers-Beuteunterlagen aus dem Zweiten Weltkrieg zurück. Daher stellte die Il-28 mit Ausnahme der Strahltriebwerke noch keinen großen Entwicklungsschritt dar. Die Besatzung bestand aus Pilot, Bombenschütze und Heckschütze, wohingegen die Canberra bei der Selbstverteidigung auf ihre

Die Avro Vulcan B.2 war für die Mitnahme der amerikanischen ballistischen Mittelstreckenrakete Skybolt konzipiert. Als die Skybolt nicht verwirklicht wurde, erhielten einige Vulcan die britische Mittelstreckenrakete Blue Steel.

Wichtigster sowjetischer taktischer Bomber in den 1950er-Jahren war die Iljuschin Il-28.

AUGUST

2. August: Erstflug des sowjetischen Schwenkflüglers Suchoj Su-7, Vorgänger der Su-17/20/22 (Fitter).

31. August: Erstflug des britischen Senkrechtstarters Hawker Siddeley Harrier.

SEPTEMBER

24. September: Mit einer E-76 – ebenfalls eine modifizierte MiG-21 – stellt Marine Solowjewa einen neuen Frauen-Geschwindigkeitsrekord über 2044 km/h auf.

OKTOBER

21. Oktober: Erstflug des dreistrahligen Regionalverkehrsflugzeugs Jakowlew Jak-40.

NOVEMBER

18. November: Die X-15 erreicht eine Geschwindigkeit von 6480 km/h (Mach 6,33).

DEZEMBER

23. Dezember: Erstflug der Mirage F1. Es ist das einzige in Serie übernommene Kampfflugzeug von Dassault Mirage, bei dem keine Deltaflügel verendet werden.

1967

FEBRUAR

8. Februar: Die JAS-39 Viggen, erstes Kampfflugzeug mit Canard-Flügeln, startet in Schweden zum Erstflug.

hohe Geschwindigkeit setzte. Die Il-28 wurde in großer Stückzahl von den sowjetischen Fliegerkräften eingesetzt und an Verbündete geliefert. An vielen kleinen Konflikten war die Il-28 beteiligt, vor allem aber ihre pure Anwesenheit in Korea, Kuba und Vietnam – selbst wenn es sich nur um wenige Exemplare handelte – band eine erhebliche Anzahl amerikanischer Abfangjäger, auch wenn es so gut wie nie zu einer offensiven Verwendung der Il-28 auf diesen Schauplätzen kam.

Während des Sechs-Tage-Kriegs 1967 gehörten die ägyptischen Il-28 zu den ersten Zielen der israelischen Luftwaffe und wurden überwiegend zerstört. China baute Tausende Il-28 als Harbin H-6 nach und setzt diese bis heute ein. Auch die H-6 wurde in großer Stückzahl exportiert. Zu den letzten Nutzern außerhalb Chinas gehörte Rumänien. Vermutlich versieht die H-6 aktuell auch noch bei der nordkoreanischen Luftwaffe ihren Dienst.

Die English Electra Canberra war ursprünglich als Nachfolger der de Havilland Mosquito entwickelt wurden. Der Bomber wurde zum größten Erfolg der britischen Luftfahrtindustrie seit 1945 und ging erst 2006 in den Ruhestand.

Im Zeitalter der Raketen

Die wohl einschneidendste Nachkriegsentwicklung innerhalb der militärischen Luftfahrt war die Lenkrakete. In schneller Abfolge erschienen diverse Entwürfe für verschiedene Abschussplattformen und Verwendungszwecke (Boden-Luft, Boden-Boden, Luft-Boden). Bereits in den letzten Kriegsmonaten hatte die deutsche Luftwaffe gelenkte Luft-Boden-Raketen erprobt und ungelenkte Luftkampfraketen R-4 mit der Me 262 erfolgreich gegen amerikanische Bomberpulks eingesetzt. Aber erst 1956 wurde der US Air Force mit der amerikanischen Hughes GAR-1 (später umbenannt in AIM-4 Falcon) die erste wirklich serienreife gelenkte Luft-Luft-Rakete (Air-to-air-missile, AAM) zur Verfügung gestellt. Die Falcon gab es sowohl als funkmess- und infrarotgesteuerte Version. Sie sollte auf kurzer Distanz gegen langsam fliegende Ziele wie z. B. große Bomber zum Einsatz kommen. Nur ein direkter Treffer führte zur Vernichtung des Gegners.

Auch eine Version der AIM-4 mit einem nuklearen Sprengkopf wurde entwickelt, um damit ganze Bomberformationen zu zerstören, bevor diese ihre eigenen Atomwaffen abwerfen konnten. Ihre Verwendung war durch die geringe Reichweite von acht bis 16 km beschränkt, zumal ein Abschuss über dem eigenen Territorium nicht in Frage kam. Nachfolger der AIM-4 wurde die AIM-7 Sparrow (Sperling), die ebenfalls vielen Einschränkungen unterlag und sich im Vietnamkrieg als ziemlich unzuverlässig erwies.

1967

APRIL

7. April: Erstflug der Aérosptatiale SA.340 Gazelle. Bei dem erfolgreichen Leichthubschrauber kommt das verkapselte Heckrotorsystem Fenestron zum Einsatz.

9. April: Erstflug der Boeing 737. Die „Baby Boeing“ wird mit 5000 verkauften Exemplaren zum erfolgreichsten Düsenverkehrsflugzeug.

23. April: Der sowjetische Kosmonaut Wladimir Komarow verunglückt bei der Landung seiner Kapsel Sojus-1 tödlich. Damit kommt erstmals ein Mensch bei einem Raumflug ums Leben.

MAI

9. Mai: Erstflug der zweimotorigen Fokker F28 Fellowship in den Niederlanden.

JUNI

10. Juni: Erstflug der MiG-23-11/1, Prototyp der MiG-23 (Flogger).

Inzwischen wurde die Baureihe modernisiert und variiert, so dass sich die Sparrow noch immer in vielen Depots befindet.

Die bis heute erfolgreichste Luft-Luft-Rakete ist die AIM-9 Sidewinder (Klapperschlange), die in den Labors der US Navy in China Lake (Kalifornien) entwickelt wurde. Der große Vorteil der infrarotgelenkten Sidewinder ist ihre einfache technische Handhabung. Es bedarf keiner besonderen Vorrichtungen, um sie am Flugzeug anzubringen, und wenn sie einmal abgeschossen ist, muss sich der Pilot nicht weiter um ihren Flugweg kümmern. Es gilt das Prinzip „abschießen und vergessen“. Erstmals wurden Sidewinder am 24. September 1958 von nationalchinesischen F-86F gegen rotchinesische MiG-17 über der Straße von Taiwan in einem Luftkampf eingesetzt. Die Sabre konnten sich behaupten und das Aufeinandertreffen endete unentschieden. Dabei kehrte jedoch eine der beteiligten MiGs mit Bruchstücken einer nicht explodierten AIM-9B im Abgasrohr auf ihre Heimatbasis zurück. Die Teile wurden analysiert und der Sowjetunion zur Verfügung gestellt, welche die AIM-9B als R-3 (auch als K-13 oder im NATO-Code als AA-2 Atoll bezeichnet) erfolgreich zu kopieren vermochte und damit der eigenen Waffenforschung zu einem erheblichen Impuls verhalf.

Die Sidewinder wurde mit mehreren Tausend Stück zu den am häufigsten gebauten Luft-Luft-Raketen weltweit. Darunter befinden sich auch viele illegale Nachbauten aus der Sowjetunion und der Volksrepublik China.

Eine Convair F-102A Delta Dagger feuert eine Hughes AIM-4 Falcon ab. Die Falcon war die weltweit erste einsatzbereite Luft-Luft-Rakete.

Der Jäger wird zum Waffensystem

Mit der Aufnahme von Luft-Luft-Raketen in die Bewaffnung wurde das Jagdflugzeug aus der Rolle einer reinen Kanonenplattform herausgelöst und Teil eines komplexen Waffensystems, bestehend aus Radar, Feuerleitsystem, Raketen und den dazugehörigen Bodeneinrichtungen. Als die ersten Beispiele der neuen Generation gelten die Convair F-102 Delta Dagger und F-106 Delta Dart der US-amerikanischen Luftverteidigung. Beide Abfangjäger wurden halbautomatisch bis in Zielnähe geführt. Der Pilot übernahm den Start und legte den Anfangskurs fest. Dann übermittelte eine Bodenstation alle weiteren Steuerbefehle und ein Autopilot führte den Abfangjäger bis zu dem Punkt, wo die Rakete gegen einen eindringenden Bomber abgefeuert wurde. Der Pilot hielt zur Sicherheit seinen Finger solange auf dem Waffenknopf, bis die Raketen automatisch ausgelöst hatten. Unmittelbar danach brachte die Automatik das Flugzeug aus der Reichweite der Explosion.

JULI

14. Juli: Erstflug des Senkrechtstart-Kampftransporters Dornier Do 31E-3. Die Entwicklung wird später abgebrochen, da die zugrunde gelegten militärischen Anforderungen entfielen.

SEPTEMBER

9. September: Die Tupolew Tu-134 nimmt den Flugbetrieb bei der sowjetischen Staatslinie Aeroflot auf.

21. September: Erstflug des Kampfhubschraubers Lockheed YAH-56 Cheyenne.

OKTOBER

3. Oktober: Mit Bill Knight im Cockpit stellt die X-15A-2 ihren letzten Geschwindigkeitsrekord von 7297 km/h (Mach 6,72) auf.

20. Oktober: Die Besatzung einer F-111 verlässt zum ersten Mal ein Flugzeug in einer Rettungskapsel.

23. Oktober: Mit der Canadair CL-215 absolviert das erste ausschließlich zur Waldbrandbekämpfung konstruierte Flugzeug den Erstflug.

24. Oktober: Erstmals wird ein Luftkampf mit Hilfe eines Frühwarnflugzeugs zum erfolgreichen Abschluss gebracht, als über Nordvietnam eine F-4C eine MiG-21 abschießt. Die Phantom wurde dabei von einer EC-121 geführt.

Die F-102 geht auf die Forderung nach einem Waffensystem mit der Bezeichnung WS-210A zurück. Die ursprüngliche Zelle hieß noch nach dem alten Bezeichnungssystem XP-92, wobei P für pursuit (Verfolger, Jäger) steht. Einmal mehr stand die deutsche Forschung aus dem Zweiten Weltkrieg Pate. Diesmal waren es die Arbeiten von Alexander Lippisch, die in hohem Maß eingeflossen waren. Die XP-92A wurde zum ersten wahren Deltaflügler und hob im September 1948 zum Jungfernflug ab. Sie blieb angesichts ihrer geringen Abmessungen ein Experimentalflugzeug, führte aber im nächsten Entwicklungsschritt zur YF-102, die als Prototyp für einen neuen Abfangjäger ausgelegt war.

Dieser Hubschrauber SH-2 Seasprite der US Navy führt eine Rakete AIM-7 mit.

Mit der YF-102 sollten die noch bestehenden aerodynamischen Wissenslücken durch Testflüge geschlossen werden. Es zeigte sich aber, dass die YF-102 trotz ihres schlanken Rumpfes und einer hohen Schubkraft weit davon entfernt war, die Schallmauer zu durchbrechen. Bei Windkanalversuchen wurde ein viel zu großer transsonischer Widerstand gemessen. Da die Fertigung der Bauteile bereits anberaumt war, musste rasch eine konstruktive Lösung gefunden werden. Diese bestand in der Anwendung der zwischen 1943 und 1945 vom Junkers-Mitarbeiter Otto Frenzl entdeckten sogenannten Flächenregel, welche den optimalen Verlauf der Querschnittsfläche eines Flugkörpers entlang seiner Längsachse im Bereich von Mach 0,8 bis 1,2 beschreibt. Der Rumpf der jetzt als YF-102A bezeichneten Version wurde daher an seinem Ende durch Ausbuchtungen verdickt. Schon beim ersten Flug im Dezember 1954 wurde Mach 1,22 erreicht. Bei der anschließend in Serie gehenden

Zwei F-16 der Hill Air Force Base in Utah mit Luft-Luft-Raketen AIM-9 Sidewinder.

1967

NOVEMBER

18. November: Erstflug der Dassault Mirage G, erster europäischer Schwenkflügler.

1968

FEBRUAR

10. Februar: Die Boeing 737-100 wird von der Lufthansa in Dienst gestellt.

21. Februar: Erstmals wird ein amerikanisches Verkehrsflugzeug nach Kuba entführt. Es ist der Beginn einer ganzen Serie derartiger Vorfälle.

MÄRZ

17. März: Einsatzbeginn der F-111A in Vietnam. Wenig später stürzen einige davon unter mysteriösen Umständen ab.

MAI

5. Mai: Als erstes Geschäftsreiseflugzeug fliegt eine Grumman Gulfstream II nonstop über den Atlantik.

25. Mai: Erstflug des elektronischen Kampfflugzeugs Grumman EA-6B Prowler (Herumtreiber). Es handelt sich um eine Modifikation der A-6 Intruder.

Ein Allwetter-Abfangjäger F-106 Delta Dart kurz vor dem Aufsetzen.

Version F-102A fand die Flächenregel vermittels einer inzwischen zur Praxis gewordenen Rumpfeinschnürung im Bereich der Tragflächen („Wespentaille") Berücksichtigung.

Ende der 1950er-Jahre hatten Lenkraketen eine Bedeutung weit über die reine Waffenwirkung hinaus gewonnen. Es hatte sogar den Anschein, dass sie bestimmte Kategorien von Kampfflugzeugen gänzlich ablösen würden.

Der britische Verteidigungsminister war zu dieser Zeit Duncan Sandys, der im Zweiten Weltkrieg die Luftverteidigung gegen deutsche Bomben und Raketen organisiert hatte.

Die Convair XF-92A war weltweit der erste Strahljet mit einer Deltaflügelkonfiguration.

JUNI

30. Juni: Das bis dahin größte für den Serienbau vorgesehene Flugzeug Lockheed C-5A Galaxy absolviert seinen Erstflug.

SEPTEMBER

8. September: Erstflug des englisch-französischen Jagdbombers SEPECAT Jaguar.

30. September: Roll-out des Prototypen der Boeing 747 in Seattle.

DEZEMBER

31. Dezember: Das erste Überschallverkehrsflugzeug Tupolew Tu-144 hebt ab.

1969

FEBRUAR

9. Februar: Erstflug der Boeing 747. Der Jumbojet bleibt bis 2005 das größte Verkehrsflugzeug.

12. Februar: Erstflug des weltweit größten Hubschraubers Mil Mi-12 (W-12) in der Sowjetunion.

MÄRZ

2. März: Erstflug des englisch-französischen Überschallverkehrsflugzeugs Concorde in Toulouse.

Sandys vertrat inzwischen die Auffassung, dass Boden-Luft-Raketen und luftgestützte Mittelstreckenraketen Jäger und konventionelle Langstreckenbomber überflüssig machen würden. Daraufhin stornierte er 1957 sämtliche laufenden Jäger- und Bomberprogramme. Nur der Abfangjäger English Electric Lightning (Blitz) überstand die Streichorgie, weil seine Entwicklung bereits zu weit fortgeschritten war.

Unter dem Einfluss der USA hatte auch Kanada seinen Delta-Abfangjäger Avro Canada CF-105 Arrow (Pfeil) im Februar 1959 aus dem Beschaffungsprogramm genommen und dafür seine Luftverteidigung ausschließlich auf die mit atomaren Gefechtsköpfen bestückten Flugabwehrraketen Bomarc umgestellt. Die Stornierung des außerordentlich innovativen Arrow-Programms trug wesentlich dazu bei, dass die kanadische Luftfahrtindustrie nachhaltig den Anschluss an die Weltspitze verlor. Und dann auch noch dies: Als die Bomarc-Flugkörper 1963 installiert waren, entschied sich die frisch ins Amt gekommene neue kanadische Regierung für den Ankauf des Abfangjägers CF-101 Voodoo (Zauberei), der bis 1984 so zuverlässig seinen Dienst versah, dass Bomarc bereits 1971 wieder abgeschafft wurde.

Als einer der fortschrittlichsten Abfangjäger seiner Zeit galt die Avro Canada CF-105.

Senkrechtstart made in Germany

Das senkrechtstartende Flugzeug entsprang dem Wunsch der Militärs und dürfte sich auf die Jahre 1943/44 zurückdatieren lassen, als die deutsche Luftwaffe ihre Jäger nicht schnell genug in die Luft brachte, um die alliierte Bomberflotte zu bekämpfen. Bekannt wurde die Bachem Ba 349 Natter, ein Mittelding zwischen Flugzeug und bemannter Rakete, welche

Der Abfangjäger F-102A Delta Dagger. Den Namen (Delta-Dolch) erhielt das Muster 1957.

1969

APRIL		JULI	AUGUST			SEPTEMBER
1. April: Erstmals geht mit der Harrier GR.1 ein senkrechtstartendes Kampfflugzeug in den Truppendienst (RAF).	2. April: Der in Großbritannien gebaute zweite Prototyp der Concorde startet zum Erstflug.	21. Juli: Die Landefähre von Apollo-11 setzt auf dem Mond auf. Neil Armstrong und Edwin Aldrin betreten als erste Menschen einen anderen Himmelskörper. Die Trägerrakete Saturn V wurde von Wernher von Braun entwickelt.	6. August: Der Hubschrauber W-12 stellt mit einer Nutzlast von 40.204 kg und einer Höhe von 2255 Metern einen neuen Weltrekord auf.	16. August: Darryl Greenamyer stellt mit 769 km/h auf einer Grumman Bearcat den ersten Geschwindigkeitsweltrekord mit einem Kolbenmotorflugzeug nach dem Zweiten Weltkrieg auf.	30. August: Die Tu-22M-0, Prototyp des strategischen Schwenkflügelbombers Tu-22M3 (Backfire) macht ihren Erstflug.	19. September: Erstflug des sowjetischen Kampfhubschraubers Mil Mi-24 (Hind).

jedoch ein Startgestell benötigte. Ihre Entwicklung konnte bis Kriegsende nicht abgeschlossen werden.

Ab 1952 entstand in Frankreich unter maßgeblicher Mitwirkung deutscher Ingenieure unter der Bezeichnung C 450 der sogenannte Coleopter – ein Flugzeug mit Ringflügel – mit dem Triebwerk ATAR. Nach dem Absturz des Versuchsmusters 1959 wurde das Projekt aufgegeben. In den USA baute die Firma Ryan 1955 den Heckstarter X-13, 1961 die englische Firma Bristol-Siddeley das für den Senkrechtstart unerlässliche Zweikreistriebwerk Pegasus, mit dessen Hilfe die Hawker-Siddeley P 1127 abhob, aus der der einzige bis heute in Serie gebaute Senkrechtstarter Harrier wurde. Zwischenzeitlich hatte die deutsche Bundesregierung 1957 die Luftfahrtindustrie wissen lassen, dass ein senkrechtstartendes Flugzeug mit den Leistungen der F-104G Starfighter benötigt würde, um diese abzulösen. 1961 kam die Forderung hinzu, auch das Erdkampfflugzeug Fiat G-91 durch einen Senkrechtstarter zu ersetzen. Die NATO-Militärexperten gingen davon aus, dass bei einem überraschenden Atomschlag alle Flugplätze zerstört würden und daher dezentrale und verborgene Gefechtsplätze gefordert seien, die nur im Senkrechtflug erreichbar sind. Der extra gegründete Firmenverbund – darunter Heinkel, Messerschmitt und Dornier – mit der Bezeichnung Entwicklungsring (EWR) Süd einigte sich auf das Projekt VJ 101C mit einem Triebwerk von Rolls-Royce als Nachfolger der F-104G. Am 10. April 1963 gelang der erste freie Schwebeflug, am 20. September 1963 der erste Übergang vom Schwebe- zum Horizontalflug. Am 29. Juli 1964 durchbrach die Maschine als erster Senkrechtstarter die Schallmauer, stürzte jedoch am 14. September gleichen Jahres bei einem Normalstart ab. Dennoch gingen die Arbeiten bis 1971 vielversprechend weiter, jedoch hatte die Bundeswehr bereits 1963 neue Überlegungen angestellt und die bisherige Forderung Senkrechtstart (VTOL) in Kurzstart (STOL) umzuwandeln begonnen. Damit kam auch für den senkrechtstartenden Erdkämpfer und Aufklärer VAK 191B, den vor allem die Vereinigten Flugtechnischen Werke (VFW) – in denen auch Focke-Wulf aufgegangen war – entwickelten, nach 91 Testflügen im Jahr 1975 das Aus. Und ein drittes Projekt musste nach jahrelanger erfolgreicher Forschungs- und Experimentierabeit 1969 aufgegeben werden, welches wahrscheinlich den größten Entwicklungsschritt

Die English Electric Lightning erfuhr während ihrer Karriere laufende Verbesserungen. Der Typ hat sich allerdings nie im Luftkampf bewähren müssen.

	1970			
DEZEMBER	JANUAR	MAI	JULI	AUGUST
1. Dezember: Die FAI veröffentlicht erstmals Bestimmungen gegen den Fluglärm.	17. Januar: Erstflug der Suchoj T-6-2IG, Prototyp der S-24 (Flanker). 22. Januar: Erster Passagierflug der Boeing 747 in den Farben von Pan Am von New York nach London.	26. Mai: Die Tupolew Tu-144 überschreitet als erstes Passagierflugzeug Mach 2.	18. Juli: Erstflug des italienischen Kampfzonentransporters Alenia G.222.	22. August: Zwei Hubschrauber HH-53C absolvieren einen Transpazifikflug. 29. August: Erstflug des dreistrahligen Großraumverkehrsflugzeugs McDonnell Douglas DC-10.

verkörperte und der deutschen Luftfahrtindustrie auf längere Zeit einen unangefochtenen internationalen Spitzenplatz verschafft hätte: der senkrechtstartende 20-Tonnen-Kampfzonentransporter Dornier Do 31.

Es verwundert nicht, dass das Know-how aller drei Projekte seinen Weg in die USA fand. Heute gehören VTOL/STOL-Kampfflugzeuge zum unverzichtbaren Waffenarsenal moderner Streitkräfte. Bei den Kampfzonentransportern hat sich bisher nur das mit Kipprotoren (Tilt) ausgestattete US-Muster Osprey V-22 etabliert.

Fliegende Augen und Ohren

Der Kalte Krieg zeichnete sich nicht zuletzt auch dadurch aus, dass seine Hauptakteure in Südostasien, Afrika und Lateinamerika diverse „heiße“ Stellvertreterkriege anbahnten und führten. Bei den meisten dieser Konflikte spielten Jagdflugzeuge und Bomber eine eher untergeordnete Rolle. Die Sowjetunion und die USA waren zumeist darum bemüht, einer direkten Auseinandersetzung aus dem Weg zu gehen. Allerdings gab es eine große Ausnahme: das gegenseitige Eindringen allzu neugieriger Spionageflugzeuge in sensible und strittige Einflussgebiete.

Die ersten ernsthaften Zusammenstöße zwischen sowjetischen und amerikanischen Flugzeugen datieren bereits kurz nach Ende des Pazifikkriegs und spielten sich über der Mandschurei und Korea ab. Je mehr sich die Beziehungen zwischen den einstigen Verbündeten abkühlten, desto mehr häuften sich derartige Luftzwischenfälle auch in Europa, vor allem an den Berührungspunkten der jeweiligen Einflusssphären über der Ostsee, Jugoslawien und der Türkei. Dabei geriet eine große Anzahl tatsächlicher oder vermeintlicher westlicher Luftraumverletzer – zumeist Transportflugzeuge und Seeaufklärer – ins Fadenkreuz sowjetischer oder verbündeter Abfangjäger mit oft fatalen Folgen.

Der Luftkorridor zwischen Westdeutschland und West-Berlin bot sowjetischen Jagdflugzeugen vielfach Gelegenheit, Flugzeuge unter dem Vorwand der Spionage unter Beschuss zu nehmen. So wurden 1964 bei zwei verschiedenen Vorkommnissen eine T-39 Sabreliner und eine RB-66 Destroyer der US Air Force von MiGs über der DDR abgeschossen. Während die Besatzung der T-39 ums Leben kam, konnten sich die Insassen der RB-66 mit dem Fallschirm retten und wurden nach einigen Tagen wieder in den Westen entlassen. Die T-39 befand sich wahrscheinlich auf einem Trainingsflug und hatte sich verflogen, wohingegen die RB-66 eine Plattform für die elektronische Kampfführung (ELINT, Electronic Intelligence) darstellte und bei ihrem Abschuss möglicherweise gerade mit Telefon- und Funkaufklärung beschäftigt war.

Intensive Geheimmissionen führte die taiwanesische Luftwaffe im Auftrag der USA gegen die Volksrepublik China durch. Eingesetzt wurde zunächst die RB-69 – eine Aufklärungsversion der P-2 Neptune. In den 1950er-Jahren verlor die US Navy bei Spionageeinsätzen vier Neptune durch sowjetische und chinesische Boden-Luft-Raketen und Abfangjäger. Nachdem Anfang der 1960er-Jahre die RB-69 die Einsätze

Im August 1955 absolvierte die U-2 ihren Erstflug. Der geheimnisvolle Höhenaufklärer wurde zu einem der spektakulärsten und politisch bedeutsamsten Flugzeuge aller Zeiten.

1970			1971	
SEPTEMBER	NOVEMBER	DEZEMBER	JANUAR	MÄRZ
6. September: Palästinensische Terroristen entführen drei Verkehrsflugzeuge nach Jordanien und sprengen sie am 12. September in die Luft. Die USA kündigen neue Maßnahmen gegen Flugzeugentführer an, darunter der Einsatz bewaffneter Flugbegleiter (Air Marshalls) und Röntgenaufnahmen bei der Passagierabfertigung.	16. November: Erstflug der Lockheed L-1011 TriStar.	21. Dezember: Erstflug der Grumman YF-14A Tomcat (Kater). Der Prototyp geht allerdings beim zweiten Flug verloren.	6. Januar: Das US Marine Corps übernimmt den ersten Senkrechtstarter AV-8A Harrier.	25. März: Erstflug des Militärtransporters Iljuschin Il-76 (Candid).

Die Douglas A-1 Skyraider wurde speziell für die Unterstützung der Bodentruppen im Vietnamkrieg entwickelt.

übernahm und dabei auch in den chinesischen Luftraum eindrang, sind zwischen 1961 und 1964 weitere vier Maschinen abgeschossen worden.

Inzwischen hatte der US-Auslandsgeheimdienst CIA mit der Ausbildung taiwanesischer Piloten auf dem speziell entwickelten Höhenaufklärer Lockheed U-2C Dragon Lady (Drachenfrau) begonnen. Die in Lockheeds streng geheimen „Skunk Works" (Stinkschuppen) entwickelte U-2 besaß herausragende Gleiteigenschaften, allerdings war ihre Höchstgeschwindigkeit auf 810 km/h beschränkt. Der Spielraum zwischen einer möglichst hohen Geschwindigkeit und einem Strömungsabriss in großen Höhen blieb stets minimal.

Zwischen 1962 und 1974 fotografierten die „Schwarzen Katzen" der taiwanesischen Luftwaffe über dem chinesischen Festland Nukleareinrichtungen, Versorgungswege nach Nordvietnam und andere strategisch bedeutsame Objekte. Die riskanten Unternehmungen forderten aber auch ihre Opfer. Fünf U-2 gingen über China verloren, davon vier durch Boden-Luft-Raketen S-75 (SA-2 Guideline). Wie sich bereits am 1. Mai 1960 beim Abschuss von Francis Gary Powers über der Sowjetunion gezeigt hatte, stellten die SA-2 trotz einer Flughöhe der U-2 von über 21.000 Meter eine nicht zu unterschätzende Gefahr dar. Bereits bevor dies offenkundig wurde, befand sich allerdings ein Nachfolger in der Entwicklung, der völlig neue Maßstäbe setzen sollte.

Der neue Spionage-Einsitzer wurde vom CIA unter der Bezeichnung A-12 Oxcart (Ochsenkarren) bei den „Skunk Works" in Auftrag gegeben. Ein großes Zwillingstriebwerk modernster Auslegung sollte die A-12 in 23.000 Meter Höhe auf bis zu 3500 km/h beschleunigen. 1962 begann die Flugerprobung auf dem streng geheimen Testgelände „The Ranch" in Nevada, welches heute besser als Groom Lake und Mittelpunkt der geheimnisumwitterten „Area 51" bekannt ist.

Neben zwölf A-12 wurden weitere drei Maschinen in der zweisitzigen Abfangjägerversion YF-12 gebaut, um die weitreichende Luft-Luft-Rakete AIM-47A Falcon zu testen. Damit sollten sowjetische Bomber schon weit vor bewohnten Gebieten in Kanada und den USA bekämpft werden. Die US Air Force löste zwar eine Bestellung von mehr als 90 F-12 aus, jedoch musste das Vorhaben 1965 wegen nicht mehr beherrschbarer Kosten eingestellt werden. Diese Entscheidung folgte auch der logischen Annahme, dass die Gegenseite zur damaligen Zeit nicht über Bomber verfügte, die einen derart schnellen Abfangjäger rechtfertigen konnten. Die YF-12 kam dadurch zwar nicht zu ihrer vorbestimmten Verwendung, machte aber andererseits deutlich, dass ein Doppelsitzer wesentlich effektiver die Rolle eines Aufklärers ausfüllen konnte. Diese Erkenntnis mündete in die Entwicklung der R-12. Wieder in den Schubladen verschwand eine als B-12 bezeichnete Bomberversion.

Im Wahlkampf 1964 lüftete der noch amtierende Präsident Lyndon B. Johnson den Schleier über dem Hochleistungsflugzeug, um den technologischen Vorsprung der USA für jedermann deutlich zu machen. Dabei verwechselte er die korrekte Bezeichnung

MAI

26. Mai: Bei Cessna verlässt das 100.000ste Flugzeug die Werkshalle.

JUNI

4. Juni bis 11. August: Briton Sheila Scott umrundet erstmalig die Erde über beide Polkappen in einem Leichtflugzeug vom Typ Piper Aztec.

AUGUST

5. August: American Airlines stellt die DC-10 in Dienst.

SEPTEMBER

12. September: Erstflug des damals kleinsten Flugzeugs der Welt, der Bede BD-5, in den USA.

26. September: Die Concorde überquert erstmals den Atlantik.

RS-71 mit SR-71. Da das Wort eines US-Präsidenten entsprechendes Gewicht hat, trägt der Aufklärer seither diese Bezeichnung und wurde später vor allem als Blackbird (Amsel) populär.

Im Dezember 1964 ging die SR-71 erstmals an den Start und ab Januar 1966 gehörte sie zum Bestand der US Air Force. 32 Stück verließen die Produktionshalle und wurden auf Einsatzbasen in Kalifornien, Großbritannien und Okinawa verteilt.

Nach dem Abschuss der U-2 im Mai 1960 waren Flüge über dem Territorium der Sowjetunion untersagt, zumal Weltraumsatelliten inzwischen in der Lage waren, immobile Bodeneinrichtungen stets im Blick zu behalten. Von Nachteil war jedoch, dass Satelliten sehr schnell ihren knappen Treibstoffvorrat verbrauchten, sobald die Position geändert werden musste, um bei Truppenverlegungen folgen zu können. Die SR-71 erschien also genau zur rechten Zeit.

Mit ihrem leistungsstarken Seitensichtradar, Schrägsichtkameras und Hochleistungssensoren war die SR-71 nicht mehr darauf angewiesen, in fremde Lufträume einzudringen und war daher theoretisch auch nicht verwundbar. Sie kam über Vietnam, über Kuba, im Mittleren Osten sowie an den Grenzen zur Sowjetunion zum Einsatz und lieferte zeitnahe Informationen während einer großen Anzahl von Konflikten und Krisen. Ihre Herstellung war sehr aufwändig – sie war teurer als ihre in Gold aufgewogene Eigenmasse –, aber auch Betrieb und Unterhaltung erforderten einen hohen Ausrüstungsstandard. Der Kraftstoff JP-7 – teurer als der beste Whisky – war ebenfalls von besonderer Güte und konnte nur von speziellen Tankflugzeugen übergeben werden.

Eine Bell UH-1 bei der Aufnahme amerikanischer Soldaten in Vietnam. Der starke Rotor schnitt bei Landungen im Dschungel wie eine Machete den Weg frei.

Der Vietnamkrieg

Seit 1964 wurde eine zunehmende Anzahl amerikanischer Flugzeuge in den Konflikt zwischen der Demokratischen Republik Vietnam (Nordvietnam) und der Republik Vietnam (Südvietnam) verwickelt. Der Nor-

1972

FEBRUAR

5. Februar: Erstflug des ersten der beiden Testmodelle EC-137D für das AWACS-Flugzeug E-3 Sentry.

APRIL

16. April: Die Lockheed L-1011 TriStar nimmt bei Eastern Airlines den Flugbetrieb auf.

MAI

25. Mai: Eine modifizierte F-8C Crusader der NASA fliegt als erster Jet mit einer digitalen Fly-by-wire-Steuerung.

JUNI

2. Juni: Erstflug des Hubschraubers Aérospatiale SA.360 Dauphin.

21. Juni: Eine Aérospatiale Lama stellt mit 12.441 Metern einen neuen Höhenrekord für Hubschrauber auf.

JULI

27. Juli: Erstflug der McDonnell F-15 Eagle in St. Louis (Missouri).

den wurde von der Sowjetunion und China mit Waffen, Ausbildung und Beratern unterstützt, während Südvietnam unmittelbare militärische Unterstützung durch die USA und deren Verbündete – darunter Südkorea und Australien – erhielt.

Im Luftkrieg fand nahezu jedes amerikanische Kampflugzeug vom einmotorigen Propellerflugzeug A-1 Skyraider bis zur achtstrahligen B-52 Stratofortress Verwendung, entweder gegen Nordvietnam oder gegen die im Süden eingesickerten Vietcongkämpfer. Schließlich weitete sich der Krieg auch auf die Nachbarstaaten Laos und Kambodscha aus. US-Flugzeuge warfen über 5,4 Millionen Tonnen Bomben ab – mehr als im Zweiten Weltkrieg. Die Jäger und Jagdbomber der amerikanischen Luftwaffe und Marine sahen sich über Nordvietnam mit einer immer stärker werdenden Luftabwehr konfrontiert, die nach sowjetischem Vorbild organisiert war. Ab 1965 wurden die Fliegerabwehrkanonen aller möglichen Kaliber durch die leistungsfähige Boden-Luft-Rakete S-75 (SA-2) ergänzt. Daraufhin musste die amerikanische Angriffstaktik völlig überarbeitet werden. Gefragt waren jetzt vor allem Mittel zur Unterdrückung des gegnerischen Radars. Neben Anti-Radar-Raketen wie AGM-45 Shrike kam modernste Störelektronik zum Einsatz. Dazu mussten einige Kampfflugzeuge in die sogenannte „Wild Weasel"-Version umgerüstet werden.

Vietnam war auch ein Krieg der Hubschrauber. Nie zuvor war deren militärische Bedeutung größer gewesen. Der vielseitige Bell UH-1 Huey wurde dafür zum Inbegriff. Als „Schlachtentaxi" war er an nahezu allen Operationen der US-Bodentruppen in Südvietnam beteiligt. Er brachte die Soldaten ins Gefecht und sammelte sie nach dem letzten Schusswechsel lebend oder tot wieder ein. Eine neue Kampfform wurde auf diese Weise begründet. Obwohl die US-Bodentruppen die meisten Gefechte zu ihren Gunsten entschieden, bezog der Gegner sofort wieder die alten Positionen, sobald sich die Amerikaner auf dem Rückflug befanden. Weite Landstriche in Südvietnam blieben daher immer unter dem Einfluss des Vietcong.

Hinzu kam, dass Hubschrauber äußerst verwundbar gegenüber Handfeuerwaffen und die häufig verwendete sowjetische Ein-Mann-Rakete Strela-2 (SA-7 Grail) waren. Im Vietnamkrieg verloren die amerikanischen Streitkräfte über 4000 Helikopter durch direkte Feindeinwirkung.

Bewaffnete Versionen der UH-1 unter der Bezeichnung Hog (Schmutzfink, Ferkel) übernahmen Begleitschutzaufträge oder griffen aktiv in die Bodenkämpfe ein. Aus der Seitentür ragten Maschinengewehre, außenbords hingen Raketenabschussbehälter oder die sechsläufige Rotationskanone Minigun, welche 6000 Schuss pro Minute verfeuerte.

Die großen Zusatzlasten machten die Hog aber viel langsamer als ihre unbewaffneten „Kollegen". Dies wiederum führte zur Entwicklung des Mehrzweck-Kampfhubschraubers AH-1 Hueycobra. Die AH-1 unterschied sich von der UH-1 nur durch einen schlankeren Rumpf, in dem die beiden Piloten hintereinander saßen. In einem Bugstand befand sich eine Minigun oder ein Minenwerfer, zuweilen ergänzt durch ein Maschinengewehr. An den kurzen Stummelflügeln ließen sich Aufhängungen für Raketenbehälter

Die Sikorsky CH-53 Sea Stallion rettete im Südvietnamkrieg viele abgeschossene Besatzungen aus feindlichem Gebiet.

OKTOBER	1973 JANUAR	APRIL	MAI	JUNI
28. Oktober: Mit der A300 startet der erste Airbus in Frankreich zum Erstflug.	18. Januar: Die Republic A-10 Thunderbolt II gewinnt die Ausschreibung gegen die Northrop YA-9 um ein neues Luftnahunterstützungsflugzeug.	16. April: Erstflug des militärischen Turboproptransporters EMBRAER EMB-110 Bandeirante in Brasilien. Die zivile Version wird zu einem erfolgreichen Verkehrsflugzeug.	30. Mai: Erstflug der polnischen WSK-Mielec M-15 Belphegor, weltweit einziges Agrarflugzeug mit Düsenantrieb.	3. Juni: Während der Pariser Luftfahrtausstellung stürzt eine sowjetische Tu-144 ab. Dabei kommen 14 Menschen ums Leben. 4. Juni: Erstflug der IAI Kfir in Israel. Es handelt sich um einen illegalen Nachbau der Mirage III.

oder weitere MGs anbringen. Ende 1967 setzte die US Army die Cobra erstmals in Vietnam ein. Fast doppelt so schnell wie die UH-1C vermochte die AH-1 vor Eintreffen der Transporthubschrauber das vorgesehene Landefeld aufzuklären und abzusichern. Auch gegen die wenigen gegnerischen gepanzerten Fahrzeuge erzielte die AH-1 einige Erfolge, musste aber auch Verluste durch SA-7 in Kauf nehmen. Die Cobra begründete die Gattung des Kampfhubschraubers und wurde neben der US Army und dem US Marine Corps auch in Israel und Japan in Dienst gestellt.

Auch Schwerlasthubschrauber wie CH-47 Chinook und CH-53 Sea Stallion (auch „Jolly Green Giant“) kamen in Vietnam ausgiebig zum Zuge. Sie richteten vorgeschobene Basen ein und versorgten sie, transportierten Geschütze oder bargen notgelandete UH-1 oder AH-1. Der Chinook wurde kurze Zeit als „Gunship“ (Kanonenboot) verwendet, während die US Air Force den CH-53 in großem Umfang zur Rettung abgeschossener Besatzungen nutzte.

Mit Ausnahme von Atomwaffen – die sich entgegen öffentlicher Behauptungen an Bord befanden – wurde überdies das gesamte Potenzial der amerikanischen Flugzeugträger herangezogen. Die Gruppe „Yankee Station“ operierte vor der Küste Nordvietnams, die Gruppe „Dixie Station“ vor Südvietnam.

Zwar verfügte jeder Träger über einen unterschiedlichen Flugzeugmix, einheitlich war jedoch die Verwendung der A-1 Skyraider und A-4 Skyhawk und später A-7 Corsair II als leichtes Angriffsflugzeug. Allwetterangriffe waren Sache der mittelschweren A-6 Intruder (Eindringling), während schwere Missionen anfänglich von der A-3 Skywarrior (Himmelskrieger) geflogen wurden, bevor dieser Typ nur noch als Tanker und elektronische Aufklärungsplattform seinen Dienst versah.

Für die Fotoaufklärung war die RA-5C Vigilante (Bürgerwehrmann), für Frühwarnung und Luftraumkontrolle E-1 Tracer und E-2 Hawkeye zuständig. Selbstverteidigung und Begleitschutz übernahmen F-8 Crusader und F-4 Phantom II. Einige Typen wie die A-4, A-6 und A-7 konnten sich auch gegenseitig in der Luft mit Treibstoff versorgen.

Die nordvietnamesische Volksarmee war inzwischen dazu übergegangen, ihre sich ohnehin bereits ständig verstärkende Luftabwehr – vor allem in der Nähe sensibler Objekte – durch sowjetische MiG-Jäger zu ergänzen. Ende 1964 war die erste mit MiG-17 ausgerüstete Staffel einsatzbereit und 1965 kam der Mach-2-Abfangjäger MiG-21 dazu. Schließlich wurde 1969 ein weiterer Verband mit Shenyang J-6 – ein chinesischer Nachbau der MiG-19 – aufgestellt. Zu keinem Zeitpunkt verfügten die nordvietnamesischen Luftstreitkräfte über mehr als 100 Flugzeuge. Dennoch machten sie den mit modernster Ausrüstung und Bewaffnung versehenen Kampfflugzeugen der US Air Force und US Navy erheblich zu schaffen. Die MiG-17 und J-6 besaßen nur eine Kanonenbewaffnung, wohingegen die MiG-21 mit ihrer in Anlehnung an die Sidewinder nachgebauten Luftkampfrakete R-3S Atoll jedem Gegner das Wasser reichen konnte. Im Unterschied zu den schweren amerikanischen Jagdbombern waren die MiGs als reine Abfangjäger deutlich leichter und beweglicher. Häufig ließen sie sich weder visuell noch elektronisch erfassen. Hinzu kam, dass die US-Piloten ein fliegendes Objekt zunächst eindeutig identifizieren mussten, ehe es bekämpft werden durfte. Dies wiederum schränkte die Einsatzmöglichkeit der auf Radarreichweite eingestellten Luft-Luft-Raketen

Im Golfkrieg 1991 war die Grumman E-2 Hawkeye das wichtigste elektronische Überwachungsflugzeug der US Navy.

1973

OKTOBER

21. Oktober: Erstflug des ersten bemannten Elektro-Flugzeugs Militky MBA1 in Österreich.

26. Oktober: Erstflug des leichten deutsch-französischen Kampfflugzeugs Dassault-Bréguet/Dornier Alpha Jet.

1974

JANUAR

20. Januar: Erstflug der General Dynamics YF-16.

MAI

23. Mai: Ein Airbus A300 nimmt bei Air France den Passagierverkehr mit einem Flug von Paris nach London auf.

JUNI

1. Juni: Erstflug der Northrop YF-17, Konkurrent der YF-16 für einen leichten Jäger der US Air Force.

AUGUST

14. August: Erstflug des Panavia Tornado IDS (Inderdiction Strike) in Deutschland.

AIM-7 Sparrow stark ein. Um die auf Wärmeabstrahlung reagierende AIM-9 Sidewinder erfolgversprechend abzufeuern, musste das Ziel von hinten anvisiert werden. Dies stellte bei der viel enger kurvenden MiG-21 eine fliegerische Herausforderung dar. Die AIM-7 Falcon wirkte nur bei einem direkten Treffer und ist für lediglich fünf Abschüsse im gesamten Vietnamkrieg verantwortlich. Die bereits erwähnte funkmessgelenkte Sparrow vertrug keine Feuchtigkeit und war mechanisch sehr empfindlich, was ihr bei jedem Ab- und Anhängen am Flugzeug zum Nachteil gereichte. Ihre Fehlerrate war dadurch erheblich – vor allem die Antriebe zündeten häufig nicht – und nur jede zehnte abgefeuerte Sparrow traf ihr Ziel. 1969 übernahm die US Air Force die AIM-9 der Navy und konnte auf diese Weise die Erfolgsrate langsam verbessern. Trotzdem brachte die amerikanische Luftwaffe mit der Sidewinder nur sieben Luftsiege zustande.

Der Luftkampf über Nordvietnam konfrontierte die US-Piloten mit einer Kampfesweise, auf die sie nicht vorbereitet waren. Der enge Kurvenkampf galt nämlich bereits als überholt und war dementsprechend nicht mehr trainiert worden. Dazu passte, dass viele US-Maschinen keine Kanonenbewaffnung besaßen. So konnte die F-4 Phantom II bis zu acht Luftkampfraketen mitführen, war aber nach deren Abschuss wehrlos. Die USAF-Versionen F-4C und D erhielten daraufhin einen Außenbehälter mit einer 20-mm-Kanone, die aber nicht besonders zielgenau war. Mit ihr sollen immerhin neun MiGs abgeschossen worden sein.

Auch die F-105 Thunderchief (Donnergott), die alles andere als ein Jagdflugzeug verkörperte, schoss mit ihrer eingebauten Bordkanone und zwei oder drei Sidewinder 28 MiG-17 ab.

Die US Air Force versuchte das Problem der fehlenden Bordbewaffnung der Phantom durch die 1969 eingeführte Version F-4E zu lösen, welche in einer umgebauten Bugnase die 20-mm-Revolverkanone M61 Vulcan mitführte. Aber erst am 23. Mai 1972 erzielte eine F-4E den ersten von letztendlich lediglich fünf Luftsiegen und schon Anfang 1973 war diese Waffenkonfiguration bereits wieder Geschichte.

Im Mai 1972 erreichte der Luftkrieg über Nordvietnam seinen Höhepunkt. Legendär wurden vor allem zwei Begegnungen am 10. Mai über Hanoi und

Zwei F-15 Eagle der US-Basis Kadena (Japan) haben eine RF-4C Phantom II in die Mitte genommen.

SEPTEMBER

1. September: Eine SR-71 Blackbird durchfliegt die 5617 km lange Strecke zwischen Beale (Kalifornien) und Farnborough/England in einer Stunde und 55 Minuten.

OKTOBER

17. Oktober: Erstflug des Hubschraubers Sikorsky YUH-60, von dem diverse Varianten als Blackhawk und Seahawk entwickelt werden.

28. Oktober: Frankreichs trägergestützter Jagdbomber Dassault Super Étendard absolviert seinen Erstflug.

NOVEMBER

14. November: Die F-15A Eagle wird von der US Air Force in Dienst gestellt.

DEZEMBER

23. Dezember: Erstflug des strategischen Schwenkflügelbombers Rockwell B-1A. Das Projekt wird 1977 eingestellt, 1981 jedoch als B-1B Lancer neu aufgelegt.

1975

JANUAR

14. Januar: Die General Dynamics YF-16 geht aus der Ausschreibung für einen leichten Jäger der US Air Force als Gewinner hervor.

Haiphong. Die Marineflieger Randall Cunningham und Willy Driscoll schossen an diesem Tag mit ihrer F-4J drei MiGs mit Sidewinder ab. Am gleichen Tag eröffnete die Luftwaffen-Crew Richard Ritchie und Charles DeBellevue ebenfalls auf einer Phantom ihre Serie von schließlich fünf Luftsiegen. An diesem Tag beanspruchten amerikanische Piloten insgesamt zwölf Abschüsse, die Nordvietnamesen fünf. Auch Cunningham und Driscoll schafften es an diesem Tag nicht zurück auf die USS „Constellation" und mussten nach einem Treffer durch eine Boden-Luft-Rakete über See aussteigen, wurden jedoch gerettet.

Die US Navy hatte Ende der 1960er-Jahre im Luftkampf nahezu die Quote 1:1 erreicht. Die dabei gesammelten Erfahrungen führten im März 1969 zur Einrichtung der Naval Fighter Weapons School, die später unter dem Namen „Top Gun" bekannt wurde. Hier wurde wieder der herkömmliche visuelle Luftkampf („Dog Fight") gelehrt, der lange Jahre vernachlässigt worden war. Dabei stellten kleine und bewegliche A-4 und Northrop F-5 Freedom Fighter (Freiheitskämpfer) mit Fluglehrern im Cockpit den Gegner dar, während ausgewählte Einsatzpiloten die Taktik zu ihrer Bekämpfung erlernten. Die anschließend wieder nach Vietnam geschickten Besatzungen – darunter Cunningham und Driscoll – trugen wesentlich zur ausgeglichenen Luftkampfbilanz der US Navy bis Kriegsende bei.

Schon im Koreakrieg hatte das Strategic Air Command (SAC) der USAF seine größten und modernsten Bomber B-36 und B-47 in die Nähe des Kriegsschauplatzes verlegt. Ab Juni 1965 kamen auch die B-52 über Nordvietnam zu ihren ersten Kampfeinsätzen. Die achtstrahlige B-52 flog erstmals 1952 und bildete wenig später das Rückgrat des SAC. Permanent befanden sich einige Maschinen mit Atomwaffen an Bord in der Luft, um einen sowjetischen Angriff beantworten zu können. In Vietnam kam die B-52 zunächst im Rahmen der Operation „Arc Light" zum Einsatz, wobei tagsüber vermutete gegnerische Truppenansammlungen im Süden des Landes mit Bombenteppichen belegt wurden. Wenngleich die Erfolge nur schwer messbar waren und ganze Landstriche verwüstet wurden, gaben gefangene Vietcong an, dass sie von allen US-Flugzeugen am meisten die B-52 fürchteten, da die Bomben ohne Vorwarnung aus großer Höhe fielen.

Erst als im Dezember 1972 die Friedensverhandlungen abgebrochen wurden, ordnete US-Präsident Richard Nixon auch Angriffe der B-52 gegen Hanoi und andere Industriezentren in Nordvietnam an. Zwischen dem 18. und 29. Dezember luden B-52 während der Operation „Linebacker II" bei über 700 Einsätzen 136.000 Tonnen Bomben über Kraftwerken, Bahnhöfen, Fugplätzen und anderen Zielen ab. Damit wurde aber auf der anderen Seite Hanoi zu einer der am stärksten verteidigten Hauptstädte der

Eine Lockheed AC-130 Spectre in Aktion. Das „Gunship" sollte im Vietnamkrieg vor allem den Ho-Chi-Minh-Pfad unterbrechen, was bekanntlich nicht gelang.

1975

FEBRUAR

1. Februar: Eine modifizierte F-15 Streak Eagle erreicht in drei Minuten und 27 Sekunden eine Flughöhe von 30.000 Metern.

22. Februar: Erstflug der Suchoj T-8-1, Prototyp des Schlachtflugzeugs Su-25 (Frogfoot).

JUNI

3. Juni: Das japanische Marine-Angriffsflugzeug Mitsubishi F-1 absolviert seinen Erstflug.

22. Juni: Swetlana Sawizkaja aus der Sowjetunion stellt mit 2683 km/h auf einer Mikojan E-133 (eine Version der MiG-25) einen neuen Geschwindigkeitsrekord für Frauen auf.

SEPTEMBER

16. September: Erstflug der E-155MP, Prototyp des doppelsitzigen sowjetischen Abfangjägers MiG-31.

30. September: Erstflug der Hughes YAH-64, Prototyp des Kampfhubschraubers Apache.

DEZEMBER

26. Dezember: Die Tu-144 nimmt als erster kommerzieller Überschallliner mit einem Postflug von Moskau nach Alma Ata den Flugdienst auf.

Welt. Hunderte Boden-Luft-Raketen flogen den B-52 entgegen und brachten in dieser Periode zwölf Bomber zum Absturz. Nachteinsätze reduzierten zwar die Gefahr durch Abfangjäger, dennoch fielen drei weitere Stratofortress radargeführten MiG-21 zum Opfer, wohingegen die Bordschützen zwei MiG-21 als Luftsiege meldeten. Die Bomberoffensive zwang die nordvietnamesische Regierung schließlich an den Verhandlungstisch zurück. Im Januar 1973 wurde das Friedensabkommen unterzeichnet. Wenig später verließ der letzte US-Soldat Südvietnam.

Die vielen Version der MiG-21 mussten sich in zahlreichen Luftkämpfen auf zahlreichen Kriegsschauplätzen bewähren.

Die legendäre MiG-21

Mit Ausnahme von Australien kam die MiG-21, der von der NATO der Codename Fishbed verliehen wurde, auf allen Kontinenten zum Kampfeinsatz und versinnbildlicht wie kein anderes Flugzeug den Überschall-Abfangjäger der 1. Generation. Bereits 1959 in Dienst gestellt, wurde die MiG-21 in 43 Staaten exportiert. Die Volksrepublik China, Indien und die ČSSR produzierten den Typ zudem in Lizenz. China entwickelte das Flugzeug bis in die 1990er-Jahre als J-7 weiter und fertigt es noch immer in Serie. Insgesamt gab es rund 15 verschiedene Versionen. Die MiG-21 ist mit rund 11.000 Exemplaren das seit dem Zweiten Weltkrieg meistgebaute Kampfflugzeug der Welt. Letzte Version war die MiG-21bis als Zwischenlösung bis zum Eintreffen des Nachfolgers MiG-29.

Der sowjetische Testpilot Georgij Mossolow brach am 31. Oktober 1959 mit einer als E-66 bezeichneten Experimentalversion den Geschwindigkeitsweltrekord einer Lockheed F-104 Starfighter mit 2388 km/h. Auch die von der F-104 gehaltene Bestleistung in der Kategorie „dynamische Gipfelhöhe“ ging mit 34.714 Metern an die E-66.

Die verschiedenen MiG-21 waren in zahlreichen lokalen Konflikten und Kriegen involviert. Im Vietnamkrieg zeigten sich Vorteile und Mängel des Typs am deutlichsten, da auf der Gegenseite in der Regel besser ausgebildete Piloten antraten. Hauptwidersacher war die F-4 Phantom II. Sicher ist, dass die F-4 die leistungsfähigere Elektronik besaß, während die MiG-21 oberhalb von 6000 Meter viel wendiger war. Weitere Vorteile der MiG-21 bestanden in der besseren Sicht des Piloten und im günstigeren Schub-Masse-Verhältnis. Nachteilig war vor allem die zu geringe Reichweite.

Auch in den Nahostkonflikten unterstrichen die MiG-21 ihr Leistungsvermögen. Allerdings erwiesen sich ihre arabischen Piloten im Durchschnitt den israelischen Gegnern im Ausbildungsstand als unterlegen.

Anfang der 1990er-Jahre stellten einige Luftfahrtfirmen – unter anderem die israelischen Firmen IAI

1976

JANUAR	MÄRZ	APRIL	MAI	JULI	AUGUST
21. Januar: British Airways und Air France eröffnen mit der Concorde den ersten kommerziellen Passagierdienst im Überschallbereich mit Flügen nach Bahrain bzw. Rio de Janeiro.	24. März: Eine Boeing 747SP stellt mit einem Nonstopflug von Seattle nach Kapstadt über 16.560 km einen neuen Reichweitenrekord für ein kommerzielles Flugzeug auf.	1. April: Piper liefert sein 100.000stes Flugzeug aus.	24. Mai: Mit Flügen von London und Paris nach Washington wird der Nordatlantikverkehr mit der Concorde aufgenommen.	28. Juli: Eine SR-71 stellt mit 3529 km/h einen neuen Geschwindigkeitsrekord auf.	12. August: Erstflug des italienischen Fortgeschrittenentrainers Aermacchi MB-339.

und Elbit – Modernisierungsprogramme vor. Diese führten zum Beispiel zur MiG-21 Lancer der rumänischen Luftwaffe. Damit sollte es möglich werden, auch MiG-21 früherer Versionen bis ins 21. Jahrhundert im Dienst zu halten. 1993 wurde das bislang jüngste Verbesserungsprogramm für 123 MiG-21 der indischen Luftwaffe aufgelegt. Es umfasst vor allem Avionik und Bewaffnung.

Transporter und Tanker

Kaum weniger wichtig als Bomber und Jäger sind in der modernen Kriegsführung Versorgungsflugzeuge und Tanker. Das nach dem Zweiten Weltkrieg im Westen erfolgreichste Transportflugzeug wurde die Lockheed C-130 Hercules. Der viermotorige Turboprop absolvierte 1954 seinen Jungfernflug und wird als C-130J auch über 50 Jahre später noch immer produziert. Äußerlich kaum verändert, unterscheidet sich die heute eingesetzte „Herc“ durch ein Wetterradar, wodurch die als „Roman Nose“ bezeichnete Bugform der ersten Ausführungen verschwand. Neben ihrer Hauptrolle als Kampfzonentransporter der US Air Force, der auf Grund seines starken Fahrwerks auch auf unbefestigten Pisten starten und landen konnte, erschienen bald spezielle Versionen u. a. für SAR, Wetteraufklärung, Kommandoeinsätze sowie elektronische und psychologische Kriegsführung. Unter der Bezeichnung AC-130 Spectre (Schreckgespenst) wurde darüber hinaus eine Version als „Gunship“ mit Maschinengewehren, einer 105-mm-Kanone und diversen Sensoren bestückt, um nachts Bodenziele zu identifizieren und zu bekämpfen. Erstmals in der Schlussphase des Vietnamkriegs eingesetzt, waren und sind AC-130 an allen nachfolgenden amerikanischen Militäroperationen von Grenada über Panama, Somalia, Afghanistan und Irak nicht mehr wegzudenken.

Heute steht die C-130 bei rund 70 Luftwaffen im Dienst. Darunter befinden sich auch Länder wie Iran – seit der Islamischen Revolution von 1979 ein Gegner der USA – und Irak, dessen Luftwaffe nach dem Sturz Saddam Husseins im Jahr 2003 langsam wieder aufgebaut wird.

Von den insgesamt 2200 bisher vom Band gelaufenen C-130 versehen einige seit über 40 Jahren zuverlässig in der gleichen Luftwaffe und manchmal sogar in der gleichen Staffel ihren Dienst.

B-52 Stratofortress

Die bereits zuvor erwähnte B-52 wurde zu einem der markantesten Symbole für den Kalten Krieg.

Mehr als 30 Jahre stellte die B-52 Stratofortress den wichtigsten Nuklearbomber im westlichen Abschreckungskonzept dar.

1976

SEPTEMBER

6. September: Der sowjetische Leutnant Belenko desertiert mit einer MiG-25 (Foxbat) nach Japan und ermöglicht dem Westen Einblick in den sowjetischen Technologiestand.

OKTOBER

1. Oktober: Mit einem Flug von Oshkosh nach Oshkosh (Wisconsin) umrundet zum ersten Mal ein Baukastenflugzeug (Thorp T-18) die Erde.

DEZEMBER

22. Dezember: Das erste sowjetische Großraumflugzeug Iljuschin Il-86 absolviert seinen Erstflug.

1977

MÄRZ

24. März: Die erste AWACS (Airborne Warning and Control System) E-3A Sentry wird an die US Air Force ausgeliefert.

27. März: Auf Teneriffa kommt es zum größten Unfall der Luftfahrt, als zwei Boeing 747 der KLM und der Pan Am auf der Startbahn kollidieren.

Vorgänger waren die nur kurzzeitig im Einsatz befindliche Convair B-36 mit ihren sechs Kolben- und vier Düsenantrieben sowie die kleinere sechsstrahlige Boeing B-47. Gegenüber der B-36 war die B-52 schneller und sie verfügte über eine größere Reichweite als die B-47.

1955 rüstete das SAC seine erste Einheit mit B-52 aus. Die Bewaffnung veränderte sich über die Jahre von nuklearen Freifallbomben über Mittelstreckenlenkwaffen wie Hound Dog bis zur luftgestützten Flügelrakete (Air-launched Cruise Missile, ALCM). Nachdem allerdings auch die Sowjetunion über strategische ballistische Raketen verfügte, fürchtete die US-Regierung einen Vernichtungsschlag auf die Basen des SAC. Daher wurden neben den auch weiterhin ständig am Boden in Alarmbereitschaft gehaltenen B-52 ab Mitte der 1950er-Jahre zusätzliche Bomber zwischen Arktis und Mittelmeer für einen Gegenschlag rund um die Uhr in die Luft beordert. Dabei kam es im Januar 1966 zu einem schweren Vorkommnis, wonach von diesem Verfahren wieder Abstand genommen werden musste. Bei einer Luftbetankung waren nach der Kollision einer B-52 und einer KC-135 über Palomares in Südspanien vier scharfe Atombomben teils über Land, teils über See verloren gegangen. Zwar konnten alle geborgen werden, dennoch hatte eine Bombe beinahe gezündet und die Umgebung radioaktiv verseucht.

Die Dassault Mirage III verkörpert eine der großen Erfolgsgeschichten beim Bau strahlgetriebener Jagdflugzeuge.

744 B-52 sind in verschiedenen Ausführungen gebaut worden, am häufigsten die G-Version mit 193 Exemplaren. Neben ihr bildete die B-52H mit Turbofan-Antrieb in den 1970er- und 1980er-Jahren den Grundstock des SAC, wobei beide Versionen ständig mit neuer Offensiv- und Defensivbewaffnung sowie elektronischen Abwehrmitteln versehen wurden.

1991 nahmen die letzten B-52G noch am Irakkrieg teil. Bemerkenswert ist die Rolle der B-52 in den nachfolgenden Konflikten auf dem Balkan, im Irak und in Afghanistan, wo sie sich auf Luftnahunterstützung konzentrierte, was sich ihre Konstrukteure Anfang der 1950er-Jahre wohl niemals hätten vorstellen können.

MAI

17. Mai: Erstflug der Suchoj T-10, Prototyp der Su-27 (Flanker).

AUGUST

13. August: Erster Gleitversuch des Space Shuttle „Enterprise“. Trägerflugzeug ist eine modifizierte Boeing 747.

23. August: Das erste mit Muskelkraft angetriebene Flugzeug MacCready „Gossamer Condor“ wird erfolgreich vorgeführt.

31. August: Eine MiG-25 stellt mit 37.650 Metern Höhe einen neuen Rekord für düsengetriebene Flugzeuge auf.

SEPTEMBER

26. September: Der Engländer Freddie Laker eröffnet mit seinem Unternehmen Skytrain auf der Route London – New York mit einer Douglas DC-10-30 den weltweit ersten „Low-Cost“-Service.

DEZEMBER

14. Dezember: Erstflug des Turbinenhubschraubers Mil Mi-26 (Halo). Es ist der schwerste Hubschrauber der Welt und zugleich der größte Hubschrauber mit nur einem Rotor.

Beim Entwurf der Dassault Ètendard Mitte der 1950er-Jahre standen die Vorstellungen über einen taktischen Jagdbomber Pate.

Noch immer setzen zwei Geschwader (Wings) des Air Combat Command (ACC) – seit 1991 Nachfolger des SAC – der USAF die B-52H ein. Es gilt nicht einmal als ausgeschlossen, dass mittels einer fortdauernd betriebenen Kampfwertsteigerung und neuer Antriebe die B-52 um das Jahr 2040 ihr 80-jähriges Dienstjubiläum feiern wird.

Frankreich

Während die meisten NATO-Staaten ihre Luftwaffen mit Kampfflugzeugen aus amerikanischer Produktion ausrüsteten, beschritt Frankreich eigene Wege. Kurz nach dem Zweiten Weltkrieg waren es zunächst deutsche Flugzeuge, die einfach weiterproduziert wurden. Dem folgte die Lizenzfertigung einiger britischer de Havilland Vampire, mit denen neben amerikanischen F-86 die ersten französischen Jagdstaffeln ausgerüstet wurden.

Von 1958 bis 1966 löste sich Frankreich schrittweise aus den militärischen Strukturen der NATO und ging gleichzeitig dazu über, Luftwaffe und Marine mit Fluggerät aus eigener Fertigung zu versehen. Der schon vor 1938 tätige Konstrukteur Marcel Bloch änderte seinen Nachnamen in Dassault und gründete 1947 eine eigene Firma. Damit überwand er die bis dahin zersplitterte französische Flugzeugindustrie und schuf ein Imperium für militärische und zivile Flächenflugzeuge. Als erstes Kampfflugzeug mit Strahltriebwerk lief 1951 die M.D. 450 Ouragan mit gestreckten Tragflächen vom Band, 1955 gefolgt von verschiedenen Versionen der M.D. 452 Mystère. Beide Muster bewährten sich in israelischen Farben im Kriegseinsatz und standen lange Jahre im Dienst der französischen Luftwaffe.

Den größten Erfolg verschafften Dassault jedoch seine schwanzlosen Deltadecker der Mirage-Reihe, angefangen mit der Mirage III aus dem Jahr 1956. Der mit Radar, Luftkampfraketen und einer Bordkanone ausgerüstete Überschalljäger wurde ein Exportschlager und bewies in israelischen, pakistanischen und argentinischen Diensten seine Schlagkraft.

Die 1960 in Dienst gestellte Mirage IV war eine „doppelt so große“ Mirage III und wurde als Atombomber konzipiert. Ihre Reichweite war allerdings zu gering, um nach einem Angriff auf Ziele in der Sowjetunion auch wieder zurückkehren zu können. Daher wurde sie auf eine sogenannte „vorstrategische“ Rolle zugeschnitten. Gemeint war, dass die Mirage IV Bodentruppen des Warschauer Paktes nach dem Einmarsch in Westdeutschland mit Kernwaffen attackieren sollte! Die Ausstattung mit der Flügelrakete ASMP verschaffte

Die Mirage F.1 wurde von vielen europäischen und außereuropäischen Luftwaffen in Dienst gestellt.

1978

MÄRZ	MAI	JUNI
3. März: Erstflug der Mirage 2000.	5. Mai: Die US-Luftfahrtindustrie wird dereguliert. 9. Mai: Erstmals überfliegt ein Motorgleiter den Ärmelkanal. 20. Mai: Auslieferung der 5000. McDonnell Douglas F-4 Phantom II.	1. Juni: Letzter Liniendienst der Tu-144. Der Flugverkehr wird aus wirtschaftlichen und sicherheitsrelevanten Gründen eingestellt.

Als erster Kampfjet der Mirage-Familie erhielt die Version 2000 eine Fly-by-wire-Steuerung. Ihre Karriere als Nachfolger der F.1 in der Abfängerrolle begann mit dem Erstflug des Einsitzers am 10. März 1978 in Istres.

1978 hob die Mirage 2000 zum ersten Mal ab. Sie ähnelte oberflächlich der Mirage III, besaß aber eine Fly-by-wire-Steuerung, ein modernes Mehrfunktionsradar und erreichte Mach 2.

Bei der Étendard IVM und Super Étendard handelt es sich um trägergestützte Jagdbomber der französischen Marine (Aéronavale). Beide Typen sammelten reichlich Kampferfahrung in den 1980er- und 1990er-Jahren über Libanon und dem Balkan. Darüber hinaus kam die „Super É" in argentinischen Diensten im

der Mirage IV am Ende ihrer Karriere einen deutlich größeren Wirkbereich. 2005 wurde die Mirage IV als Bomber ausgemustert und nur noch als Aufklärer verwendet.

Wie ihre Vorgänger fand auch das Jagdflugzeug Mirage F1 viele Abnehmer im Ausland. Eher untypisch für Dassaults Konstruktionen besaß die F1 Pfeil- und keine Deltaflügel.

Vorwiegend als Tiefangriffsflugzeug – vor allem gegen Schiffe – sollte die Super Ètendard zum Zug kommen.

JULI

1. bis 19. Juli: Zwei Beech Bonanza umrunden erstmals den Globus in einem Formationsflug.

AUGUST

12. August: Erstflug des Schweizer Turboproptrainers Pilatus PC-7.

SEPTEMBER

3. September: Erstmals wird ein Flugzeug von einer tragbaren Boden-Luft-Rakete (SAM) abgeschossen. Das Opfer ist eine zivile Vickers Viscount der Air Rhodesia.

13. September: Erstflug des Hubschraubers Aérospatiale Super Puma.

NOVEMBER

8. November: Erstflug des Geschäftsreiseflugzeugs Canadair CL-600 Challenger.

18. November: Erstflug der McDonnell Douglas F/A-18 Hornet. Der Entwurf basiert auf der YF-17 Cobra.

Auf ihrem Höhepunkt waren mit der SAAB J-32 Lansen sieben Jagdbombergeschwader ausgerüstet. Noch bis in die 1990er-Jahre versah die Lansen für Erprobungszwecke oder als Zieldarsteller zuverlässig ihren Dienst.

Bei ihrem Erscheinen wurde auch die SAAB J-35 Draken zum integralen Bestandteil der westlichen Luftverteidigung.

Falklandkrieg 1982 – und damit gegen einen NATO-Staat – sowie unter irakischer Flagge im Krieg gegen den Iran ausgiebig zum Einsatz.

Zur Kundschaft von Marcel Dassault gehörten vor allem jene Luftwaffen, die sich amerikanische Ausrüstung nicht leisten konnten, unter einem Waffenembargo standen oder aus politischen Gründen einen Mix aus sowjetischen und westlichen Flugzeugen anstrebten.

Schweden

Das neutrale Schweden war eine weitere Industrienation, die ihre Streitkräfte bevorzugt mit Waffen aus eigener Produktion versah. Diese Politik geht auf den Zweiten Weltkrieg zurück, als in den Nachbarstaaten Finnland und Norwegen die Kampfhandlungen ausbrachen und ausländische Flugzeuge häufig den schwedischen Luftraum verletzten. Durch die konsequent verfolgte Neutralität konnte Schweden seine vor dem Krieg beschafften amerikanischen, britischen, deutschen und italienischen Flugzeuge nicht durch moderne Nachfolger ersetzen. Das Staatsunternehmen Svenska Aeroplan Aktie Bolaget (SAAB) entwickelte daher mit der B 17 einen auf der Curtiss SB2C Helldiver (Höllentaucher) beruhenden Sturzkampfbomber und mit der B 18 einen zweimotorigen Horizontalbomber. Als erstes Jagdflugzeug entstand die J 21, eine ungewöhnliche Doppelrumpfkonstruktion mit Druckpropeller und einem der ersten Schleudersitze.

1978

DEZEMBER

29. Dezember: Das erste solargetriebene Flugzeug „Solar One“ absolviert mit Freddie To seinen Erstflug in Großbritannien.

1979

JANUAR

6. Januar: Die General Dynamics F-16 wird an die US Air Force ausgeliefert.

FEBRUAR

27. Februar: Nach 26 Produktionsjahren läuft die letzte von 2960 A-4 Skyhawk vom Band.

APRIL

20. April: Die letzte von 16 Concorde ist fertiggestellt.

MAI

25. Mai: Beim Absturz einer DC-10 der American Airlines bei Chicago sterben 273 Menschen. Wenig später erhalten alle DC-10 Flugverbot mit zum Teil einschneidenden Konsequenzen für viele Unternehmen.

JUNI

12. Juni: Als erstes mit Muskelkraft angetriebenes Flugzeug überfliegt die MacCready „Gossamer Albatross“ den Ärmelkanal und gewinnt das Preisgeld von 100.000 Pfund.

27. Juni: Beim ersten Kampfeinsatz der F-15 Eagle schießen israelische Piloten fünf syrische MiG-21 ab.

Nach dem Krieg erschien die J 21R mit einem im Rumpf untergebrachten Strahltriebwerk. Es folgte 1948 die J 29 Tunnan (Tonne, Fass) als weltweit dritter Pfeilflügler. Sein Aussehen trug dem Jäger den Namen „Fliegendes Fass" ein. Anfang der 1960er-Jahre kam die Tunnan unter UN-Flagge im Konflikt um die kongolesische Provinz Katanga zu mehreren Kampfeinsätzen. Von den über 660 gefertigten J 29 wurden einige Exemplare nach Österreich exportiert.

Das nächste in Schweden produzierte Kampfflugzeug war die J 32 Lansen (Lanze), die stark der Hawker Hunter ähnelte, aber deutlich größer ausfiel. Die Lansen wurde überwiegend als zweisitziger Jagdbomber gebaut und verfügte über einen Nachbrenner. 1955 brachte SAAB mit der J 35 Draken (Drachen) den ersten Überschalljäger heraus. Er fiel vor allem durch einen ungewöhnlichen Doppeldeltaflügel ins Auge. Gemäß der damaligen politischen Linie zielte auch der Draken vorrangig nicht auf Exportkundschaft, fand aber trotzdem in Dänemark, Finnland und Österreich Abnehmer. Die österreichische Luftwaffe löste ihre Draken erst 2005 durch Northrop F-5E Freedom Fighter ab, welche wiederum kürzlich durch den Eurofighter ersetzt wurden.

Mit der J 37 Viggen (Donnerkeil) setzte SAAB seine bemerkenswerte Entwurfsreihe fort. Die seit 1967 fliegende J 37 ist das erste in Serie gebaute Kampfflugzeug mit Canard-Flügeln und wurde in verschiedenen Ausführungen als Jäger, Jagdbomber, Aufklärer und Trainer angeboten. Die Canard-Flügel verhalfen der Viggen neben anderen Vorteilen zu kurzen Start- und Landestrecken, so dass ihr Einsatz entsprechend der schwedischen Einsatzdoktrin von Ausweichplätzen und Autobahnen stattfinden konnte. In den 1970er- und 1980er-Jahren stellte die mit einem großen Sortiment an Luft-Luft- oder Luft-Schiff-Raketen bewaffnete Viggen das wichtigste Kampfflugzeug der schwedischen Luftwaffe (Flygvapnet) dar, ehe sie Zug um Zug durch die etwas kleinere JAS 39 Gripen (Greifvogel) abgelöst wurde.

Der Entwicklung der SAAB JAS-37 Viggen lag die Multifunktionalität als Jagdbomber, Abfangjäger, Aufklärer und Trainer zu Grunde. Der erste von sieben Prototypen flog am 8. Februar 1967.

Mit Glasnost und Perestroika sowie der Auflösung der Sowjetunion fand der Kalte Krieg in Europa um 1990 sein Ende. Eine große Abrüstungswelle verbannte auch viele Kampfflugzeuge für immer auf den Boden oder verwandelte sie in Altmetall. Nur außerhalb Europas steht eine große Anzahl Jäger und Bomber aus dieser Ära noch immer im Dienst.

JULI

13. Juli: Das Flugverbot der DC-10 wird wieder aufgehoben.

24. Juli: Das experimentelle Kipprotorflugzeug Bell XV-15 fliegt zum ersten Mal.

24. Juli: Eine KC-135 der NASA wird mit Winglets erprobt, um Luftwiderstand und Treibstoffverbrauch zu reduzieren.

AUGUST

14. August: Steve Hinton stellt auf der modifizierten P-51 Mustang „Red Baron" mit 803 km/h einen neuen Geschwindigkeitsrekord für Kolbenmotorflugzeuge auf.

DEZEMBER

2. Dezember: Mit dem Erstflug der Grumman Gulfstream III beginnt die Verwendung von Winglets bei Geschäftsreiseflugzeugen.

12. Dezember: Erstflug des U-Boot-Abwehrhubschraubers Sikorsky SH-60 Seahawk.

KLM
PH-BUP

Superjäger und fliegende Giganten

Die vergangenen 25 Jahre haben das Luftfahrtgeschehen in vielerlei Hinsicht verändert. Die Anzahl bedeutender Flugzeughersteller hat sich deutlich verringert. Einige Firmen sind fusioniert, andere haben das Geschäftsfeld aufgegeben, wiederum andere kämpfen um ihr Überleben.

In den letzten 40 Jahren haben sich mit Boeing und Airbus zwei große Konkurrenten herauskristallisiert, die den Markt der Verkehrsflugzeuge dominieren. Die jährlich publizierten Verkaufszahlen zeigen annähernd ein ausgeglichenes Verkaufsvolumen an, jedoch wurde der Kampf um jeden neuen Kunden heftig geführt. Einer der wenigen neuen Wettbewerber ist die 1969 gegründete brasilianische Firma EMBRAER, die seit den 1990er-Jahren auch Jetflugzeuge anbietet. Die sogenannte „E"-Serie mit EMB-170, -175, -190 und -195 konnte gegenüber der Boeing 737 und dem Airbus A320 bereits Marktanteile erobern.

Neue Technologien haben die Effizienz der Triebwerke deutlich verbessert. Große Verkehrs- und Frachtflugzeuge werden fast ausschließlich von Turbofans mit einem hohen Nebenstromverhältnis angetrieben. Äußerlich erkennbar sind diese Triebwerke durch ihren großen Eingangsquerschnitt, wodurch die angesaugte Luft nicht wie früher durch die Mittellinie geleitet wird, sondern diese umströmt. Turbofans sind leiser und wesentlich umweltfreundlicher als die bis dahin verwandten Turbinentriebwerke bzw. die Turbofans mit niedrigem Nebenstromverhältnis der ersten Generation. Der höhere Schub und

Links: Eine Boeing 747 der holländischen KLM beim Start von einem Flugplatz im Fernen Osten.
Rechts: Ein interessanter Größenvergleich zwischen der Boeing 747 und ihrem Vorgänger Boeing 707.

Bei ihrer Vorstellung war die Lockheed C-5A Galaxy das weltweit größte Transportflugzeug. Erstflugdatum ist der 30. Juni 1968.

der geringere Treibstoffverbrauch haben dazu geführt, dass heute zweistrahlige Verkehrsflugzeuge auf Linien eingesetzt werden können, die früher drei- oder vierstrahligen Jetlinern vorbehalten waren. Bestes Beispiel ist die Nordatlantikroute.

Die letzten 35 Jahre Verkehrsflug wurden ganz wesentlich von der Boeing 747 geprägt. Der „Jumbo Jet" revolutionierte durch bis dato ungeahnt niedrige relative Passagierkosten die Zivilluftfahrt. Dem internationalen Flugtourismus wurden auf diese Weise völlig neue Perspektiven eröffnet.

Weniger bekannt ist, dass die 747 auf eine Forderung des Lufttransportkommandos (Military Airlift Command, MAC) der US Air Force zurückgeht, welches eine Ergänzung zur Lockheed C-141 Starlifter suchte. Die C-141 hatte 1963 ihren Erstflug und war der erste Militärtransporter der USA, der von Anfang an ausschließlich für diesen Verwendungszweck konstruiert wurde. Der Starlifter war zwar schneller als die kolbenmotorgetriebene C-124 Globemaster und verfügte über eine größere Reichweite, stand dieser jedoch in der Nutzlastkapazität nach. Für das aus diesem Grund im Jahr 1964 aufgelegte Projekt CX-HLS (Cargo Experimental-Heavy Logistics System) zum Bau eines deutlich größeren strahlgetriebenen Transporters gaben Lockheed, Boeing und Douglas ihre Angebote ab. Allen Anbietern war klar, dass das damals weltweit größte Flugzeug zum Bau anstand.

Boeing glaubte zwar den aerodynamisch günstigsten Entwurf vorgelegt zu haben, erhielt aber nicht den Zuschlag. Vielmehr unterschrieb das Pentagon 1965 einen Vertrag mit Lockheed, dessen C-5 Galaxy das erste in Serie gefertigte Flugzeug mit Turbofans und hohem Nebenstromverhältnis wurde. Die fortschrittliche Lösung hatte einen nachhaltigen Einfluss auf alle nachfolgenden Entwicklungen. Boeing dachte nämlich gar nicht daran, seine Studien am Projekt CX-HLS zu verwerfen, zumal Pan Am Bedarf an einem Großraumflugzeug anmeldete, welches auf der Konzeption der C-5 beruhte. Schon früher hatte Pan Am eine verlängerte Ausführung der 707 gefordert, welche Platz für 520 Passagiere bieten sollte. Konstruktiv ließ sich dies aber nicht verwirklichen.

Im März 1965 fiel bei Boeing die Entscheidung zum Bau der 747. Es sollte ein komplett neues Großraumflugzeug mit mehr als einem Mittelgang und einer Kapazität von 366 Fluggästen – eine bis dahin unerreichte Größenordnung – entstehen. Im April 1966 löste Pan Am eine erste Bestellung über 25 Maschinen mit einem Wert von 525 Millionen US-Dollar aus. Dies war damals das größte jemals getätigte Auftragsvolumen. Nördlich von Seattle

1980

MÄRZ

12. bis 14. März: Zwei B-52 fliegen in 42 Stunden und 30 Minuten nonstop um die Erde.

JULI

12. Juli: Erstflug des Tankers KC-10 Extender, ein Abkömmling der McDonnell Douglas DC-10.

AUGUST

7. August: Mit Janice Brown am Steuer erreicht in Kalifornien das erste Solarflugzeug MacCready „Gossamer Penguin" ohne Bordbatterie eine Flugzeit von 15 Minuten.

16. August: Erstflug des Turboprop-Trainers EMBRAER Tucano.

NOVEMBER

9. November: Bei einem Nostalgieflug befördert eine de Havilland Comet 4C letztmalig Passagiere.

13. November: Einsatzbeginn der F/A-18 Hornet bei der US Navy.

DEZEMBER

6. Dezember: Das Solarflugzeug MacCready „Solar Challenger" fliegt 29 km weit.

errichtete Boeing ein neues Flugzeugwerk für 200 Millionen US-Dollar. Boeing und Pan Am setzten damit alles auf eine Karte. Das Risiko blieb schwer kalkulierbar, zumal es den Anschein hatte, dass die Zukunft der Verkehrsluftfahrt im Überschallbereich liegen würde. Boeings Konkurrenten gingen davon aus, dass ein solches Flugzeug keine Marktchancen habe und verzichteten auf eigene Entwürfe. Boeing ging auf Nummer sicher und legte die 747 so an, dass sie bei nicht ausreichender Nachfrage im Passagierdienst leicht in einen Frachter umgewandelt werden konnte.

Zunächst entwarfen die Ingenieure eine Doppeldeckausführung. Dabei ergaben sich aber Schwierigkeiten bei der Evakuierung der Fluggäste im Notfall. Daher wurde das Cockpit höher gelegt, um einen durchgängigen Passagierbereich und eine klappbare Bugnase bei der Frachtversion zu ermöglichen. Da die Oberkante des hochgelegten Cockpits zur Hauptachse des Flugzeugs zurückgeführt werden musste, entstand hinter den Piloten ein weiterer Raum, der Platz für die Klimaanlage und andere technische Systeme bot. Davon wurde aber zunächst kein Gebrauch gemacht und stattdessen Bar- und Gesellschaftsräume bzw. First-Class-Plätze eingerichtet.

Die erste 747 rollte im September 1968 aus dem Hangar und erhob sich im Februar 1969 in die Luft. Dabei ergaben sich Probleme mit den Triebwerken von Pratt & Whitney, so dass verschiedene Alternativen untersucht wurden. Auch nachdem die 747 im Januar 1970 den regulären Flugbetrieb aufgenommen hatte, kam es immer wieder zu Engpässen bei der Lieferung zuverlässiger Turbinen. Daher konnten viele bereits fertiggestellte Rümpfe nicht komplettiert werden und lagen mit Betongewichten an den Triebwerksaufhängungen „auf Halde“. Das ganze Programm geriet ins Stocken. Dies geschah ausgerechnet in Zeiten einer wirtschaftlichen Rezession und trug Boeing eine Schuldenlast von einer Milliarde Dollar ein. Ein Teil der Fertigungsstätten musste stillgelegt werden, um die Finanzkrise zu überwinden. Gleichzeitig konnte das Triebwerksproblem gelöst werden, da mit General Electric und Rolls-Royce weitere Anbieter zur Verfügung standen. Jetzt stiegen auch die Bestellungen durch US- und ausländische Linien an und erreichten bis Ende 1970 die Zahl 150.

Mit Indienststellung der Boeing 747 vermochte die australische Airline Qantas beträchtliche Marktanteile auf einigen Langstreckenverbindungen zwischen Australien und Europa zu übernehmen.

1981

APRIL

12. April: Das erste wiederverwendbare bemannte Luftgefährt Space Shuttle „Columbia“ startet in Cape Canaveral und kehrt zwei Tage später zur Erde zurück.

JUNI

7. Juni: Acht israelische F-16A zerstören den irakischen Atomreaktor Tammuz 1.

JULI

7. Juli: Das Solarflugzeug MacCready fliegt von Paris nach Manston (Großbritannien) über eine Distanz von 290 km.

23. Juli: Eine Agusta A109A stellt mit 6096 Metern einen neuen Höhenrekord für Hubschrauber auf.

SEPTEMBER

3. September: Erstflug des vierstrahligen Regionalairliners BAe 146.

26. September: Erstflug des zweistrahligen Großraumflugzeugs Boeing 767.

DEZEMBER

17. Dezember: Ein Hubschrauber Hughes OH-6A fliegt erstmals mit einem Mantelpropeller anstelle eines Heckrotors zum Drehmomentausgleich. Daraus entwickelt sich das System No Tail Rotor (NOTAR).

Eine Verlängerung des Oberdecks der 747 führte zur Version 747-300 mit höherer Sitzplatzkapazität und einer verbesserten Aerodynamik.

Die amerikanische Luftwaffe übernahm vier Boeing 747-200 als Präsidentenmaschine und fliegenden Befehlsstand bei einem nuklearen Kriegsfall.

Anfang der 1980er-Jahre hatte sich die 747 weltweit durchgesetzt. Die 500. Maschine ging 1981 an die Scandinavian Airlines System (SAS). Nahezu alle großen westlichen Fluggesellschaften stellten den „Jumbo Jet" in Dienst. Über mehrere Jahre hinweg durfte sich die australische Qantas als das einzige Luftverkehrsunternehmen bezeichnen, welches ausschließlich die 747 in seinem Flugzeugpark führte.

Eine als 747SP bezeichnete Landstreckenausführung mit kurzem Rumpf nahm u.a. bei Qantas, South African Air Lines und United Airlines den Passagierbetrieb auf. 1983 erschien mit der 747-300 eine erste völlig überarbeitete Version des Grundmodells. Der „Buckel" war um sieben Meter verlängert worden. Daher nannte sich diese Ausführung ursprünglich 747 SUD (Stretched Upper Deck), wovon aber schnell wieder abgegangen wurde, denn die gleiche Abkürzung steht in der Medizin für Sudden Unexplained Death (plötzlicher unerwarteter Tod). Auch das neue Kürzel EUD (Extended Upper Deck) fand keine große Verbreitung. Die Verkaufserfolge der 747-300 hielten sich in Grenzen. Erst die 1989 angebotene Version 747-400 wurde zum klassischen „Jumbo" der nächsten Generation. Neben dem vergrößerten Oberdeck erhielt die -400 überarbeitete Tragflächen mit 1,80 Meter hohen Winglets an den Flügelspitzen zur Reduzierung des Luftwiderstands. Diese und andere Verbesserungen an den Antrieben machten die 747-400 zum Airliner mit der damals größten Reichweite. Viele Tankstopps konnten jetzt entfallen. Für manchen der bisherigen Zwischenlandeplätze und besonders für einige Pazifikinseln waren das allerdings keine guten Nachrichten.

1982

FEBRUAR

4. Februar: Ein Hubschrauber Mil Mi-26 stellt eine Reihe neuer Weltrekorde auf. Unter anderem erreicht er mit einer Nutzlast von 20 Tonnen eine Höhe von 4600 Metern.

19. Februar: Erstflug der zweistrahligen Boeing 757 mit „Normalrumpf".

APRIL

20. April: Während des Falklandkriegs unternimmt eine umgebaute Handley Page Victor der RAF nach dem Start auf Ascension Island mit 14 Stunden und 45 Minuten den bisher längsten militärischen Aufklärungsflug der Geschichte. Ziel ist die Erkundung argentinischer Truppen bei South Georgia.

30. April bis 1. Mai: Eine britische Vulcan greift den Flugplatz Port Stanley auf den Falkland Inseln an. Es handelt sich mit einer Flugzeit von 15 Stunden und 45 Minuten um den bisher längsten Bombenflug der Geschichte.

AUGUST

19. August: United Airlines stellt die erste Boeing 767 in Dienst.

SEPTEMBER

30. September: Eine zweiköpfige Besatzung umrundet erstmals mit einem Hubschrauber Bell 206L LongRanger II den Globus.

DEZEMBER

26. Dezember: Die sowjetische Antonow An-124 Ruslan (Condor) fliegt. Es ist zu diesem Zeitpunkt das größte Flugzeug der Welt.

Die 747-400 konnte 416 bis 524 Passagiere befördern. Auch das war ein neuer Rekord, wenn man einmal davon absieht, dass die Kurzstreckenversion SR (Short Range) auf dem japanischen Inlandsnetz bis zu 550 Sitze anbot. Entsprechend verheerend waren aber auch die Folgen bei einem Absturz. Als im August 1985 eine japanische SR 520 Menschen in den Tod riss, war dies der schwerste Unfall eines einzelnen Verkehrsflugzeugs.

Der europäische Rivale

Als 1965 die Entscheidung zum Bau der 747 fiel, befand sich die Luftfahrtindustrie weltweit im Umbruch. Als wichtigste Weichenstellung galt die Hinwendung zu einem überschallschnellen Verkehrsflugzeug. Das als Supersonic Transport (SST) bezeichnete Vorhaben wurde sowohl von den großen amerikanischen Herstellern als auch von einer britisch-französischen Gruppe in Angriff genommen. Dass sich währenddessen einige deutsche Flugzeugfirmen zur Airbus Study Group zusammenfanden und bald darauf in ein deutsch-französisch-britisches Konsortium einflossen, wurde von den Amerikanern zunächst nicht ernst genommen. Auf der Pariser Luftfahrtausstellung 1969 unterzeichneten dann aber die französische und die deutsche Regierung sowie die wichtigsten westeuropäischen Hersteller einen Vertrag zum Bau eines zweistrahligen Großraum-Passagierflugzeugs mit der Bezeichnung Airbus A300B. Die Spezifikation war auf den US-amerikanischen Inlandsmarkt zugeschnitten und sollte der Boeing 727 Konkurrenz machen. Im Dezember 1970 wurde das Unternehmen Airbus Industrie gegründet und Ende Oktober 1972 stand die erste A300B1 zum Erstflug bereit. Zu diesem Zeitpunkt hatte sich die britische Regierung aber bereits wieder aus dem Konsortium verabschiedet. Nur Hawker Siddeley blieb dabei und entwarf die Tragflächen. Die britische Firma ist auch heute noch „an Bord" und hat bisher jeden Airbus mit Tragflächen ausgerüstet, allerdings nicht mehr als Hawker Siddeley, sondern als British Aerospace und heute als BAE Systems.

1974 ging die erste A300 in den Farben der Air France in Dienst. Zweiter großer Abnehmer der ersten Produktionsserie wurde die Lufthansa. Selbstverständlich spielten bei diesen Kaufentscheidungen politische Überlegungen eine wichtige Rolle. Zu dieser Zeit – es existierten schließlich noch drei große amerikanische

Der Airbus ist eine einzige große Erfolgsgeschichte. Vor allem die A300 begründete den Aufstieg des europäischen Gemeinschaftsunternehmens. Im Durchschnitt startet alle 20 Sekunden irgendwo in der Welt ein Airbus.

1983

JANUAR	MÄRZ	JUNI	JULI	AUGUST
1. Januar: Eastern Airlines stellt die Boeing 757 in Dienst.	29. März: Lufthansa und Swissair übernehmen den ersten Airbus A310.	20. Juni: Erstflug des Verkehrsflugzeugs de Havilland Canada DHC-8 (Dash-8).	22. Juli: Der Australier Dick Smith umfliegt in einer Bell JetRanger erstmals solo mit einem Hubschrauber die Welt.	29. August: Erstflug der Beech Starship I. Es ist eines der ersten fast vollständig aus Verbundwerkstoffen (Kohlefaser) gefertigten Flugzeuge.

Flugzeugbauer – waren Regierungshilfen für Airbus noch kein großes Thema. Erst jetzt, wo nur noch Boeing und Airbus – in geringem Umfang auch Iljuschin – den Markt der Großraumflugzeuge unter sich aufteilen, haben staatliche Subventionen in der zivilen Luftfahrtindustrie das Verhältnis zwischen Europa und den USA immer wieder belastet.

Mit dem neuen Produkt gelang Airbus der angestrebte Einbruch in den US-Inlandsmarkt. Eastern, Continental und American Air Lines erkannten die Vorteile der A300 gegenüber den dreistrahligen Spritfressern Tristar und DC-10, zumal die 1973 ausgebrochene Ölkrise das Kostenbewusstsein noch mehr schärfte. Auch asiatische Gesellschaften wie Air India und Thai International orderten den europäischen Neuling. Zu dieser Zeit galt noch eine amerikanische Vorschrift, wonach zweistrahligen Passagierflugzeugen die Überquerung größerer Gewässer verboten war, da bei Ausfall eines Triebwerks der dann extrem ansteigende Verbrauch des zweiten Aggregats die Tanks vor Erreichen eines Landeplatzes leeren könnte. Da diese Einschränkungen in Asien nicht galten, erfreute sich die A300 bald großer Beliebtheit auf Routen, die über den Golf von Bengalen verliefen.

Insgesamt haben über 850 A300 den Fertigungshangar verlassen, von denen viele auch als Frachter von Federal Express (FedEx) und United Parcel Service (UPS) übernommen wurden.

Der Erfolg der A300 inspirierte Boeing zu einem entsprechenden Konkurrenzmodell. Den Anfang als

Ein Airbus A300-600F in den Farben von United Parcel Service (UPS). Die A300-600 stellt eine Weiterentwicklung der A300B4 dar.

Die Boeing 757 wurde als Nachfolger der überaus erfolgreichen 727 entwickelt und hatte mit dieser nur noch wenig gemein. Trotzdem konnte die Marktposition gehalten werden.

1983

SEPTEMBER

11. September: Erstflug des italienischen Kampfhubschraubers Agusta A129 Mangusta.

15. September: Unter Ausschluss der Öffentlichkeit übernimmt die US Air Force den Tarnkappenjäger F-117A.

NOVEMBER

11. November: Der gemeinsam von Spanien und Indonesien entwickelte Militärtransporter CASA-IPTN CN-235 absolviert seinen Jungfernflug. Es erscheint auch eine Version als ziviles Verkehrsflugzeug.

1984

FEBRUAR

22. Februar: Mit dem Airbus A320 startet das erste mit Fly-by-wire-Steuerung ausgestattete Verkehrsflugzeug zum Erstflug.

MAI

12. Mai: Die A310 nimmt bei Air France den Flugbetrieb auf.

AUGUST

16. August: Das französisch-italienische Unternehmen Avion des Transport Régional bringt die ATR-42 erfolgreich in die Luft. Das Turbopropverkehrsflugzeug hat 50 Sitzplätze.

Großraumflugzeug machte die 767. Zur gleichen Zeit befand sich auch die 757 auf den digitalen Reißbrettern. Sie besaß allerdings den gleichen Kabinendurchmesser wie die 707, 727 und 737 und sollte vorrangig das amerikanische Inlandsnetz versorgen. 1982 ging die erste 767-200 bei United Airlines in Dienst. Zweite Ausführung war die 767-200ER (Extended Range), gefolgt von den Modellen -300 und -400 mit einem verlängerten Rumpf.

Mit dem Einsatz der 767 wurde die zweistrahlige Überquerung von Ozeanen, Wüsten und Polargebieten zur Normalität. Dafür sorgte vor allem die Einführung eines strikten Regelwerks, welches als ETOPS (Extended-range Twin-engine Operational Performance Standards) gebündelt wurde. Darin wurde auch die bisher bestehende Vorschrift, wonach zweistrahlige Passagierflugzeuge in der Lage sein mussten, innerhalb von 60 Minuten einen geeigneten Ausweichflugplatz zu erreichen, auf zunächst 90 und später auf 120 Minuten erweitert, und dies bei Einmotorenbetrieb und normaler Reisegeschwindigkeit. Jede Fluggesellschaft muss die Zulassungsbehörden jedoch davon überzeugen, dass ihre sämtlichen zweistrahligen Typen – einschließlich der Unterversionen mit abweichenden Triebwerken – beim Ausfall einer Turbine zu einem sicheren Landeplatz gebracht werden können. Falls Ausweichflugplätze geschlossen oder wegen Schlechtwetter gesperrt sind, muss die Route so geändert werden, dass den ETOPS-Vorschriften auf andere Weise entsprochen wird.

Hohe Wirtschaftlichkeit und große Reichweite machten aus dem Airbus A310 einen Verkaufsschlager. Viele Baugruppen sind auf eine lange Lebensdauer ausgelegt.

Millionen Flugstunden haben gezeigt, dass moderne Triebwerke mit hohem Nebenstromverhältnis eine äußerst geringe Ausfallrate aufweisen. Dennoch versagt hin und wieder ein Aggregat. Doch Luftfahrtunternehmen und -industrie stellen eine mächtige Lobby dar und haben inzwischen dafür gesorgt, dass die ETOPS-Regularien bei bestimmten Routen auf 180, in einigen Fällen sogar auf 207 Minuten erweitert wurden. Obwohl noch nie ein modernes Verkehrsflugzeug abgestürzt ist, weil im Einmotorenflug der Treibstoff nicht mehr bis zum Ausweichplatz reichte, halten es einige Experten für bedenklich, die ETOPS-Zeiten noch weiter zu verlängern oder gänzlich aufzuheben.

DEZEMBER

14. Dezember: Erstflug der Grumman X-29. Dank neuer Verbundwerkstoffe erreicht das Versuchsflugzeug mit negativ gepfeilten Tragflächen Überschallgeschwindigkeit.

1985

SEPTEMBER

13. September: Eine F-15 („Celestial Eagle“) löst in einer Höhe von über 11.500 Metern eine Rakete aus und zerstört den in einer Umlaufbahn befindlichen Satelliten P78-1.

1986

JANUAR

28. Januar: Die Raumfähre „Challenger“ explodiert kurz nach dem Start und tötet alle sieben Besatzungsmitglieder.

FEBRUAR

20. Februar: Die Ausgangssektion der ersten dauerhaft bemannten sowjetischen Raumstation „Mir“ wird ins All befördert.

JULI

4. Juli: Mit der Dassault Rafale A startet das französische Kampfflugzeug der Zukunft zum Erstflug.

Die A318 wird auch als „Mini-Airbus“ bezeichnet und ist das kleinste Mitglied der Airbus-Familie. Die anfängliche Bezeichnung A319M3 weist auf die Abstammung von der A319 hin.

Die A321 verkörpert die längste Modifikation der A320-Reihe.

Die kleinen „Airbusse“

Der A300 folgte die etwas kürzere A310 und dieser wiederum die mit normaler Rumpfbreite entwickelte A320er-Serie. Hierzu gehören auch die A318, A319 und A321, welche sich hauptsächlich in der Passagierkapazität unterscheiden. Mit der A320er-Serie führte Airbus die Fly-by-wire-Steuerung ein, bei der sämtliche Ruder und Klappen nicht mehr über mechanische oder hydraulische Verbindungen aus dem Cockpit, sondern durch kleine vor Ort befindliche Stellmotoren bewegt werden. Diese erhalten ihre Befehle über einen Computer (Flight Control System, FCS), welcher alle Handlungen des Piloten in elektrische Impulse umwandelt. Die Besatzungen der A320 mussten daher von dem gewohnten Steuerhorn Abschied nehmen und sich an einen links bzw. rechts angebrachten Sidestick gewöhnen. Die Austauschbarkeit der Komponenten zwischen den verschiedenen Ausführungen stellt seither ein wichtiges Grundprinzip bei Airbus dar. Jeder auf der A320 zertifizierte Pilot ist daher nach einer sehr kurzen Umschulung in der Lage, andere Jets der gleichen Serie zu fliegen.

Der vierstrahlige Airbus A340 wird auf Langstrecken eingesetzt.

1986

AUGUST

8. August: Erstflug des von BAe entworfenen Experimental Aircraft Prototype (EAP), mit dem die Technologie zukünftiger Jagdflugzeuge erprobt werden soll.

20. August: An einer DC-9 wird erstmals ein Propfan-Triebwerk erprobt. Trotz günstiger Werte kommt sein Einsatz aus Lärmschutzgründen für westliche Fluggesellschaften nicht in Betracht.

OKTOBER

1. Oktober: Die US Army stellt den Kampfhubschrauber AH-64A Apache in Dienst.

DEZEMBER

14. bis 24. Dezember: Die Rutan Voyager umfliegt als erstes Flugzeug ohne Tankstopp die Erde und überwindet eine Distanz von 40.212 km. Die Besatzung besteht aus Dick Rutan und Jeana Yeager.

31. Dezember: Die britische RAF stellt die Abfangjagdversion ADV (Air Defense Variant) des Tornado in Dienst.

1987

MÄRZ

9. März: Erstflug des sowjetischen Senkrechtstarters Jakowlew Jak-141 (Freestyle). Es werden jedoch nur zwei Prototypen gebaut.

Die Boeing 777 – hier ein Exemplar der United Airlines – war das erste Verkehrsflugzeug, welches komplett am Computer konstruiert wurde.

Dieser Philosophie bediente sich Airbus auch bei den folgenden Baureihen A330 und A340, die parallel entwickelt wurden und 1992 bzw. 1991 an den Start gingen. Die zweistrahlige A330 soll der Boeing 767 auf den ETOPS-Routen über dem Nordatlantik und dem Pazifik Paroli bieten. Die Cockpitausstattung basiert auf der A320, der Rumpfdurchmesser ist identisch mit dem der A300. Die A340 entspricht im Wesentlichen der A330, ist aber dank ihrer vier Turbinen nicht an die Einschränkungen von ETOPS gebunden und schließt damit eine Lücke auf ausgedehnten Flugstrecken über See. Da die ETOPS-Regeln allerdings inzwischen gelockert wurden, bevorzugen die meisten Kunden die A330, was dem Absatz der A340 geschadet hat. Spätere Modifikationen wie die A340-500 bedienen gegenwärtig die weltweit längsten planmäßigen Relationen wie z. B. die von Singapore Airlines offerierte Verbindung von Newark nach Singapur, ein 18 Stunden dauernder Nonstopflug über 15.345 km. Dabei wird die volle Kapazität von 313 Sitzplätzen nicht ausgeschöpft, sondern auf 181 begrenzt.

Boeing gegen Airbus

Auf die A330/340 reagierte Boeing mit der 777 („Triple Seven"). Diese ähnelt zwar stark einer vergrößerten 767, stellt aber einen völlig neuen Entwurf mit einem deutlichen breiteren Rumpf dar und ist zugleich das erste von Boeing gebaute Passagierflugzeug mit Fly-by-wire-Steuerung. Zugleich ist die 777 das erste Verkehrsflugzeug, welches ausschließlich elektronisch per Computer-aided Design (CAD) konstruiert wurde. Demzufolge existiert von ihrem Entwurf nicht eine einzige Papierzeichnung. Und noch eine Innovation floss in die 777 ein: der verstärkte Einsatz nichtmetallischer Kompositwerkstoffe wie beispielsweise Kohlefaser. Damit ließ sich die Masse der Zelle um fast zehn Prozent reduzieren.

Die Turbofans der 777 sind die größten und leistungsstärksten bisher im kommerziellen Flugzeugbau verwendeten Antriebe. Bei der Version 777-300ER handelt es sich um zwei General Electric GE-90-115 mit einem Frontdurchmesser von 3,30 Meter und einem Schub von jeweils 513 kN. Die 777 eröffnete im Juni 1994 ihre Flugkarriere und wurde zu einem Verkaufserfolg, so u.a. bei United Airlines und British Airways, Japan Air Lines und Emirates. Einige Unternehmen haben mit ihr die 747 auf solchen Strecken abgelöst, auf denen das Passagieraufkommen für einen „Jumbo" zu gering ist.

Ende der 1990er-Jahre war die Angebotspalette der beiden großen Hersteller Airbus und Boeing nahezu deckungsgleich. Die verschiedenen Versionen der 737 wetteiferten mit der A320-Serie, die 767 und 757 entsprachen der A300 und A310 und die 777 konkurrierte gegen A330 und A340. Doch seit kurzem verfolgen beide Firmen voneinander abweichende Philosophien.

Im Programm von Airbus fehlte bisher ein Gegenstück zur 747, die immerhin schon vor 30 Jahren ent-

APRIL

Die sowjetischen Luftstreitkräfte übernehmen den ersten Überschallbomber Tu-160 (Blackjack).

MAI

29. Mai: Der junge deutsche Privatpilot Mathias Rust landet mit einer Cessna 172 auf dem Roten Platz in Moskau. Daraufhin muss der Chef der sowjetischen Luftverteidigung seinen Hut nehmen.

OKTOBER

9. Oktober: Die aus den Firmen Westland und Agusta gebildete European Helicopter Industries (EHI) lässt den Hubschrauber EH101 zum Erstflug starten.

1988

FEBRUAR

29. Februar: Eine in Ostrichtung von Houston nach Houston geflogene Gulfstream GIV erreicht mit 36 Stunden und acht Minuten eine neue Bestleistung bei der Umrundung der Erde.

Im Dezember 2002 wurde das Projekt Boeing Sonic Cruiser zugunsten der langsameren, aber wirtschaftlicheren 787 Dreamliner eingestellt. Viele Erkenntnisse aus dem Sonic Cruiser flossen jedoch in die 787 ein.

wickelt worden war. Folglich begannen 1994 erste Studien zum Bau eines Superriesen. Das zunächst als A3XX bezeichnete Projekt nennt sich seit 2000 A380 und unterscheidet sich von der 747 vor allem durch ein durchgehendes Oberdeck.

Währenddessen beschäftigte sich Boeing mit der Modernisierung und Vergrößerung seiner 747 und vergab hierfür die Bezeichnung 747X. Nachdem sich aber bereits 66 A380 in den Auftragsbüchern von Airbus befanden, ließ Boeing das Vorhaben wieder fallen und stand nun ohne Äquivalent zur A380 dar. Dafür kündigten die Amerikaner an, mit dem Sonic Cruiser einen Langstreckenliner für bis zu 300 Passagiere und einer Reisegeschwindigkeit von Mach 0,98 – also knapp unterhalb der Schallmauer – entwickeln zu wollen. (Zum Vergleich: Die Reisegeschwindigkeit der 777 liegt bei Mach 0,82.). Damit hatten Boeing und Airbus die Weichen für die Zukunft völlig unterschiedlich gestellt.

Bei Boeing gingen die Konstrukteure nunmehr davon aus, dass die große Mehrheit der Fluggäste auf direktem Weg ihr Flugziel zu erreichen wünscht, ohne von einem Hub zum nächsten und dann schließlich zum Bestimmungsort befördert zu werden. Der Sonic Cruiser stellt eine radikale Abkehr von den seit der DC-3 gewohnten Konstruktionsprinzipien in der Passagierluftfahrt dar. Die Tragflächen setzen am Heck an und werden mit einem deutlich stärker gepfeilten Seg-

1988

APRIL

15. April: Eine modifizierte Tu-154 setzt unter der Bezeichnung Tu-155 erstmals Triebwerke mit Flüssigwasserstoff ein.

28. April: Air France stellt die erste A320 in Dienst.

29. April: Erstflug der Boeing 747-400, bisher größte Variante des Jumbojets

NOVEMBER

15. November: Der sowjetische Raumgleiter Buran (Schneesturm) absolviert seinen ersten und einzigen (unbemannten) Flug.

22. November: Einige Monate vor dem Erstflug wird die Existenz des Tarnkappenbombers Northrop B-2 Spirit (Geist) bekannt.

DEZEMBER

9. Dezember: Erstflug der SAAB JAS-39 Gripen. Der Prototyp geht im März 1989 verloren.

21. Dezember: Mit der Antonow An-225 Mrija (Traum) geht in der Ukraine das größte Flugzeug der Welt an den Start. Es wird jedoch nur ein einziges Exemplar gebaut.

Der ambitionierte Gigant Airbus A380 hat bei vielen Fluggesellschaften Interesse geweckt.

Das Oberdeck der A380 erstreckt sich über die gesamte Länge des Rumpfes. Dies ermöglicht einen großzügigen Zuschnitt der Passagierkabine und schafft 50 Prozent mehr Grundfläche als beim nächstgrößten Airliner. Die 555 Sitzplätze werden in der üblichen Drei-Klassen-Konfiguration angeboten.

ment bis zum vorderen Rumpfbereich verlängert. Die beiden Triebwerke sind in die Tragflügel mit einem unterhalb angebrachten Lufteinlass integriert. Hinter dem Cockpit sahen die Ingenieure zwei Canard-Flügel vor. Das Projekt erregte sofort große Aufmerksamkeit. Es blieben jedoch erhebliche Zweifel bestehen, inwieweit die prognostizierten und zudem mehrfach überarbeiteten Leistungsparameter realistisch waren.

Ein Geschwindigkeitsvorteil gegenüber konventionell ausgelegten Verkehrsflugzeugen war außerdem nur dann zu erreichen, wenn der Sonic Cruiser seine Reiseflughöhe erheblich schneller erreichen und wieder verlassen konnte. Letztendlich musste das Projekt aufgegeben werden, da nur wenige Fluggesellschaften ernsthaftes Interesse bekundeten. Inzwischen arbeitet Boeing an einem etwas herkömmlicheren Entwurf, in den allerdings einige der für den Sonic Cruiser vorgesehenen Technologien einfließen sollen.

Nur ein „Weißer Elefant"?

Im Januar 2005 präsentierte Airbus den Prototyp der A380. Die Flugpremiere datiert vom 27. April gleichen Jahres. Als erste Serienversion kann die A380-800 bei einer Länge von 73 (70) Metern und einer Spannweite von 79,8 (66,4) Metern 555 Passagiere aufnehmen (in Klammern die Daten der 747-400). Spätere Ausführungen der A380 sollen auf eine Kapazität von zunächst 656 und schließlich 800 Sitzen

1989

JANUAR

2. Januar: Erstflug der zweistrahligen Tupolew Tu-204. Es ist das erste russische Verkehrsflugzeug mit Fly-by-wire-Steuerung.

FEBRUAR

9. Februar: Northwest Airlines stellt die erste Boeing 747-400 in Dienst.

MÄRZ

19. März: Erstflug der mit Kipprotoren (Tilt) ausgestatteten Osprey V-22. Im September erfolgt der erste Übergang vom Vertikal- zum Horizontalflug.

22. März: Mit dem Raumgleiter Buran im Huckepack stellt die An-225 eine Reihe neuer Weltrekorde auf, darunter mit 508,2 Tonnen die größte bisher gemessene Startmasse.

MAI

28. Mai: Erstflug des AIDC Chung Kuo. Es handelt sich um einen in Taiwan entwickelten Abfangjäger (Interceptor Day Fighter, IDF). 130 Exemplare werden gebaut.

JULI

17. Juli: Erstflug des Stealth-Bombers Northrop B-2 Spirit in Palmdale. Mit einem Stückpreis von 2,25 Milliarden US-Dollar ist es das teuerste Flugzeug aller Zeiten.

Die Boeing 7E7 Dreamliner ist ein zweistrahliges Großraumflugzeug und steht kurz vor der Serienproduktion.

gestreckt werden. Damit kommt auch der Vorteil einer Doppeldeckkabine zum Tragen, denn jede Rumpfverlängerung erhöht die Anzahl der Sitzplätze deutlich.

Airbus und die großen Flughafenbetreiber verständigten sich schließlich darauf, dass der A380 inklusive aller späteren Modifikationen eine Abfertigungsfläche von maximal 80x80 m zugestanden wird. Damit sollen aufwändige Ausbauarbeiten an den Terminals möglichst vermieden werden. Dennoch müssen viele Flugplätze ihre Abfertigungsbereiche, Passagierbrücken und Rollbahnen dem Giganten anpassen. Die maximale Startmasse der A380 von 620 Tonnen wird auf ein Fahrwerk mit 20 Rädern verteilt. Durch die ungewöhnlich große Spurbreite belastet die A380 aber vor allem die zu schmalen Übergangsstellen der Start- und Landebahn zur Rollbahn derart, dass diese Bereiche auf vielen Flughäfen vergrößert oder verstärkt werden müssen. Mit dem Erscheinen der A380 mussten auch einige Luftverkehrsregeln den neuen Gegebenheiten angepasst werden. Die von den mächtigen Wingtips der A380 erzeugten Wirbelschleppen beeinträchtigen das Flugverhalten nachfolgender Flugzeuge in einem so hohen Maße, dass ein mehrere Kilometer großer Sicherheitsabstand erforderlich ist.

Airbus muss mindestens 250 A380 verkaufen, um schwarze Zahlen zu schreiben. Zu den ersten Interessenten zählten neben ausgesprochenen Langstreckencarriern wie Singapore Airlines und Qantas auch junge Unternehmen aus dem Mittleren Osten und aus Asien.

Dazu gehören Emirates (Vereinigte Arabische Emirate), Etihad (Abu Dhabi) und Kingfisher (Indien). Am 25. Oktober 2007 fand der erste Linienflug einer A380 statt. Als bisher einziger US-amerikanischer Kunde orderte das Frachtunternehmen FedEx die A380.

Die enormen Dimensionen und die technische Komplexität – allein die Verkabelung aller Flugkontrollsysteme bis hin zur elektrischen Versorgung jedes Sitzes erreichte eine völlig neue Größenordnung – bereiteten Airbus unerwartete Schwierigkeiten, so dass sich der Auslieferungsbeginn um mehrere Monate verzögerte. Dies wiederum sorgte vor allem in den USA für die Annahme, dass die A380 scheitern werde. Der Spottname „Weißer Elefant" machte jenseits des Atlantiks die Runde. Aber nur wenige Kritiker konnten sich noch daran erinnern, dass vergleichbar hartnäckige Kinderkrankheiten bei der 747 fast zum Konkurs von Boeing geführt hatten, bis dann doch der große Durchbruch gelang.

Auf dem Weg zum Dreamliner

Die Studien zum Sonic Cruiser landeten bei Boeing keineswegs in den Papierkörben. Auch weiterhin vertraten die Analysten in Seattle den Standpunkt, dass die Zukunft des Massenluftverkehrs in der direkten Beförderung von einem Abflug- zu einem Zielort liegt und weniger über große Drehkreuze (Hubs). Im April 2004 stellte Boeing dieser Philosophie folgend das Projekt 7E7 vor, wobei das E für (wirtschaftliche) Effizienz steht. Ein geschmeidig anmutender konischer Tragflügel, eine gestreckte Bugnase und ein Seitenruder in Form einer stark gepfeilten „Haifischflosse" verhalfen dem zukünftigen Passagierjet zu einem durchaus eleganten Erscheinungsbild. Von außen nicht zu erkennen ist die Verwendung von Verbundwerkstoffen in einem bis dahin nicht bekanntem Maß. Ganze Rumpfsektionen sind „nichtmetallisch." Auf

1989

AUGUST

18. August: Eine Boeing 747-400 der Qantas fliegt erstmals ohne Zwischenstopp in 19 Stunden und zehn Minuten von Großbritannien nach Australien.

1990

JANUAR

2. Januar: Erstflug des südafrikanischen Kampfhubschraubers Atlas XH-2 Rooivalk.

10. Januar: Erstflug der MD-11, einer stark verbesserten Version der DC-10.

MÄRZ

29. März: Die zweimotorige Iljuschin Il-114 hebt zum Erstflug ab. Der russische Turboprop-Regionalliner bietet 64 Passagieren Platz.

APRIL

13. April: Erstflug der Suchoj Su-27IB (Istrebitjel-Bombardirowtschik, Jagdbomber) mit zwei nebeneinander angeordneten Sitzen. Der Prototyp wird zum Ausgangsmuster der Su-34.

AUGUST

23. August: Die erste von zwei VC-25A „Air Force One" für den Präsidenten der USA wird ausgeliefert. Das Grundmodell ist eine Boeing 747-200.

27. August: Erstflug der Northrop/McDonnell Douglas YF-23 im Rahmen der Ausschreibung (Advanced Tactical Fighter, ATF) für einen Luftüberlegenheitsjäger der US Air Force.

Der Airbus A350 gehört neben der Boeing 777 und 787 zu den gegenwärtig im Entwicklungsstadium befindlichen mittleren Großraumflugzeugen für den Langstreckeneinsatz. Die Reisegeschwindigkeit wird bei 0,85 Mach liegen.

die Masse bezogen wird die 787 zur Hälfte, auf das Volumen bezogen zu 80 Prozent aus Kompositwerkstoffen bestehen. Dabei werden erhebliche Komponenten der Zelle noch nicht einmal in den USA hergestellt. Zulieferer mit Sitz in Italien oder Japan sollen über ein firmeneigenes Lufttransportsystem mit dem Hauptwerk in Seattle verknüpft werden. Zu diesem Zweck hat Boeing eigens vier 747 mit einer überdimensionierten Frachtsektion ausgestattet. Die Large Commercial Freighters (LCF) sollen die Zulieferungen aus dem Ausland sicherstellen. Airbus Industrie verwendet übrigens eine modifizierte A300 unter dem Namen Beluga für die gleichen Zwecke.

Ein Jahr nach der Präsentation steckte die 787 jedoch noch immer in den Startlöchern. Haifischflosse und lange Nase verschwanden, nur die Auslegung der Tragflächen wurde beibehalten. Dabei verbuchte Boeing im Oktober 2006 für den Dreamliner mit seinen 296 Sitzen über 400 Bestellungen und konnte mit Genugtuung zur Kenntnis nehmen, dass einige Fluggesellschaften sogar dazu übergegangen waren, neue Direktverbindungen einzurichten, die gezielt auf Reichweite und Sitzplatzkapazität der 787 zugeschnitten waren.

Bei der Entwicklung der 787 wurde viel Wert auf einen hohen Passagierkomfort gelegt. Die Klimaanlage liefert Luft mit einem höheren Feuchtigkeitsgehalt und lässt diese besser zirkulieren. Als Innenbeleuchtung kommen Light-emitting Diodes (LED) zur Anwendung, welche sich dem wechselnden Tageslicht bzw. der Dunkelheit optimal und stimmungsgerecht anpassen. Viel Freude werden die meisten Fluggäste auch an den vergrößerten Fenstern haben, bei denen ein automatisches Abblendsystem auf der Basis von Flüssigkristallen (Liquid Crystal Display, LCD) die bisherigen handbetätigten Blenden ersetzt. Vor allem diese Fenster hatten sich im Verlauf der Konstruktionsphase als ein unbedingtes Muss herauskristallisiert.

Der A350

Die im November 2004 angekündigte A350 mit neuen Triebwerken und der breiten Verwendung von Verbundwerkstoffen geht auf die A330 zurück. Die Kompositwerkstoffe sollen vorrangig bei Trag- und Leitwerk verwendet werden, wegen ihrer Empfindlichkeit gegenüber mechanischen Einwirkungen hingegen nicht wie bei der 787 auch beim Rumpfwerk. Die Airbus-

			1991		
SEPTEMBER	OKTOBER	NOVEMBER	APRIL	MAI	SEPTEMBER
29. September: Erstflug der Lockheed/Boeing/General Dynamics YF-22A für das ATF-Programm. Der Prototyp wird nach einem Unfall im April 1992 verschrottet.	11. Oktober: Erstflug des amerikanisch-deutschen Versuchsflugzeugs Rockwell/MBB X-31 zur Erprobung der Schubvektorsteuerung.	3. November: Die YF-22A erreicht als erstes Kampfflugzeug ohne Nachbrenner Überschallgeschwindigkeit (Supersonic-cruise).	27. April: Der gemeinsam von Deutschland und Frankreich entwickelte Kampfhubschrauber Eurocopter Tiger startet zum Erstflug.	10. Mai: Erstflug des Regionalliners Canadair Regional Jet (CRJ), eine Weiterentwicklung des Geschäftsreiseflugzeugs CL-601 Challenger.	15. September: Der vierstrahlige Militärtransporter McDonnell Douglas C-17 Globemaster III absolviert seinen Jungfernflug. September: Als erste Frau gewinnt Patty Wagstaff die US-Meisterschaften im Motorkunstflug.

Ingenieure befürchten nämlich, dass schon kleinste Berührungen durch Fahrzeuge oder Einrichtungen während der Bodenabfertigung nicht sofort erkennbare Schäden hinter der Außenhaut zur Folge haben können.

Die zumeist nur kosmetischen Neuerungen gegenüber der A330 – so erhielt die A350 auch vergrößerte Cockpitfenster, mit denen sie sich von allen früheren Airbussen unterscheidet – vermochten die Kundschaft jedoch nicht zu überzeugen. Vermisst wurde vor allem ein neuer Rumpf. Airbus sah sich daher gezwungen, das gesamte Projekt komplett zu überarbeiten. 2006 erschien der Neuentwurf auf der Luftfahrtausstellung in Farnborough als A350XWB (Extra Wide Body) mit einer zusätzlichen Sitzreihe und einem 13 cm größeren Rumpfdurchmesser gegenüber der Boeing 787. Diesmal fand der Nachfolger der A330 mehr Anklang, so dass im Oktober 2006 bereits über 120 Bestellungen über die in drei Basisversionen angebotene neue Großraumfamilie eingegangen waren.

Boeing war nach dem Abschied von einer größeren 747 wieder auf das Projekt 747-8 zurückgekommen, wobei die mit dem Sonic Cruiser und der 787 gewonnenen Erkenntnisse verwertet wurden. Die 747-8 soll neue Tragflächen erhalten, aber mit 450 Passagieren keine allzu große Sitzplatzerweiterung erfahren. Vorgesehen sind die von General Electric für die 787 entwickelten neuen Triebwerke, welche übrigens auch für die A350XWB zur Auswahl stehen. Ende 2006 waren 40 Exemplare der 747-8 in Auftrag gegeben, davon zwei in der Frachtversion.

Der mit einiger Verspätung gestartete Eurofighter konnte auch bereits Exportmärkte außerhalb der NATO in Österreich und Saudi Arabien erobern.

Die Superjäger

Heute sind nur noch wenige Staaten in der Lage, sich ein Hochleistungsjagdflugzeug zu leisten. Die Preise haben sich exorbitant erhöht und bei der Lockheed Martin F-22 und der Mitsubishi F-2 bereits die Grenze von 100 Millionen Dollar pro Stück überschritten. Es verwundert daher nicht, dass Länder wie Neuseeland oder die Philippinen seit kurzem ganz auf Kampfflugzeuge verzichten oder sie aus fiskalischen Gründen „einschlafen“ lassen. Andere Luftwaffen begnügen sich mit aus der „Erbmasse“ übernommenen Typen wie MiG-21, Northrop F-5 oder F-16A Fighting Falcon.

Zukünftig werden immer mehr unbemannte Flugzeuge (Unmanned Air Vehicle, UAV) Aufgaben übernehmen, die bisher Jagdflugzeugen, Jagdbombern sowie elektronischen und konventionellen Aufklärern vorbehalten waren. Dennoch werden viele Regierungen aus innen- und außenpolitischen Überlegungen heraus nicht gänzlich dem bemannten Kampfflugzeug abschwören. In der vorhersehbaren Zukunft werden wohl beide Optionen nebeneinander bestehen bleiben.

Die Entwicklungskosten eines Kampfflugzeugs sprengen heute den Rahmen selbst vieler hochent-

1991	1992			
OKTOBER	MAI	AUGUST	NOVEMBER	DEZEMBER
25. Oktober: Mit der A340 macht der erste vierstrahlige Airbus seinen Erstflug. Der Prototyp ist eine A340-300 mit 375 Sitzplätzen.	12. Mai: Die letzte gefertigte Zelle einer Boeing 707 wird zum Bau einer E-3D Sentry für die RAF verwandt.	30. August: Erstflug des Advanced Light Helicopter (ALH) in Indien. ALH ist eine Gemeinschaftsentwicklung von Hindustani Aeronautics und Messerschmitt-Bölkow-Blohm.	2. November: Erstflug des zweistrahligen Langstreckenliners Airbus A330.	18. Dezember: Erstflug der McDonnell Douglas MD 900. Es ist der erste nach dem NOTAR-Prinzip in Serie gebaute Hubschrauber.

wickelter Industriestaaten. Dies hat vor allem in Europa zu verschiedenen bi- und multinationalen Partnerschaften geführt. Genannt seien der englisch-französische SEPECAT Jaguar, der deutsch-französische Dornier-Bréguet Alpha Jet, der deutsch-englisch-italienische Panavia Tornado und die italienisch-brasilianische AMX. Der größte Schritt mündete 1986 in eine Kooperation zwischen Großbritannien, Deutschland, Italien und Spanien zum Bau eines neuen multifunktionalen Jagdflugzeugs mit der Bezeichnung Eurofighter. Der Entwurf gründet sich überwiegend auf das von BAE aufgelegte Experimental Aircraft Programme (EAP) und einige andere Konzepte. Das erste EAP-Testmodell flog im August 1986, lieferte aber derart schlechte Parameter, dass das Programm im Mai 1991 eingestellt wurde.

Für den Eurofighter, der zunächst als European Fighter Aircraft (EFA) und erst später als Eurofighter 2000 firmierte, wurde die unstabile Deltakonfiguration mit Canard-Flügeln des EAP übernommen. Neu hinzu kamen eine digitale Fly-by-wire-Steuerung, eine fortschrittliche Avionik, multifunktionale Cockpit-Bildschirme sowie die breite Verwendung von Kohlefaserwerkstoffen, Titan und Aluminium-Lithium-Legierungen. Die ersten Serienmaschinen erhielten von der RAF den Beinamen Typhoon (Taifun), der sich aber europaweit nicht durchsetzte. Mit Ausnahme der in spanischen Diensten stehenden F/A-18 Hornet (Hornisse) verfügten alle anderen Partnerstaaten zu diesem Zeitpunkt über kein Jagdflugzeug mit ähnlich guten Flugeigenschaften. Mit der Einführung des Eurofighter konnte diese Lücke geschlossen werden. Zur „externen" Kundschaft gehören inzwischen auch die Luftwaffen von Österreich und Saudi Arabien.

Die Dassault Rafale wird in drei Versionen angeboten.

Traditionell gehen zwei westeuropäische Staaten aber weiterhin eigene Wege bei der Ausrüstung ihrer Streitkräfte mit einem neuen Jagdflugzeug. Zunächst hatte Frankreich Interesse am Projekt EFA gezeigt, war aber 1985 ausgestiegen und hatte mit der Dassault Rafale (Windstoß) einen eigenen Hochleistungsjäger entwickelt. Wie beim Eurofighter zog sich auch seine Geburt ungewollt in die Länge. 2001 konnte die französische Marine eine Staffel auf dem atomkraftgetriebenen Flugzeugträger „Charles de Gaulle" mit der Rafale ausstatten. Die Luftwaffe musste weitere fünf Jahre auf den neuen Jäger warten.

Obwohl Rafale und Eurofighter ihre Stärken und Schwächen haben, sind beide Jets extrem manövrierfähig und durch die gleiche Tragflächenkonfiguration, die beiden Triebwerke und ein breitgefächertes Waffenspektrum vergleichbar. Noch hat aber im Gegensatz zum Eurofighter die Rafale keine internationale Ausschreibung gewonnen, obwohl die französische

1993

JANUAR	MÄRZ	JUNI	SEPTEMBER	OKTOBER
Die bolivianische Luftwaffe stellt die letzten noch militärisch verwendeten F-86 Sabre außer Dienst.	11. März: Erstflug des Airbus A321, eine gestreckte Version der A320 für 220 Passagiere.	8. Juni: Die schwedische Luftwaffe übernimmt die erste JAS-39 Gripen.	30. September: Die britische Luftwaffe stellt das Angriffsflugzeug Blackburn Buccaneer außer Dienst, nachdem es noch im Golfkrieg 1991 zum Einsatz gelangt war.	15. Oktober: Mit dem Ausscheiden der Tankerversion der Handley Page Victor beendet die RAF die Ära ihrer V-Bomber.

Regierung vor allem in Nordafrika und im Mittleren Osten große Anstrengungen unternimmt.

Neben Frankreich kann auch Schweden auf eine erfolgreiche Tradition bei der Entwicklung eigener Kampfflugzeuge zurückblicken. Mit der Gripen schuf SAAB das erste im europäischen Truppendienst befindliche Jagdflugzeug mit Canard-Flügeln. Durch neue Computertechnologien – und dies auf kleinstem Raum – ließen sich die Fähigkeiten und Leistungsparameter der Gripen weiter steigern. Die Bezeichnung der dadurch deutlich leichter gewordenen JAS 39 verweist auf das 39. von SAAB entworfene Kampfflugzeug, wobei das J für jakt (Jagd), das A für attack (Angriff) und das S für spaning (Aufklärung) stehen. Der Einsitzer machte 1988 seinen Erstflug und ging 1997 an die schwedische Luftwaffe.

Die Notwendigkeit einer besseren Anpassung an den NATO-Standard und – damit verbunden – die Übernahme von weltweiten Missionen als Schnelle Reaktionskräfte (Rapid Reaction Force, RRF) führte zu den Versionen JAS-39C und D. Im Unterschied zu allen bisherigen schwedischen Kampfflugzeugen wurde die Gripen auch im Ausland

Als leichtes Mehrzweckkampfflugzeug entwickelte SAAB in den 1970er-Jahren die JAS-39 Gripen.

stark beworben und befindet sich bereits in den Diensten der tschechischen, ungarischen und südafrikanischen Luftwaffe. Weitere Abnehmer stehen bereit.

Flugzeuge mit Tarnkappe

Größte Konkurrenten der drei westeuropäischen Kampfflugzeuge sind zur Zeit noch die amerikanische F-15 Eagle (Adler), die allerdings bereits seit über 30 Jahren produziert wird, und die Super Hornet, eine vergrößerte und stärkere Ausführung der F/A-18 Hornet. Die Super Hornet nahm Anfang der 1980er-Jahre den Dienst bei der US Navy auf. Beide Typen waren von McDonnell Douglas entwickelt worden, laufen aber seit der 1997 vollzogenen Fusion mit Boeing unter diesem Namen. Boeings einziger verbliebener US-Wettbewerber ist Lockheed Martin, in den 1960er-Jahren hervorgegangen aus dem Zusammenschluss des Flugzeugbauers Lockheed und des Elektronik- und Waffenausrüsters Martin. Von Lockheed Martin

1993	1994				
DEZEMBER	FEBRUAR	MÄRZ	APRIL	JUNI	AUGUST
17. Dezember: Der erste von 21 Stealth-Bombern B-2 geht an die US Air Force. 21. Dezember: Erstflug der Cessna Citation. Mit Mach 0,92 ist es das weltweit schnellste Geschäftsreiseflugzeug.	15. Februar: Erstflug des zweimotorigen Eurocopter (früher Aérospatiale) EC135.	27. März: Der Eurofighter EFA 2000 – später umbenannt in Typhoon – startet in Deutschland zum Erstflug.	21. April: Mit Jackie Parker erwirbt erstmals eine Frau das Pilotenzeugnis für eine F-16 der US Air Force.	12. Juni: Erstflug des zweistrahligen Großraumflugzeugs Boeing 777. Es ist das erste Flugzeug, welches ausschließlich am Computer konstruiert wurde.	Bei der britischen Luftwaffe wird Jo Salter erste weibliche Kampfpilotin. Sie fliegt einen Tornado GR1.

Das Kunstflugteam „Blue Angels" der US Navy fliegt zur Zeit die F/A-18 Hornet.

Hier trennt sich soeben eine F-15E Strike Eagle vom Tanker. Die E-Version stellt die Jagdbombenversion der bekannten F-15 Eagle dar.

stammt die F-16, die bis heute in immer weiter verbesserten Versionen weltweiten Absatz findet. Die Tage der F-16 dürften aber mit dem Erscheinen der F-22 Raptor (Raubvogel) gezählt sein. Der hochmoderne „Luftüberlegenheitsjäger" war Ende der 1980er-Jahre gemeinsam mit Boeing entwickelt worden und hatte sich gegen die Northrop/Mc Donnell Douglas YF-23 Black Widow II durchgesetzt. Die F-22 verkörpert einen Tarnkappenjäger (Stealth) der 2. Generation.

SEPTEMBER

13. September: Der für besondere Außenlasten wie Teile der Ariane-Rakete konstruierte Airbus A300-600ST Beluga absolviert seinen Erstflug.

DEZEMBER

16. Dezember: Mit der viermotorigen Antonow An-70 startet das erste große mit Turbofan-Triebwerken ausgerüstete Flugzeug. Es geht bei einer Kollision im Februar 1995 verloren.

1995

APRIL

26. April: Die US Air Force reaktiviert die erste von zwei SR-71, die seit 1990 eingelagert sind.

JUNI

7. Juni: United Airlines stellt die erste Boeing 777 in Dienst. Zunächst wird die Route Washington – London bedient.

NOVEMBER

29. November: Erstflug der McDonnell Douglas Super Hornet, eine vergrößerte Ausführung der F/A-18 Hornet.

DEZEMBER

18. Dezember: Erstflug des europäischen Mehrzweckhubschraubers NHIndustries (NHI) NH90. NH steht für NATO-Helikopter.

1996

JANUAR

4. Januar: Erstflug des Tarnkappen-Aufklärungshubschraubers Sikorsky YRAH-66 Comanche. Das Projekt wird Anfang 2004 storniert.

Der F-117 Nighthawk war zwischen 1982 und 2008 bei den US-Luftstreitkräften im Einsatz.

Mit der Stealth-Technologie (stealth: die Heimlichkeit) soll es dem feindlichen Radar erschwert werden, die Maschine zu erfassen. Dank ihrer besonderen geometrischen Form und speziellen Beschichtung reflektieren die Stealth-Flugzeuge nur ein geringes Maß der auftreffenden Radarwellen zum Sender zurück.

Zudem sorgt der Einsatz von Verbundwerkstoffen anstelle von Metall für eine geringe Radarsignatur. Extrem leise Triebwerke erschweren die akustische Ortung bei Tiefflugeinsätzen. Die besondere Führung des Abgasstrahls aus schlitzförmigen Triebwerkausgängen oberhalb der Tragflächen gewährleistet dank der schnellen Vermischung mit der kühleren Umgebungsluft eine extrem effiziente Kühlung der heißen Abgase, wodurch eine Ortung des Flugzeugs mit Infrarotdetektoren erheblich erschwert wird. Komplexe elektronische Systeme und eine hochmoderne Avionik gehören zur Grundausstattung der Hightech-Flugzeuge.

Der erste Vertreter dieser neuen Generation von Militärflugzeugen war die im Jahr 1983 erstmals in Dienst gestellte F-117 Nighthawk, die mit einem Anschaffungspreis von über 120 Millionen Dollar neue

Während der NATO-Luftangriffe auf Ziele in Jugoslawien wurde am 27. März 1999 eine F-117A mit der Kennung 82-0806 abgeschossen.

1996

MÄRZ

21. März: Eine modifizierte Tu-144SST (Tu-144LL) beginnt im Auftrag der NASA in Russland mit Versuchsflügen für das Programm Supersonic Transport (SST).

APRIL

5. April: Erstflug der Lockheed Martin C-130J, eine verbesserte Version der C-130 mit Zweimanncockpit und neuen Triebwerken.

25. April: Erstflug des Fortgeschrittenentrainers Jakowlew Jak-130, an dem sich später auch die italienische Firma Aermacchi beteiligte.

1997

SEPTEMBER

7. September: Erstflug der F-22 Raptor.

25. September: Erstflug der Suchoj S-32 (später S-37), Prototyp für ein Jagdflugzeug mit negativ gepfeilten Tragflächen.

18. September: Die neu gegründete Firma Zeppelin Luftschifftechnik in Friedrichshafen nimmt mit dem New Technology Zeppelin (NT) wieder den Bau von Luftschiffen auf.

OKTOBER

16. Oktober: Erstflug der Boeing 777-300. Mit 73 Metern ist sie das bis zu diesem Zeitpunkt längste Flugzeug der Welt.

1998

FEBRUAR

28. Februar: Das große unbemannte Flugzeug (UAV) Ryan (später Northrop) RQ-4A Global Hawk fliegt zum ersten Mal.

MÄRZ

23. März: Erstflug des chinesischen Mehrzweckjägers CAC J-10A.

Insgesamt nur 20 Maschinen vom Typ Northrop Grumman B-2 bilden die kleine, aber hochspezialisierte „Nurflügler"-Einheit der USAF. Der Tarnkappenbomber der zweiten Generation fliegt mit seiner zweiköpfigen Besatzung nukleare und konventionelle Angriffsmissionen.

Maßstäbe setzte. Die F-117 mit ihrer charakteristischen kantigen Form konnte nur zwei Bomben mitführen, was in ungünstigem Verhältnis zu den immensen Anschaffungskosten des Bombers stand.

Neben der kleinen F-117, die im Jahr 2008 außer Dienst gestellt wurde, bilden 20 Tarnkappenbomber vom Typ „B-2 Spirit" das Rückgrat der US-Langstreckenflotte. Der B-2-Stealth-Bomber gehört mit seiner im Vergleich zum Vorgänger deutlich runderen Form – wie auch die F-22 – zur zweiten Generation der Tarnkappenflugzeuge und absolvierte am 17. Juli 1989 erfolgreich seinen Erstflug. Mit 1010 km/h erreicht das Flugzeug aus dem Hause Northrop Grumman fast Schallgeschwindigkeit, dabei kann die Maschine mit über 50 Metern Spannweite fast 17 Tonnen Waffenlast aufnehmen. Bereits im Irak- und Afghanistan-Krieg bewährte sich dieser Flugzeugtyp auf zahlreichen Kampfmissionen. Seine Kampfreichweite von über 11.000 Kilometern wird häufig auch als „globale Reichweite" bezeichnet. So starteten US-Piloten mit diesem Muster im Jahre 1999 direkt aus den USA zu Einsätzen gegen Ziele in Belgrad.

Zum teuersten Crash kam es am 23. Februar 2008, als auf der US-Luftwaffenbasis Anderson Air Force Base in Guam einer der rund zwei Milliarden Dollar teuren B-2-Bomber, die „Spirit of Kansas", direkt nach dem Abheben neben der Startbahn auf der Pazifikinsel aufschlug und komplett zerstört wurde. Als Absturzgrund ermittelten die Militärs, dass drei von insgesamt zwei Dutzend Sensoren aufgrund der hohen Luftfeuchtigkeit an jenem Tag falsche Werte an den Hauptrechner lieferten. Die Flugelektronik der Fly-by-Wire-Maschine reagierte daraufhin mit einem doppelt so hohen Anstellwinkel als normalerweise üblich, allerdings hatte der Langstreckenjet für ein solches Manöver eine viel zu geringe Startgeschwindigkeit und stürzte ab. Die zweiköpfige Besatzung konnte sich mit dem Schleudersitz retten.

Im Falle der eingangs erwähnten F-22 beschloss der US-Kongress 2006 ein Ausfuhrverbot und so können noch nicht einmal solch zahlungskräftige Kunden wie Saudi Arabien und Japan zur Kapazitätsauslastung des Herstellerwerks beitragen und dürften sich zudem politisch brüskiert fühlen.

Preislich wesentlich günstiger und ohne politische Beschränkungen zu haben ist der von Lockheed Martin offerierte Joint Strike Fighter (JSF), der als F-35 Lightning II demnächst die F-16 und die Fairchild-Republic A-10 Thunderbolt II der US Air Force, die F/A-18 der US Navy sowie die AV-8B Harrier des

SEPTEMBER

4. September: Erstflug des Boeing Business Jet (BBJ), eine Sonderausführung der Boeing 737-700 für solvente Privat- und Firmenkunden.

1999

JANUAR

14. Januar: Erstflug des mittleren Hubschraubers Sikorsky S-92 Helibus.

FEBRUAR

8. Februar: Erstflug der russischen Tupolew Tu-334. Der zweistrahlige Kurzstreckenliner soll die seit 1963 in Dienst befindliche Tu-134 ablösen.

MÄRZ

21. März: Der Breitling Orbiter 3 umfährt als erster Ballon die Erde ohne Zwischenstopp und legt dabei eine Distanz von 30.804 km zurück.

SEPTEMBER

29. September: Erstflug des Kampfzonentransporters Lockheed Martin/Alenia C-27J Spartan als Ableitung der Alenia C.222

2000

FEBRUAR

23. Februar: Der russische Vielseitigkeitsjäger (MFI) MiG 1.42 absolviert seinen Erstflug. Es handelt sich um den Prototyp der MiG-39 (Flatpack).

APRIL

30. April: Emirates Airlines bestellen als erste Fluggesellschaft sieben Airbus A3XX (später A380 Superjumbo) und geben eine Option über weitere fünf Stück ab.

JULI

25. Juli: Ein auf der Startbahn verlorenes Metallteil führt zum Absturz einer Concorde der Air France, wobei 114 Menschen ums Leben kommen. Alle Concorde erhalten vorübergehend Flugverbot.

Mit der F-22 erhofft sich die amerikanische Luftwaffe eine Abfertigungszeit von unter 20 Minuten zwischen zwei Einsätzen.

Einer der beiden für das Programm ATF entwickelten Prototypen war die Northrop YF-23.

US Marine Corps ersetzen soll. Seine Fertigung basiert auch auf Zulieferungen aus verbündeten Staaten. Dazu gehört Großbritannien, wo Harrier und Sea Harrier von der Kurzstartversion (Short Take-off and Vertical Landing, STOVL) F-35B abgelöst werden sollen.

Die F-35 ähnelt mit ihren beiden hoch aufragenden Seitenrudern, den rhombenförmigen Tragflächen und dem internen Waffenschacht einer verkleinerten F-22. Ihre seitlich angeordneten Lufteinlässe unterscheiden sich angenehm vom weit aufklaffenden Mitteleinlass des Konkurrenzmusters Boeing X-32. Zwar hatten beide Prototypen bei der Ausschreibung des JSF die Anforderungen des Pentagons erfüllt, allerdings scheint es so, dass bei der Entscheidung auch ästhetische Überlegungen eine Rolle spielten. Neben verschiedenen NATO-Staaten orderte auch die australische Luftwaffe die F-35, ohne dass sich bis zum

2000

SEPTEMBER

18. September: Erstflug der Boeing X-32A in Edwards (Kalifornien). Es ist einer von zwei Wettbewerbern um das von der US Air Force ausgeschriebene komplexe Angriffsflugzeug (Joint Strike Fighter, JSF).

OKTOBER

24. Oktober: Die für das JSF-Programm von Lockheed Martin ins Rennen geschickte X-35A absolviert ihren Erstflug.

2001

FEBRUAR

21. Februar: Mit dem Testabschuss einer Rakete AGM-114 Hellfire von einer RQ-1 Predator setzt erstmals ein unbemanntes Flugzeug (UAV) eine Waffe ein.

JULI

20. Juli: Als erstes Flugzeug führt die X-35B Kurzstart, Überschallflug und senkrechte Landung während einer Mission durch.

OKTOBER

25. Oktober: Die Lockheed Martin X-35 geht als Gewinner aus der Ausschreibung JSF hervor. Je nach Einsatzart werden die Versionen F-35A, B und C gebaut.

DEZEMBER

4. Dezember: Die US Air Force teilt mit, dass der Predator und andere UAV in Afghanistan zur Bekämpfung „zeitkritischer“ Ziele verwendet werden. Damit kommen unbemannte Kampfflugzeuge erstmals in einem bewaffneten Konflikt zum Einsatz.

Vertragsabschluss auch nur eine einzige Serienmaschine in der Luft befand. Immerhin geht es um einen riesigen Waffenmarkt, werden doch in den kommenden Jahrzehnten weltweit für über 4000 F-16 die Nachfolger gesucht.

Die Schubvektorsteuerung

Revolutioniert wurde die Luftkampftaktik durch die vor einiger Zeit entdeckte Schubvektorsteuerung (Thrust Vectoring Control, TVC). Dabei wird ein Teil des Schubs für die Erzeugung zusätzlicher Steuerimpulse genutzt. Die Technologie fand bereits bei Senkrechtstartern wie der Harrier für die Vertikalbewegung Anwendung, bevor sie für den Luftkampf entdeckt wurde. Angeblich soll der USMC-Pilot Harry Blot ausprobiert haben, wie sein Harrier reagiert, wenn sämtliche Düsen bei hoher Geschwindigkeit nach vorn ausgerichtet werden. Die daraus resultierende negative Beschleunigung übertraf das Nahkampfpotenzial sämtlicher anderer Kampfflugzeuge. Weitergehende Untersuchungen ergaben, dass eine gezielte Handhabung der Düsensteuerung die Nase des Harrier soweit aus der Längsebene herausdrehen konnte, dass ein bis dahin außerhalb der Sicht befindliches Übungsziel anvisiert werden konnte. Diese spezielle Fähigkeit wurde als Vectoring in Forward Flight (VIFFing) bezeichnet und umgehend von USMC, RAF und der Royal Navy bei Trainingsluftkämpfen angewandt.

Die F-35A und B haben äußerlich viel gemeinsam. Dazu gehört die Ausbuchtung hinter dem Cockpit. Nur die B-Version verfügt jedoch über die Öffnung des Hubgebläses.

2002					**2003**		
FEBRUAR	APRIL	JUNI	JULI	AUGUST	JANUAR	FEBRUAR	
21. Februar: Erstflug des Regionalliners EMBRAER 170.	24. April: Der französische Zivilschutz (Securité civile) erhält die ersten Eurocopter EC145.	19. Juni bis 3. Juli: Steve Fossett umfährt als erster Mensch allein in einem Ballon die Erde. Sein „Spirit of Freedom“ benötigt für die 33.195 km lange Fahrt von und nach Australien 14 Tage und 20 Stunden.	18. Juli: Erstflug der mit eine Laserkanone ausgerüsteten Boeing YAL-1A ABL (Airborne Laser, luftgestützter Laser), eine modifizierte Boeing 747-400F.	Virgin Atlantic Airways stellt den ersten Airbus A340-600 in Dienst. 29. August: Erstflug des Airbus A318. Es handelt sich um eine auf 100 Sitzplätze verkleinerte A319.	14. Januar: Eine Versuchseinheit der US Air Force erhält die ersten F/A-22 Raptor.	1. Februar: Beim Wiedereintritt in die Erdatmosphäre zerbricht die Raumfähre „Columbia“ über Texas. Alle sieben Astronauten sterben. Die Ursache liegt in einer beim Start erlittenen Beschädigung.	11. bis 17. Februar: In Deutschland, Großbritannien, Italien und Spanien fliegen die ersten vier Eurofighter der Serienproduktion.

Die Rockwell/MBB X-31 wurde ausschließlich zur Erprobung der mehrdimensionalen Schubvektorsteuerung gebaut.

VIFFing hatte sich quasi als Sekundäreffekt des Harrier ergeben und war ohne Weiteres nicht auf konventionelle Jets übertragbar. Erst Ende der 1980er-Jahre begann die Flugerprobung des Systems an einem „normalen" Kampfflugzeug mit Nachbrenner. Dazu setzte die NASA eine F-15 mit nach oben und unten verstellbaren Düsen ein, um zunächst das Startverhalten zu verbessern. 1993/94 fanden Versuche mit einer F-15 statt, bei welcher die Düsenöffnung des Triebwerks General Electric F110 in 17 Stufen über alle Achsen verstellt werden konnte. Das Verfahren nennt sich Multi-axis Thrust Vectoring (MATV). Damit konnte die F-15 einen Anstellwinkel von 86 Grad einnehmen, wobei die Nase nahezu rechtwinklig zur Flugrichtung wies. Die Testflüge fanden ihre Fortsetzung mit dem amerikanisch-deutschen Experimentalflugzeug Rockwell/MBB X-31, bei dem große Schaufeln im Düsenaustritt bisher nicht für möglich gehaltene Flugmanöver erlaubten.

Auch die russische Flugzeugindustrie hatte sich die neue Technologie sehr schnell zu eigen gemacht. Die Suchoj Su-37 – ein aus der Su-27 (Flanker) abgeleitetes Unikat mit zweidimensionalen (2D) Schubvektordüsen – überraschte westliche Beobachter bei ihrem Auftritt auf der Luftfahrtausstellung 1996 in Farnborough mit einem Anstellwinkel von bis zu 180 Grad, kompletten Rückwärtssaltos und anderen Aufsehen erregenden Flugfiguren, die niemand einem solch großen Flugzeug zugetraut hätte. Eine Version der doppelsitzigen Su-30 mit einer dreidimensionalen (3D) Vektorsteuerung wurde 1996 von der indischen Luftwaffe (Indian Air Force, IAF) unter der Exportbezeichnung Su-30MKI bestellt. Die Inder sind damit die Ersten, die einen Kampfjet mit Schubvektorsteuerung in den Truppendienst übernommen haben. Das Geheimnis seines Leistungspotenzials hütet die IAF jedoch wie einen Augapfel, denn zu internationalen Luftkampfmanövern wurden bisher nur Su-30 mit Standardtriebwerk geschickt.

Das erste amerikanische Kampfflugzeug mit Schubvektorsteuerung ist die F-22. Sie ist zugleich die weltweit erste Maschine, die von Anfang an mit dieser Steuertechnik konstruiert wurde. Ihre Düsenaustrittsöffnungen sind auch für niedrige Hitzewerte konzipiert und daher eckig und viel flacher als die Kegelstümpfe der Su-30 oder MiG-29OWT.

Die Schubvektorsteuerung stellt eine enorme technische Herausforderung dar. Immerhin müssen in einer extrem heißen und vibrationsreichen Umgebung Stellmotore präzise und zuverlässig ihren Dienst versehen.

Die russischen Jäger

Der Zusammenbruch der Sowjetunion stellte auch für die staatlichen Flugzeugfirmen das Ende einer Epoche dar. Jetzt waren die Zeiten vorüber, wo aus einem scheinbar unerschöpflichen Verteidigungshaushalt

2003

MÄRZ

März: Eine irakische MiG-29 zerstört eine soeben von einer Drohne Predator abgefeuerte Luft-Luft-Rakete. Dies ist der erste bekannt gewordene Luftkampf zwischen einem bemannten und einem unbemannten Kampfflugzeug.

7. März: Erstflug des indischen Fortgeschrittenentrainers Advanced Jet Trainer (AJT) HAL JT-36

7. März: Flugpremiere des ersten zivilen Kipprotorflugzeugs Bell/Agusta BA609.

MAI

20. Mai: Erstflug des von Dick Rutan entwickelten Raketenflugzeugs Space Ship One. Es ist das erste privat gebaute Fluggerät, welches in den Weltraum vorzudringen in der Lage ist.

JULI

31. Juli: Der Österreicher Felix Baumgartner springt über England aus einem Flugzeug und gleitet mit einem Kohlefaserflügel auf dem Rücken über den Ärmelkanal bis nach Frankreich.

SEPTEMBER

September: Mit 815 km/h stellt eine modifizierte P-51D Mustang in Reno einen neuen Geschwindigkeitsrekord für Kolbenmotorflugzeuge auf einer geschlossenen Kreisbahn auf.

OKTOBER

24. Oktober: Alle Concorde werden nach in rascher Folge in Heathrow durchgeführten Abschlusswartungen offiziell außer Dienst gestellt.

DEZEMBER

17. Dezember: Rutans Space Ship One durchbricht als erstes privat gebautes Flugzeug die Schallmauer.

Mittel garantiert und Exporte über Jahre im Voraus planbar waren. Die großen Konstruktionsbüros MiG, Suchoj, Jakowlew, Iljuschin oder Mil mussten sich jetzt an die rauen Bedingungen des Weltmarktes gewöhnen und sich an westlichen Konkurrenzprodukten messen lassen. Einige wenige Werke produzierten weiter, fanden sich aber plötzlich in- oder außerhalb der Gemeinschaft Unabhängiger Staaten (GUS) wieder. Neuentwicklungen ließen sich nur noch finanzieren, wenn im Ausland Devisen erzielt wurden. Als wichtigste Exportmodelle unter den Flächenflugzeugen kristallisierten sich die MiG-29 (Fulcrum), die Su-27 (Flanker) und die Su-25 (Frogfoot) heraus.

Die MiG-29 wurde Ende der 1980er-Jahre im Westen mit einem sensationellen Erfolg vorgestellt. Das lag auch daran, dass westliche Geheimdienste nur wenig über den Jäger herausgefunden hatten, der seinen Erstflug immerhin bereits 1977 absolviert hatte. Ein erster Eindruck ließ sich 1986 gewinnen, als einige MiG-29 eine finnische Luftwaffenbasis besuchten. Mit Erstaunen wurde zur Kenntnis genommen, dass das moderne Design des neuen Jägers so gar nicht zu den bis dahin geläufigen sowjetischen Konstruktionsprinzipien passte. Das doppelte Seitenleitwerk, seitliche Lufteinlässe und ein großzügiges Cockpit wiesen darauf hin, dass die MiG-29 für den Nahluftkampf optimiert und nicht mehr – wie bei sowjetischen Jägern bisher üblich – ausschließlich an eine Bodenleitstelle gebunden war.

Trotz ihrer beachtlichen Größe ist die Suchoj Su-27 ein sehr agiles Jagdflugzeug und zu überraschenden Luftkampfmanövern in der Lage. Die Su-35 stellt eine weiterentwickelte Version mit noch besseren Leistungen dar.

Den guten Eindruck verstärkten ein vielseitiges Waffenspektrum und ein modernes Bordradar. Auf den Luftfahrtausstellungen in Farnborough, Paris und Berlin zeigt die MiG-29 seit 1988 regelmäßig, was in ihr steckt. Der Front- und Abfangjäger wurde bald darauf auf sowjetischen Flugplätzen in der DDR und Polen gesichtet und u.a. auch von den Luftstreitkräften der DDR in Dienst gestellt.

Das Gegenstück von Suchoj war die deutlich größere Su-27, die in etwa der F-15 entspricht. Gegenüber der MiG-29 verfügte sie dementsprechend auch über eine größere Reichweite. Nach ihrem Erstflug im Jahr 1981 machte sie sich erstmals über der Ostsee bemerkbar, um NATO-Aufklärer zu „begrüßen". Nur wenig später war auch die Su-27 Gast auf internationalen Flugshows und stach dabei selbst die MiG-29 aus.

2004

APRIL

26. April: Mit einem Auftrag der japanischen Fluggesellschaft All Nippon Airlines (ANA) läuft das Programm Boeing 7E7 an, welches im April 2005 in 787 umbenannt wird.

JUNI

21. Juni: Space Ship One erreicht mit Mike Melville eine Flughöhe von 100,124 km.

OKTOBER

4. Oktober: Space Ship One absolviert innerhalb von zwei Wochen den zweiten Flug mit einer Flughöhe von über 100 km und gewinnt den mit zehn Millionen US-Dollar dotierten Preis „Ansari X" für den ersten privat finanzierten Raumflug.

2005

FEBRUAR

24. Februar: Roll-out des ersten Tankers Boeing KC-767. Empfänger ist die italienische Luftwaffe.

MÄRZ

5. März: Steve Fosset beendet auf der Virgin Atlantic „GlobalFlyer" den ersten Solo-Rundflug um die Welt.

APRIL

6. April: Das französisch-deutsche Trainingszentrum in Frankreich erhält den ersten Eurocopter Tiger.

27. April: Erstflug des Airbus A380 in Toulouse. Es ist das größte bis dahin gebaute Passagierflugzeug.

NOVEMBER

10. November: Mit einem Nonstopflug von Hong Kong nach London über 23.309 km in 22 Stunden und 42 Minuten erreicht eine Boeing 777-200LR eine neue Bestleistung für kommerzielle Passagierflugzeuge.

14. November: Boeing kündigt den Bau der 747-8 als gestreckte und verbesserte Version der 747-400 an.

Kurz vor dem Ende der Sowjetunion wurde die MiG-29 noch an viele kommunistische Länder geliefert, allerdings zumeist mit einer vereinfachten Avionik und einem abgespeckten Radar. Aus dem einstigen Konstruktionsbüro MiG war jetzt das nach marktwirtschaftlichen Grundsätzen operierende Unternehmen MiG-MAPO – MAPO steht für Moskowskoje Awiazionnoje Promyschlennoje Objedinenije, Moskauer Flugzeugwerk – geworden, welches große Anstrengungen unternahm, um laufend modernisierte Versionen seines Hochleistungsjägers ohne Rücksicht auf frühere oder jetzige politische Verbindungen dem Weltmarkt anzupassen. Gegenwärtig bewirbt sich die neueste Version MiG-35 u.a. gegen Gripen und F-16 um einen Großauftrag der indischen Luftwaffe. Alternativ hat MAPO auch die MiG-29OWT ins Rennen geschickt.

Demgegenüber findet die mehr spezialisierte und vor allem teuere Su-27 nebst ihren Derivaten weniger Interessenten auf dem internationalen Markt.

Suchoj kann allerdings damit punkten, dass China und Indien den Jäger in nennenswerter Größenordnung erwarben und in Lizenz nachbauen. Auch Staaten wie Vietnam und Eritrea haben sich für die Su-27 entschieden. Paradoxerweise resultieren die einzigen bisher dokumentierten Luftsiege der Su-27 ausgerechnet gegen MiG-29, so geschehen im Krieg zwischen Äthiopien und Eritrea in den 1990er-Jahren.

Die bundesdeutsche Luftwaffe übernahm 1990 alle MiG-29 der DDR-Luftstreitkräfte.

2005	2006						
DEZEMBER	JANUAR	FEBRUAR	MÄRZ	APRIL	JULI	SEPTEMBER	DEZEMBER
Dezember: Die F-22 Raptor – die Versionsbezeichnung A ist weggefallen – wird vom ersten Kampfverband der US Air Force in Langley (Virginia) übernommen.	22. Januar: Der neue Businessjet Challenger 605 des kanadischen Flugzeugbauers Bombardier startet zum Erstflug.	11. Februar: Auf einem Flug mit dem „Global Flyer“ von Cap Canaveral nach Bournemouth (Großbritannien) in Westrichtung überwindet Steve Fosset in 76 Stunden und 45 Minuten eine Distanz von 42.469 km und stellt gleich drei neue Weltrekorde auf.	28. März: Die britische Marine stellt die FA.2 Sea Harrier außer Dienst und führt dafür die GR.9 Harrier als neues Angriffsflugzeug ein.	2. April: Das europäische unbemannte Aufklärungs- und Kampfflugzeug EADS Barracuda absolviert seinen Erstflug. Der Prototyp stürzt jedoch beim zweiten Flug am 23. September 2006 ab.	7. Juli: Roll-out des ersten Prototyps der F-35 Lightning II. 8. Juli: In Toronto fliegt der erste bemannte Schwingflügler 14 Sekunden lang. 28. Juli: Die US Navy entlässt die F-14 Tomcat aus dem aktiven Dienst.	9. September: Erstflug der Boeing 747-400 LCF (Large Cargo Freighter), Gegenstück des Airbus A300 Beluga. 22. September: Leutnant Ulrika Flender erhält als erste Jetpilotin der deutschen Luftwaffe den Militärluftfahrzeug-Führerschein.	15. Dezember: Erstflug der F-35A. 18. Dezember: Erstflug des unbemannten Hubschraubers Northrop Grumman MQ-8 Fire Scout.

Die Zukunft hat bereits begonnen

Nächster und womöglich letzter Schritt bei der Entwicklung von Kampfflugzeugen ist das Unbemannte Kampfflugzeug (Unmanned Combat Air Vehicle, UCAV). Die jüngsten Konflikte in Afghanistan und im Nahen Osten haben hierzu bereits den Weg geebnet, indem unbemannte Flugkörper Luft-Boden-Raketen in einen Zielbereich trugen, der entweder außerhalb der Reichweite bemannter Jets lag oder bei dessen Annäherung der Überraschungseffekt voll ausgenutzt werden sollte. Die ausgesprochen lange Flugdauer eines UCAV ermöglicht es einem tausende Kilometer entfernt befindlichen Operator, per Knopfdruck eine Überwachungsmission in einen Kampfauftrag umzuwandeln. Selbst Attacken auf gegnerische Flugzeuge dürften demnächst zum Einsatzspektrum gehören.

Als direkte Weiterentwicklung der Suchoi Su-27S entstand der Luftüberlegenheitsjäger Su-35 (NATO-Codename: „Flanker-E“). Allerdings wurden von diesem Muster erst 10 Prototypen gefertigt, zu einer Serienproduktion ist es bislang noch nicht gekommen. Der Erstflug erfolgte bereits am 28. Juni 1988.

2007

MAI

21. Mai: Jungfernfahrt des Zeppelin NT in Friedrichshafen.

JUNI

13. Juni: Der europäische Raumfahrtkonzern Astrium präsentiert das Konzept eines touristischen Weltraum-Jets.

JULI

8. Juli: Roll-out der Boeing 787 Dreamliner. Bis zu diesem Zeitpunkt liegen 677 Bestellungen vor. Die Fertigstellung verläuft jedoch nicht innerhalb des geplanten Zeitrahmens. Der Erstflug wird auf das II. Quartal 2009 verschoben.

31. Juli: Die russische Luftwaffe stellt das neue Mehrzweckkampfflugzeug Su-34 (Fullback) offiziell in Dienst. Bis 2015 sollen 70 Maschinen ausgeliefert sein.

AUGUST

21. August: Auf dem Moskauer Aerosalon stellt RSK MiG ein maßstabgetreues Modell der neuen Kampfdrohne Skat (Stachelrochen) aus.

SEPTEMBER

3. September: Steve Fossett bleibt mit einem Leichtflugzeug AviaBellance Super Decathlon spurlos verschwunden. Seine sterblichen Überreste und Wrackstücke der Maschine werden erst ein Jahr später im US-Bundesstaat Nevada gefunden.

OKTOBER

25. Oktober: Singapore Airlines führt den ersten Linienflug einer A380 von Singapur nach Sydney durch.

2008

FEBRUAR

19. Februar. Erstflug des Kampfjets Suchoj Su-35, der in Russland den Übergang von der 4. zur 5. Jägergeneration verkörpert.

29. Februar: Die EADS gewinnt zusammen mit Northrop Grumman einen rund 35 Milliarden Dollar schweren Auftrag zum Bau von 179 Tankern A330MRTT (Multi-role Tanker Transport) für die US Air Force (hier als KC-30 bezeichnet). Nachdem Boeing – mit der KC-767 unterlegen – später Protest einlegt, muss MRTT komplett neu ausgeschrieben werden.

Erstmals geschah ein solcher Vorfall kurz vor Ausbruch des Kriegs gegen den Irak im Jahr 2003. Dabei vermochte eine irakische MiG-29, die von einer General Atomics Aeronautical Systems (GA) RQ-1 Predator (Raubtier) ausgelöste Luftkampfrakete abzuschießen. Im Juli 2006 brachte eine israelische F-16 eine Drohne der Hisbollah zum Absturz, welche die Grenze zum Libanon überflog.

Die unbemannten Kampfflugzeuge der Zukunft werden Tarnkappen-Eigenschaften besitzen, von vornherein bewaffnet sein und ihre Ziele weitgehend automatisch suchen und identifizieren. Da bleibt nur noch zu hoffen, dass weit weg am Ende der Entscheidungskette noch ein Mensch am Waffenknopf sitzt, der mit der ihm übertragenen Verantwortung richtig umzugehen weiß.

Mittlere Flughöhe und lange Reichweite zeichnen die seit 1995 eingesetzte Drohne RQ-1 Predator aus. Die mit zwei Raketen AGM-114 Hellfire bestückte Kampfversion trägt die Bezeichnung MQ-1.

2008

MÄRZ	MAI	JUNI	JULI	SEPTEMBER	OKTOBER
März: Die Europäische Union startet das Projekt Clean Sky JTI (Joint Technology Initiative) zur Entwicklung neuer umweltfreundlicher Antriebstechnologien.	19. Mai: Erstflug des russischen Regionalverkehrsflugzeugs Suchoj Superjet 100.	11. Juni: Erstflug der Lockheed Martin F-35B, die STOVL-Variante der Lightning II. 26. Juni: Roll-out des Militärtransporters Airbus A400M in Sevilla. Der Erstflug muss jedoch immer wieder verschoben werden. 12. Juni: Beim Jagdgeschwader 74 übernimmt der Eurofighter von der F-4F Phantom II die Alarmrotte (Quick Reaction Alert, QRA) der deutschen Luftwaffe. 30. Juni: Der von Dassault gebaute unbemannte Flugkörper AVE-D führt seinen ersten autonomen und vollständigen Flug durch.	28. Juli: Der erste Airbus A380 wird in Hamburg an Emirates Airline übergeben. Insgesamt hat die arabische Gesellschaft 58 Stück bestellt.	19. September: Die australische Qantas übernimmt ihren ersten Airbus A380 und tauft ihn auf den Namen „Nancy-Bird Walton“ 26. September: Der Schweizer Yves Rossy überquert als erster Mensch den Ärmelkanal mit einem selbstgebauten düsengetriebenen Flügel.	30. Oktober: Delta Air Lines und Northwest Airlines fusionieren unter dem Namen Delta Air Lines zur größten Fluggesellschaft der Welt. Der Integrationsprozess wird bis zu zwei Jahre in Anspruch nehmen.